线性代数
辅导与典型题解

主 编 杨 和 梁 玥

北京大学出版社
PEKING UNIVERSITY PRESS

内 容 简 介

本书是数字化建设教材《线性代数》(杨和、梁玥主编,北京大学出版社)的配套辅导用书. 全书共六章,涵盖了线性代数的基本内容:行列式、矩阵、线性方程组、向量组的线性相关性、特征值与特征向量及二次型. 全书内容丰富、结构严谨、条理清晰,每章都包括本章要点,对每节知识点的梳理和精讲,以及对应《线性代数》教材的习题全解等. 此外,书中对每章的知识点给出了相应的 MATLAB 应用举例,并以思维导图的形式详细整理每章知识点.

本书可以作为学习或讲授"线性代数"课程的学生或教师的参考用书.

图书在版编目(CIP)数据

线性代数辅导与典型题解 / 杨和,梁玥主编.

北京 : 北京大学出版社, 2025. 1. -- ISBN 978-7-301-35911-2

Ⅰ. O151. 2

中国国家版本馆 CIP 数据核字第 2025V6J397 号

书　　名	线性代数辅导与典型题解 XIANXING DAISHU FUDAO YU DIANXING TIJIE
著作责任者	杨　和　梁　玥　主编
责任编辑	张　敏
标准书号	ISBN 978-7-301-35911-2
出版发行	北京大学出版社
地　　址	北京市海淀区成府路 205 号　100871
网　　址	http://www. pup. cn
电子邮箱	总编室 zpup@pup. cn
新浪微博	@北京大学出版社
电　　话	邮购部 010-62752015　发行部 010-62750672　编辑部 010-62765014
印 刷 者	长沙雅佳印刷有限公司
经 销 者	新华书店
	787 毫米×1092 毫米　16 开本　13. 5 印张　346 千字
	2025 年 1 月第 1 版　2025 年 1 月第 1 次印刷
定　　价	48. 00 元

前 言

Preface

“线性代数”是高等学校理工类和经济管理类专业重要的公共基础课程之一，其特点是概念繁多且抽象，计算烦琐且复杂. 如何学好该课程是困扰很多学生的一个难题. 学好线性代数的关键首先是要把每一章的知识点梳理清楚，构建成知识框架，其次是学会运用所学知识解答实际问题. 目前关于线性代数及其题解的图书很多，种类繁杂，但是特点都不突出. 这促使编者有了编写一本结构合理、内容丰富、体系完整且更有利于学生学习的辅导书的计划. 现如今，计算机已经是学生必须要掌握的一项技能. 本书每一章都设计了与知识点对应的 MATLAB 应用举例，使学生在学完理论知识以后，还可以掌握 MATLAB 在线性代数中的应用技能. 另外，本书每章都设计了知识结构图，便于学生梳理知识点，形成知识框架.

全面发展是在综合素质上的全面，而不是在文化知识结构上狭义的全面. 教育部印发的《教育信息化 2.0 行动计划》提出“坚持育人为本，面向新时代和信息社会人才培养需要，以信息化引领构建以学习者为中心的全新教育生态，实现公平而有质量的教育，促进人的全面发展”. 党的二十大报告强调深入实施科教兴国战略、人才强国战略、创新驱动发展战略. 要办好人民满意的教育，培养德智体美劳全面发展的社会主义建设者和接班人；统筹职业教育、高等教育、继续教育协同创新；推进教育数字化，建设全民终身学习的学习型社会、学习型大国；完善人才战略布局，建设规模宏大、结构合理、素质优良的人才队伍.

为了响应国家号召，在增强综合素质上下功夫，推进教育数字化，建设全民终身学习的学习型社会、学习型大国，编者编写了《线性代数辅导与典型题解》. 本书是数字化建设教材《线性代数》(杨和、梁玥主编，北京大学出版社)(以下简称“教材”)的配套辅导用书. 全书共六章，分别是行列式、矩阵、线性方程组、向量组的线性相关性、特征值与特征向量及二次型. 每章开篇先提出“本章要点”，提纲挈领，引出本章重点；紧接着对每节的知识点进行梳理和精讲，通过“基本要求”“内容简述”“疑难评注”和“例题精解”四个环节，使学生对每节的知识都有整体且深入的理解；然后给出本章知识点的“MATLAB 应用举例”；最后设计了“本章主要知识结构图”，通过思维导图的形式对知识点进行更加细致的整理，并通过“本章教材习题全解”对教材每章章末的习题进行详解.

本书由西北师范大学杨和与甘肃农业大学梁玥共同编写,受“西北师范大学校级教材建设项目”资助.本书的出版得到北京大学出版社的大力支持,付小军、邓之豪、蔡晓龙、汤烽提供了版式和装帧设计方案,在此由衷地感谢各位编辑付出的辛勤努力.

书中错漏和不妥之处,恳请广大读者和同行批评指正.

编　　者

目录

Contents

第一章

行　列　式

本章要点

❖ **行列式的定义**　行列式有多种定义方式，但其本质都是按照"排列逆序"的概念定义的，行列式等于取自不同行、不同列的元素乘积的代数和.

❖ **行列式的计算**　行列式的计算是本章的重点和难点，其主要计算方法有定义法、性质法、化三角形法、拆分法、加边法、递推法、化零降阶法、数学归纳法、范德蒙德行列式法等.

各种计算方法的依据是行列式的性质、行列式按行(列)展开定理及一些特殊行列式的结论. 在实际计算中，关键是针对行列式的特点选用正确的方法，也可能需要几种方法结合使用. 化三角形法和化零降阶法是计算行列式的最常用方法.

❖ **克拉默法则**　克拉默法则在线性方程组求解中具有重要的作用，它不仅提供了线性方程组是否有解的判定标准，而且给出了求解的方法，但其求解过程还要归结为行列式的计算.

§1.1　行列式的定义

基本要求

(1) 掌握二阶与三阶行列式计算的对角线法则.

(2) 理解 n 级排列的概念，掌握逆序数的计算方法.

(3) 理解对换改变排列奇偶性的概念.

(4) 理解 n 阶行列式的定义，会用定义计算一些特殊行列式.

(5) 熟记几种特殊行列式的结果.

内容简述

1. 二阶与三阶行列式

(1) 称 $a_{11}a_{22}-a_{12}a_{21}$ 为数表 $\begin{matrix} a_{11} & a_{12} \\ a_{21} & a_{22} \end{matrix}$ 的二阶行列式，并记作 $\begin{vmatrix} a_{11} & a_{12} \\ a_{21} & a_{22} \end{vmatrix}$.

(2) 称 $a_{11}a_{22}a_{33}+a_{12}a_{23}a_{31}+a_{13}a_{21}a_{32}-a_{13}a_{22}a_{31}-a_{12}a_{21}a_{33}-a_{11}a_{23}a_{32}$ 为数表 $\begin{matrix} a_{11} & a_{12} & a_{13} \\ a_{21} & a_{22} & a_{23} \\ a_{31} & a_{32} & a_{33} \end{matrix}$ 的三阶行列式,并记作 $\begin{vmatrix} a_{11} & a_{12} & a_{13} \\ a_{21} & a_{22} & a_{23} \\ a_{31} & a_{32} & a_{33} \end{vmatrix}$.

2. 排列及其逆序数

(1) 由 $1,2,\cdots,n$ 组成的一个有序数组称为一个 n 级排列. 由 $1,2,\cdots,n$ 组成的所有排列的个数用 P_n 表示,则 $P_n=n\cdot(n-1)\cdot\cdots\cdot 2\cdot 1=n!$.

(2) 在一个 n 级排列 $p_1p_2\cdots p_n$ 中,若有较大的数 p_i 排在较小的数 p_j 前,则称 p_i 与 p_j 构成一个逆序. 在 n 级排列 $p_1p_2\cdots p_n$ 中,所有逆序的总数称为这个排列的逆序数,记作 $\tau(p_1p_2\cdots p_n)$. 逆序数是奇数的排列称为奇排列;逆序数是偶数的排列称为偶排列;按从小到大的顺序构成的一个 n 级排列称为标准排列或自然排列.

(3) 在排列中,将任意两个数对调位置,其余不动的方法称为对换.

(4) 对换改变排列的奇偶性.

3. n 阶行列式

n^2 个元素排成 n 行 n 列的数表 $\begin{matrix} a_{11} & a_{12} & \cdots & a_{1n} \\ a_{21} & a_{22} & \cdots & a_{2n} \\ \vdots & \vdots & & \vdots \\ a_{n1} & a_{n2} & \cdots & a_{nn} \end{matrix}$,其行列式定义为

$$\begin{vmatrix} a_{11} & a_{12} & \cdots & a_{1n} \\ a_{21} & a_{22} & \cdots & a_{2n} \\ \vdots & \vdots & & \vdots \\ a_{n1} & a_{n2} & \cdots & a_{nn} \end{vmatrix}=\sum(-1)^{\tau(p_1p_2\cdots p_n)}a_{1p_1}a_{2p_2}\cdots a_{np_n},$$

其中 $\sum$ 表示对所有 n 级排列求和. 每一项 $a_{1p_1}a_{2p_2}\cdots a_{np_n}$ 都表示位于不同行、不同列的 n 个元素的乘积,各项的符号取决于该项的 n 个元素的列标构成的排列 $p_1p_2\cdots p_n$ 的奇偶性(行标按标准顺序排列),当 $p_1p_2\cdots p_n$ 是偶排列时取正号,当 $p_1p_2\cdots p_n$ 是奇排列时取负号.

n 阶行列式可简记作 $\det(a_{ij})$,其中 a_{ij} 为行列式 $\det(a_{ij})$ 的元素.

4. 几种特殊行列式

(1) 上三角形行列式 $\begin{vmatrix} a_{11} & a_{12} & \cdots & a_{1n} \\ & a_{22} & \cdots & a_{2n} \\ & & \ddots & \vdots \\ & & & a_{nn} \end{vmatrix}=a_{11}a_{22}\cdots a_{nn}$(其中主对角线以下的元素都是零).

(2) 下三角形行列式 $\begin{vmatrix} a_{11} & & & \\ a_{21} & a_{22} & & \\ \vdots & \vdots & \ddots & \\ a_{n1} & a_{n2} & \cdots & a_{nn} \end{vmatrix}=a_{11}a_{22}\cdots a_{nn}$(其中主对角线以上的元素都是零).

(3) 对角行列式 $\begin{vmatrix} a_{11} & & & \\ & a_{22} & & \\ & & \ddots & \\ & & & a_{nn} \end{vmatrix} = a_{11}a_{22}\cdots a_{nn}$(其中主对角线以外的元素都是零).

(4) 反对角行列式 $\begin{vmatrix} & & & a_{1n} \\ & & a_{2,n-1} & \\ & \iddots & & \\ a_{n1} & & & \end{vmatrix} = (-1)^{\frac{n(n-1)}{2}} a_{1n}a_{2,n-1}\cdots a_{n1}$(其中次对角线以外的元素都是零).

疑难评注

(1) 对角线法则只适用于二阶与三阶行列式.在四阶及更高阶行列式中,虽然也称 a_{11} 到 a_{nn} 的连线为主对角线,a_{1n} 到 a_{n1} 的连线为次对角线,但在计算四阶以上的行列式时对角线法则失效.易于出错的问题表现在如下运算中:

$$\begin{vmatrix} & & & 1 \\ & & 2 & \\ & 3 & & \\ 4 & & & \end{vmatrix} = -24(\text{未标注的元素为零,后同}).$$

事实上,

$$\text{原式} = (-1)^{\frac{n(n-1)}{2}} 4! = (-1)^6 \times 24 = 24.$$

(2) 若行列式有一行(列)的元素全为零,那么行列式展开式中每一项都含有零因子,故行列式的值必为零.同理,若 n 阶行列式中非零元素的个数小于 n,则行列式的值必为零.

(3) 在所有 n 级排列中,若 $12\cdots n$ 是按从小到大的顺序排列起来的,则该排列称为标准排列(自然排列).逆序是相对于排列中任意两个数而言的,当这两个数的先后顺序和标准序列不同时构成一个逆序,否则不构成逆序.

(4) 设 $p_1p_2\cdots p_n$ 是一个 n 级排列.若该排列进行了 k 次对换后变成了标准排列,则该排列的奇偶性与对换次数 k 的奇偶性相同.这是因为每对换一次就改变一次奇偶性,而标准排列的逆序数为零,所以原排列的奇偶性与对换次数的奇偶性相同.

(5) n 阶行列式的展开式中,带正号的项与带负号的项个数相等,各有 $\frac{1}{2}n!$ 个.这是因为在 n 级排列中,奇排列与偶排列各有 $\frac{1}{2}n!$ 个.

事实上,在 n 级排列中($n \geqslant 2$),总排列个数有 $n!$ 个,设奇、偶排列分别有 s,t 个,对 s 个奇排列的前两个数进行对换,这 s 个奇排列就都变成 s 个不同的偶排列,故 $s \leqslant t$.同理可得 $t \leqslant s$.于是,$s = t = \frac{1}{2}n!$.再由 n 阶行列式的定义可知,其展开式中带正号的项与带负号的项各有 $\frac{1}{2}n!$ 个.

(6) n 阶行列式可定义为

$$D=\sum(-1)^{\tau(q_1q_2\cdots q_n)}a_{q_1 1}a_{q_2 2}\cdots a_{q_n n}$$

或

$$D=\sum(-1)^{\tau_1+\tau_2}a_{q_1p_1}a_{q_2p_2}\cdots a_{q_np_n},$$

其中 $\tau_1=\tau(p_1p_2\cdots p_n)$，$\tau_2=\tau(q_1q_2\cdots q_n)$，$p_1p_2\cdots p_n$，$q_1q_2\cdots q_n$ 为两个 n 级排列.

例题精解

例 1 计算行列式 $D=\begin{vmatrix}x & y\\ x^2 & y^2\end{vmatrix}$.

分析 这是一个由字母构成的行列式，计算结果是一个代数式.

解 $D=\begin{vmatrix}x & y\\ x^2 & y^2\end{vmatrix}=xy^2-yx^2=xy(y-x)$.

点评 按对角线法则直接计算.

例 2 设行列式 $D=\begin{vmatrix}\lambda & 1 & 1\\ 1 & \lambda & 1\\ 1 & 1 & \lambda\end{vmatrix}=0$，求 λ 的值.

分析 由行列式的值确定 λ 的值时，首先展开行列式得到方程，然后解出 λ 即可.

解 参考图 1.1，根据对角线法则，有

$$\begin{aligned}D&=\lambda\times\lambda\times\lambda+1\times1\times1+1\times1\times1-1\times\lambda\times1-1\times1\times\lambda-\lambda\times1\times1\\&=\lambda^3-3\lambda+2=(\lambda-1)^2(\lambda+2)=0,\end{aligned}$$

则 $\lambda=1$ 或 $\lambda=-2$.

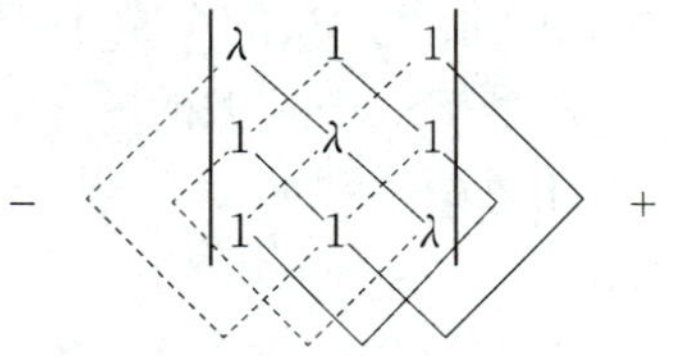

图 1.1

点评 三阶行列式按对角线法则展开共有 6 项，必须注意每一项的符号.

例 3 求排列 431625 的逆序数.

分析 求逆序数即求一个排列中排在每个数前面且比该数大的数字个数之和.

解

4 3 1 6 2 5

$\tau(431625)=0+1+2+0+3+1=7$.

点评 按上面给出的方法依次进行计算，可以避免出错.

例 4 选择 m 与 n 的值，使得 $21m546n$ 成偶排列.

分析 m 和 n 只能取 3 和 7.

解 若 $m=3$，$n=7$，

$$\begin{array}{ccccccc} 2 & 1 & 3 & 5 & 4 & 6 & 7 \\ \vdots & \vdots & \vdots & \vdots & \vdots & \vdots & \vdots \end{array}$$

$$\tau(2135467)=0+1+0+0+1+0+0=2.$$

若 $m=7, n=3$，

$$\begin{array}{ccccccc} 2 & 1 & 7 & 5 & 4 & 6 & 3 \\ \vdots & \vdots & \vdots & \vdots & \vdots & \vdots & \vdots \end{array}$$

$$\tau(2175463)=0+1+0+1+2+1+4=9.$$

综上，$m=3, n=7$.

点评 该方法列举了两种情况进行了讨论. 事实上，因为对换改变排列奇偶性，所以只要计算出其中一个排列的逆序数即可得出该结果.

例 5 写出四阶行列式 $\det(a_{ij})$ 中含有 $a_{11}a_{23}$ 且带正号的项.

分析 四阶行列式 $\det(a_{ij})$ 的一般项为 $(-1)^{\tau(p_1p_2p_3p_4)}a_{1p_1}a_{2p_2}a_{3p_3}a_{4p_4}$，而含有 $a_{11}a_{23}$ 的项可设为 $(-1)^{\tau(13p_3p_4)}a_{11}a_{23}a_{3p_3}a_{4p_4}$，只要求出 $\tau(13p_3p_4)$ 为偶数时的 p_3, p_4 即可.

解 由于 $p_1=1, p_2=3$ 已固定，因此 p_3 和 p_4 只能取 2 和 4. 而

$$\tau(1324)=1, \quad \tau(1342)=2,$$

则取 $p_3=4, p_4=2$. 故 $a_{11}a_{23}a_{34}a_{42}$ 即为所求.

点评 解这类题目，往往是先设出符合条件的项，然后根据奇偶性讨论.

例 6 计算行列式

$$D=\begin{vmatrix} 0 & 0 & \cdots & 0 & \lambda_1 & 0 \\ 0 & 0 & \cdots & \lambda_2 & 0 & 0 \\ \vdots & \vdots & & \vdots & \vdots & \vdots \\ 0 & \lambda_{n-2} & \cdots & 0 & 0 & 0 \\ \lambda_{n-1} & 0 & \cdots & 0 & 0 & 0 \\ 0 & 0 & \cdots & 0 & 0 & \lambda_n \end{vmatrix},$$

其中 $\lambda_i \neq 0 (i=1,2,\cdots,n)$.

分析 像这种每行每列只有一个元素不为零的行列式，易于找出展开式中不为零的项，但要注意确定这些项的正、负号.

解 因为该行列式中每行每列只有一个非零元素，由 n 阶行列式的定义知，行列式 D 只含一项 $\lambda_1\lambda_2\cdots\lambda_{n-1}\lambda_n$，其中元素的下标正好是它们所在的行标，该行标构成的排列 $12\cdots n$ 恰好是一个标准排列，而它们所在的列标构成的排列为 $(n-1)(n-2)\cdots 21n$. 因为这个排列的逆序数为 $\tau=\dfrac{(n-1)(n-2)}{2}$，所以

$$D=(-1)^{\frac{(n-1)(n-2)}{2}}\lambda_1\lambda_2\cdots\lambda_{n-1}\lambda_n.$$

点评 n 阶行列式展开式的每一项都是位于不同行、不同列的元素的乘积，所以该行列式不为零的项只有一项. 注意该行列式与对角行列式的异同.

例 7 计算行列式

$$D=\begin{vmatrix} 0 & 0 & \cdots & 0 & a_{1n} \\ 0 & 0 & \cdots & a_{2,n-1} & a_{2n} \\ \vdots & \vdots & & \vdots & \vdots \\ 0 & a_{n-1,2} & \cdots & a_{n-1,n-1} & a_{n-1,n} \\ a_{n1} & a_{n2} & \cdots & a_{n,n-1} & a_{nn} \end{vmatrix}.$$

分析 行列式次对角线以上的元素全为零,显然其展开式中有很多项为零.

解 行列式的第 1 行只有 a_{1n} 不为零,在第 1 行只能取 a_{1n}. 第 2 行除 $a_{2,n-1}$ 和 a_{2n} 外全为零,而在第 2 行取的元素不能与 a_{1n} 同列,故只能取 $a_{2,n-1}$,以此类推,第 n 行只能取 a_{n1},故行列式只有 $a_{1n}a_{2,n-1}\cdots a_{n1}$ 这一项为非零项,其余项均为零.

因为 $a_{1n}a_{2,n-1}\cdots a_{n1}$ 的行标排列为标准排列,列标排列为 $n(n-1)\cdots 21$,逆序数为 $\tau=\dfrac{n(n-1)}{2}$,所以

$$D=(-1)^{\frac{n(n-1)}{2}}a_{1n}a_{2,n-1}\cdots a_{n1}.$$

类似地,

$$\begin{vmatrix} a_{11} & a_{12} & \cdots & a_{1,n-1} & a_{1n} \\ a_{21} & a_{22} & \cdots & a_{2,n-1} & 0 \\ \vdots & \vdots & & \vdots & \vdots \\ a_{n-1,1} & a_{n-1,2} & \cdots & 0 & 0 \\ a_{n1} & 0 & \cdots & 0 & 0 \end{vmatrix}=(-1)^{\frac{n(n-1)}{2}}a_{1n}a_{2,n-1}\cdots a_{n1}.$$

点评 以上两个行列式的结果与特殊行列式 $\begin{vmatrix} & & & a_{1n} \\ & & a_{2,n-1} & \\ & \iddots & & \\ a_{n1} & & & \end{vmatrix}$ 的值相同,也可作为公式应用,但要注意它们与上(下)三角形行列式的区别.

§1.2 行列式的性质

基本要求

(1) 理解行列式的性质.

(2) 理解行(列) 对换、数乘某行(列) 和倍加三种运算的作用.

(3) 会用行列式的性质计算行列式.

内容简述

(1) 行列式与它的转置行列式相等.

(2) 互换行列式的两行(列),该行列式变号.

(3) 用数 k 乘以行列式的某一行(列),等于以数 k 乘以该行列式.

(4) 若行列式中有两行(列) 对应元素成比例,则该行列式为零.

(5) 把行列式的某一行(列) 每一个元素的倍数,加到另一行(列) 对应元素上,该行列式不变.

(6) 若行列式某一行(列) 的每一个元素都是两数之和,则该行列式可写为两个行列式的和. 例如,

$$D=\begin{vmatrix} a_{11} & a_{12} & \cdots & a_{1n} \\ \vdots & \vdots & & \vdots \\ b_{i1}+c_{i1} & b_{i2}+c_{i2} & \cdots & b_{in}+c_{in} \\ \vdots & \vdots & & \vdots \\ a_{n1} & a_{n2} & \cdots & a_{nn} \end{vmatrix}$$

$$=\begin{vmatrix} a_{11} & a_{12} & \cdots & a_{1n} \\ \vdots & \vdots & & \vdots \\ b_{i1} & b_{i2} & \cdots & b_{in} \\ \vdots & \vdots & & \vdots \\ a_{n1} & a_{n2} & \cdots & a_{nn} \end{vmatrix}+\begin{vmatrix} a_{11} & a_{12} & \cdots & a_{1n} \\ \vdots & \vdots & & \vdots \\ c_{i1} & c_{i2} & \cdots & c_{in} \\ \vdots & \vdots & & \vdots \\ a_{n1} & a_{n2} & \cdots & a_{nn} \end{vmatrix}.$$

疑难评注

(1) 一般来说,$\begin{vmatrix} a+x & b+y \\ c+z & d+w \end{vmatrix} \neq \begin{vmatrix} a & b \\ c & d \end{vmatrix}+\begin{vmatrix} x & y \\ z & w \end{vmatrix}$. 不能臆造行列式的运算规则,根据行列式可拆分为两个行列式之和的性质,可得

$$\begin{vmatrix} a+x & b+y \\ c+z & d+w \end{vmatrix}=\begin{vmatrix} a & b+y \\ c & d+w \end{vmatrix}+\begin{vmatrix} x & b+y \\ z & d+w \end{vmatrix}$$

$$=\begin{vmatrix} a & b \\ c & d \end{vmatrix}+\begin{vmatrix} a & y \\ c & w \end{vmatrix}+\begin{vmatrix} x & b \\ z & d \end{vmatrix}+\begin{vmatrix} x & y \\ z & w \end{vmatrix}.$$

(2) 当 $k\neq 1$ 时,$\begin{vmatrix} ka_{11} & ka_{12} & \cdots & ka_{1n} \\ ka_{21} & ka_{22} & \cdots & ka_{2n} \\ \vdots & \vdots & & \vdots \\ ka_{n1} & ka_{n2} & \cdots & ka_{nn} \end{vmatrix} \neq k\begin{vmatrix} a_{11} & a_{12} & \cdots & a_{1n} \\ a_{21} & a_{22} & \cdots & a_{2n} \\ \vdots & \vdots & & \vdots \\ a_{n1} & a_{n2} & \cdots & a_{nn} \end{vmatrix}$. 根据行列式数乘的性质,即用数 k 乘以行列式的某一行(列) 等于以数 k 乘以该行列式,这里需要特别注意是“某一行(列)”,而不是“每一行(列)”. 当 k 取任意常数时,

$$\begin{vmatrix} ka_{11} & ka_{12} & \cdots & ka_{1n} \\ ka_{21} & ka_{22} & \cdots & ka_{2n} \\ \vdots & \vdots & & \vdots \\ ka_{n1} & ka_{n2} & \cdots & ka_{nn} \end{vmatrix} = k^n\begin{vmatrix} a_{11} & a_{12} & \cdots & a_{1n} \\ a_{21} & a_{22} & \cdots & a_{2n} \\ \vdots & \vdots & & \vdots \\ a_{n1} & a_{n2} & \cdots & a_{nn} \end{vmatrix}.$$

(3) 在进行行列式的倍加运算时,记号 kr_j+r_i(或 kc_j+c_i)是无意义的. 这是因为规定把行列式第 j 行(列) 的 k 倍加到第 i 行(列) 上的操作简记作 r_i+kr_j(或 c_i+kc_j). 这里不能套用加法交换律,更不能在实际操作中将某一行(列) 的 k 倍加上另一行(列).

例如，下面的计算：

$$\begin{vmatrix}2&1&2\\1&2&-3\\0&0&3\end{vmatrix}\xlongequal{2r_2-r_1}\begin{vmatrix}2&1&2\\0&3&-8\\0&0&3\end{vmatrix}=2\times3\times3=18$$

是错误的.

例题精解

例 1 计算行列式 $\begin{vmatrix}2&9&2&1\\1&4&-1&1\\2&9&-1&1\\-1&0&1&2\end{vmatrix}$.

分析 计算四阶以上的数字行列式，按定义展开计算是非常麻烦的. 如果根据行列式的性质将其化为三角形行列式，就可利用特殊行列式的结果进行计算.

解 $$\begin{vmatrix}2&9&2&1\\1&4&-1&1\\2&9&-1&1\\-1&0&1&2\end{vmatrix}\xlongequal{r_1\leftrightarrow r_2}-\begin{vmatrix}1&4&-1&1\\2&9&2&1\\2&9&-1&1\\-1&0&1&2\end{vmatrix}\xlongequal[r_4+r_1]{\substack{r_2-2r_1\\r_3-2r_1}}-\begin{vmatrix}1&4&-1&1\\0&1&4&-1\\0&1&1&-1\\0&4&0&3\end{vmatrix}$$

$$\xlongequal[r_4-4r_2]{r_3-r_2}-\begin{vmatrix}1&4&-1&1\\0&1&4&-1\\0&0&-3&0\\0&0&-16&7\end{vmatrix}\xlongequal{r_3\div(-3)}3\begin{vmatrix}1&4&-1&1\\0&1&4&-1\\0&0&1&0\\0&0&-16&7\end{vmatrix}$$

$$\xlongequal{r_4+16r_3}3\begin{vmatrix}1&4&-1&1\\0&1&4&-1\\0&0&1&0\\0&0&0&7\end{vmatrix}=3\times1\times1\times1\times7=21.$$

点评 计算此类行列式，通常利用两行(列)互换及对行(列)的倍加运算将其化为上三角形行列式. 如果行或列的第 1 个元素有 1，通过行(列)对换可以把 a_{11} 变换为 1，再利用倍加运算即可把第 1 列 a_{11} 以下的元素全部化为零. 以此类推，可以把 $a_{22},a_{33},\cdots,a_{n-1,n-1}$ 以下的元素全部化为零.

例 2 计算 n 阶行列式

$$\begin{vmatrix}a_1+b&a_2&a_3&\cdots&a_n\\a_1&a_2+b&a_3&\cdots&a_n\\a_1&a_2&a_3+b&\cdots&a_n\\\vdots&\vdots&\vdots&&\vdots\\a_1&a_2&a_3&\cdots&a_n+b\end{vmatrix}.$$

分析 该行列式每一列所有对应元素相加后均等于 $b+\sum\limits_{i=1}^{n}a_i$，可将第 2 列至第 n 列全部加到第 1 列上，然后提出公因子 $b+\sum_{i=1}^{n}a_i$，再对行列式化简计算.

解
$$
\begin{vmatrix}
a_1+b & a_2 & a_3 & \cdots & a_n \\
a_1 & a_2+b & a_3 & \cdots & a_n \\
a_1 & a_2 & a_3+b & \cdots & a_n \\
\vdots & \vdots & \vdots & & \vdots \\
a_1 & a_2 & a_3 & \cdots & a_n+b
\end{vmatrix}
\xlongequal[(i=2,3,\cdots,n)]{c_1+c_i}
\begin{vmatrix}
b+\sum_{i=1}^{n}a_i & a_2 & a_3 & \cdots & a_n \\
b+\sum_{i=1}^{n}a_i & a_2+b & a_3 & \cdots & a_n \\
b+\sum_{i=1}^{n}a_i & a_2 & a_3+b & \cdots & a_n \\
\vdots & \vdots & \vdots & & \vdots \\
b+\sum_{i=1}^{n}a_i & a_2 & a_3 & \cdots & a_n+b
\end{vmatrix}
$$

$$
=\left(b+\sum_{i=1}^{n}a_i\right)
\begin{vmatrix}
1 & a_2 & a_3 & \cdots & a_n \\
1 & a_2+b & a_3 & \cdots & a_n \\
1 & a_2 & a_3+b & \cdots & a_n \\
\vdots & \vdots & \vdots & & \vdots \\
1 & a_2 & a_3 & \cdots & a_n+b
\end{vmatrix}
$$

$$
\xlongequal[(i=2,3,\cdots,n)]{r_i-r_1}\left(b+\sum_{i=1}^{n}a_i\right)
\begin{vmatrix}
1 & a_2 & a_3 & \cdots & a_n \\
0 & b & 0 & \cdots & 0 \\
0 & 0 & b & \cdots & 0 \\
\vdots & \vdots & \vdots & & \vdots \\
0 & 0 & 0 & \cdots & b
\end{vmatrix}
$$

$$
=\left(b+\sum_{i=1}^{n}a_i\right)b^{n-1}.
$$

点评　若行列式的所有行(列)对应元素相加后相等，可将其他行(列)全部加到第 1 行(列)，提取公因子后再化简计算.

例 3　计算行列式

$$
D_n=\begin{vmatrix}
1 & 2 & 3 & \cdots & n \\
2 & 1 & 0 & \cdots & 0 \\
3 & 0 & 1 & \cdots & 0 \\
\vdots & \vdots & \vdots & & \vdots \\
n & 0 & 0 & \cdots & 1
\end{vmatrix}.
$$

分析　该行列式除第 1 行、第 1 列和主对角线上的元素为非零外，其余元素全为零，D_n 接近于一个三角形行列式，只要将 D_n 的第 1 行(或第 1 列)除 a_{11} 外的元素化为零就可将 D_n 化为一个三角形行列式.

解 $D_n \xlongequal[(j=2,3,\cdots,n)]{c_1 - jc_j} \begin{vmatrix} 1-(2^2+3^2+\cdots+n^2) & 2 & 3 & \cdots & n \\ 0 & 1 & 0 & \cdots & 0 \\ 0 & 0 & 1 & \cdots & 0 \\ \vdots & \vdots & \vdots & & 0 \\ 0 & 0 & 0 & \cdots & 1 \end{vmatrix}$

$=1-(2^2+3^2+\cdots+n^2)$.

点评 这种形状的行列式称为"箭形行列式",此类行列式可通过列变换化为上三角形行列式计算,亦可通过行变换化为下三角形行列式计算.

例如,行列式

$$D_{n+1}=\begin{vmatrix} a_0 & b_1 & b_2 & \cdots & b_n \\ c_1 & a_1 & 0 & \cdots & 0 \\ c_2 & 0 & a_2 & \cdots & 0 \\ \vdots & \vdots & \vdots & & \vdots \\ c_n & 0 & 0 & \cdots & a_n \end{vmatrix} \quad (a_i \neq 0, i=1,2,\cdots,n)$$

$$\xlongequal[(i=1,2,\cdots,n)]{r_1-\frac{b_i}{a_i}r_{i+1}} \begin{vmatrix} a_0-\sum\limits_{i=1}^{n}\dfrac{b_ic_i}{a_i} & 0 & 0 & \cdots & 0 \\ c_1 & a_1 & 0 & \cdots & 0 \\ c_2 & 0 & a_2 & \cdots & 0 \\ \vdots & \vdots & \vdots & & \vdots \\ c_n & 0 & 0 & \cdots & a_n \end{vmatrix}$$

$$=a_1a_2\cdots a_n\left(a_0-\sum_{i=1}^{n}\frac{b_ic_i}{a_i}\right).$$

例 4 已知行列式 $D=\begin{vmatrix} x_1 & y_1 & z_1 \\ x_2 & y_2 & z_2 \\ x_3 & y_3 & z_3 \end{vmatrix}=5$,计算行列式

$$D_1=\begin{vmatrix} x_1+y_1 & y_1+z_1 & z_1+x_1 \\ x_2+y_2 & y_2+z_2 & z_2+x_2 \\ x_3+y_3 & y_3+z_3 & z_3+x_3 \end{vmatrix}.$$

分析 根据已知条件不可能求出 $x_i, y_i, z_i (i=1,2,3)$ 的值,但根据行列式的性质可以将 D_1 拆分为 8 个行列式进行计算. 由于 D_1 的各列是由 D 的各列两两相加组成的,因此将 D_1 按某一列拆分成两个行列式后,可以考虑用倍加运算进行化简.

解 根据行列式的性质可得

$$D_1=\begin{vmatrix} x_1 & y_1+z_1 & z_1+x_1 \\ x_2 & y_2+z_2 & z_2+x_2 \\ x_3 & y_3+z_3 & z_3+x_3 \end{vmatrix}+\begin{vmatrix} y_1 & y_1+z_1 & z_1+x_1 \\ y_2 & y_2+z_2 & z_2+x_2 \\ y_3 & y_3+z_3 & z_3+x_3 \end{vmatrix}.$$

而

$$\begin{vmatrix} x_1 & y_1+z_1 & z_1+x_1 \\ x_2 & y_2+z_2 & z_2+x_2 \\ x_3 & y_3+z_3 & z_3+x_3 \end{vmatrix} \xlongequal{c_3-c_1} \begin{vmatrix} x_1 & y_1+z_1 & z_1 \\ x_2 & y_2+z_2 & z_2 \\ x_3 & y_3+z_3 & z_3 \end{vmatrix} \xlongequal{c_2-c_3} \begin{vmatrix} x_1 & y_1 & z_1 \\ x_2 & y_2 & z_2 \\ x_3 & y_3 & z_3 \end{vmatrix} = D.$$

同理可得，

$$\begin{vmatrix} y_1 & y_1+z_1 & z_1+x_1 \\ y_2 & y_2+z_2 & z_2+x_2 \\ y_3 & y_3+z_3 & z_3+x_3 \end{vmatrix} = D.$$

因此，

$$D_1 = 2D = 2\times 5 = 10.$$

点评　分析行列式的结构，灵活应用行列式的性质，可以找到不同的计算方法.

例 5　计算行列式

$$D = \begin{vmatrix} 1 & x & 0 & 0 & 0 \\ -1 & 1-x & x & 0 & 0 \\ 0 & -1 & 1-x & x & 0 \\ 0 & 0 & -1 & 1-x & x \\ 0 & 0 & 0 & -1 & 1-x \end{vmatrix}.$$

分析　此行列式非常类似于三角形行列式. 如果把第 1 行加到第 2 行上，再把第 2 行加到第 3 行上，依次进行下去，直到把第 4 行加到第 5 行上，即可得到一个三角形行列式.

解　$$D \xlongequal{r_2+r_1} \begin{vmatrix} 1 & x & 0 & 0 & 0 \\ 0 & 1 & x & 0 & 0 \\ 0 & -1 & 1-x & x & 0 \\ 0 & 0 & -1 & 1-x & x \\ 0 & 0 & 0 & -1 & 1-x \end{vmatrix} \xlongequal{r_3+r_2} \begin{vmatrix} 1 & x & 0 & 0 & 0 \\ 0 & 1 & x & 0 & 0 \\ 0 & 0 & 1 & x & 0 \\ 0 & 0 & -1 & 1-x & x \\ 0 & 0 & 0 & -1 & 1-x \end{vmatrix}$$

$$\xlongequal{r_4+r_3} \begin{vmatrix} 1 & x & 0 & 0 & 0 \\ 0 & 1 & x & 0 & 0 \\ 0 & 0 & 1 & x & 0 \\ 0 & 0 & 0 & 1 & x \\ 0 & 0 & 0 & -1 & 1-x \end{vmatrix} \xlongequal{r_5+r_4} \begin{vmatrix} 1 & x & 0 & 0 & 0 \\ 0 & 1 & x & 0 & 0 \\ 0 & 0 & 1 & x & 0 \\ 0 & 0 & 0 & 1 & x \\ 0 & 0 & 0 & 0 & 1 \end{vmatrix} = 1.$$

点评　该题利用了逐行(列)相加法，这是计算某些特殊行列式的一种重要技巧.

§1.3　行列式按行(列)展开

基本要求

(1) 理解余子式和代数余子式的概念.

(2) 熟练掌握代数余子式的性质.

(3) 会用行列式按行(列)展开法计算行列式.

内容简述

1. 余子式与代数余子式

在 n 阶行列式 $\det(a_{ij})$ 中,划去元素 a_{ij} 所在的行与列,余下元素按照原有次序排成的 $n-1$ 阶行列式,称为元素 a_{ij} 的余子式,记作 M_{ij}. $A_{ij}=(-1)^{i+j}M_{ij}$ 称为元素 a_{ij} 的代数余子式.

2. 行列式按行(列)展开定理(代数余子式的性质)

$$\sum_{k=1}^{n}a_{ki}A_{kj}=\begin{cases}D, & i=j,\\ 0, & i\neq j\end{cases}\quad (i,j=1,2,\cdots,n)$$

或

$$\sum_{k=1}^{n}a_{ik}A_{jk}=\begin{cases}D, & i=j,\\ 0, & i\neq j\end{cases}\quad (i,j=1,2,\cdots,n).$$

疑难评注

(1) M_{ij} 及 A_{ij} 只与元素 a_{ij} 所在的位置有关,而与 a_{ij} 本身的大小无关,并且与 a_{ij} 所在的第 i 行及第 j 列的其他元素无关;元素 a_{ij} 的余子式前面取正号,而代数余子式前面的符号由 a_{ij} 在行列式中的位置决定.

(2) 一个 n 阶行列式按某一行(列)展开的重要性在于把 n 阶行列式的计算转化成求 n 个 $n-1$ 阶行列式的值,这体现了计算行列式时的一种重要思想:降阶. 逐步展开下去,最终可以把高阶行列式化为二阶行列式来计算.

(3) 在计算一个 n 阶行列式 D 时,将 D 降阶为 n 个 $n-1$ 阶行列式后的计算是否也不容易呢? 例如,行列式

$$\begin{vmatrix}5 & 1 & -1 & 3\\ -2 & 1 & 3 & 0\\ 0 & 0 & 2 & 0\\ -5 & -5 & 3 & 0\end{vmatrix}\xlongequal{\text{按第 3 行展开}}2\times(-1)^{3+3}\begin{vmatrix}5 & 1 & 3\\ -2 & 1 & 0\\ -5 & -5 & 0\end{vmatrix}$$

$$\xlongequal{\text{按第 3 列展开}}2\times(-1)^{3+3}\times 3\times(-1)^{1+3}\begin{vmatrix}-2 & 1\\ -5 & -5\end{vmatrix}$$

$$=6\times(10+5)=90.$$

若 n 阶行列式 $D=\det(a_{ij})$ 中第 i 行的元素除 a_{ij} 外都为零,则根据行列式按行展开定理得 $D=a_{ij}A_{ij}$. 于是在计算高阶行列式时,常常会利用行列式的性质首先将第 i 行(或第 j 列)除 a_{ij} 外的其他元素化为零,再按该行(列)展开来计算.

例题精解

例 1 设行列式 $D=\begin{vmatrix}3&-5&2&1\\1&1&0&-5\\-1&3&1&3\\2&-4&-1&-3\end{vmatrix}$，求 $M_{21}+M_{22}+M_{23}+M_{24}$ 的值.

分析 直接根据余子式的定义先计算出四个行列式再求和，也可转化为代数余子式进行计算.

解 **方法 1** 由余子式的定义计算

$$M_{21}+M_{22}+M_{23}+M_{24}=\begin{vmatrix}-5&2&1\\3&1&3\\-4&-1&-3\end{vmatrix}+\begin{vmatrix}3&2&1\\-1&1&3\\2&-1&-3\end{vmatrix}$$
$$+\begin{vmatrix}3&-5&1\\-1&3&3\\2&-4&-3\end{vmatrix}+\begin{vmatrix}3&-5&2\\-1&3&1\\2&-4&-1\end{vmatrix}$$
$$=-5+5-8-6=-14.$$

方法 2 因为

$$M_{21}+M_{22}+M_{23}+M_{24}=(-1)\times A_{21}+1\times A_{22}+(-1)\times A_{23}+1\times A_{24},$$

所以可将 D 中第 2 行的元素换成 $-1,1,-1,1$，形成一个新的行列式 D_1，然后计算行列式 D_1 的值. 于是，

$$D_1=\begin{vmatrix}3&-5&2&1\\-1&1&-1&1\\-1&3&1&3\\2&-4&-1&-3\end{vmatrix}=-14,$$

则

$$M_{21}+M_{22}+M_{23}+M_{24}=-14.$$

点评 此题方法 2 中，把行列式 D 的余子式的计算转化为代数余子式的计算，再逆用行列式按行展开定理，故有 $M_{21}+M_{22}+M_{23}+M_{24}=D_1$.

例 2 已知行列式 $D=\begin{vmatrix}1&-1&5&1\\4&1&5&-5\\-1&3&5&3\\2&2&5&6\end{vmatrix}$，求 $9A_{11}+9A_{21}+9A_{31}+9A_{41}$ 的值.

分析 $A_{11},A_{21},A_{31},A_{41}$ 为行列式 D 的第 1 列元素所对应的代数余子式，且其系数均为 9，而行列式 D 的第 3 列元素均为 5，可以先将 $9A_{11}+9A_{21}+9A_{31}+9A_{41}$ 变形为 $\frac{9}{5}(5A_{11}+5A_{21}+5A_{31}+5A_{41})$，然后进行计算.

解 因为行列式 D 的第 3 列元素与第 1 列的对应元素的代数余子式的乘积之和等于零，即

$$5A_{11}+5A_{21}+5A_{31}+5A_{41}=0,$$

所以

$$9A_{11}+9A_{21}+9A_{31}+9A_{41}=\frac{9}{5}(5A_{11}+5A_{21}+5A_{31}+5A_{41})=0.$$

点评 熟练掌握行列式按行(列)展开定理,深刻理解代数余子式的概念.

例 3 设行列式 $D=\begin{vmatrix}1&2&4&5&8\\1&1&3&3&3\\2&4&6&8&10\\2&2&1&1&1\\1&3&5&7&9\end{vmatrix}$,求 $A_{31}+A_{32}$ 与 $A_{33}+A_{34}+A_{35}$ 的值.

分析 计算行列式 D 的第 3 行元素对应的代数余子式 $A_{31},A_{32},A_{33},A_{34},A_{35}$ 是比较烦琐的,可以考虑把 D 的第 3 行元素分别换成第 2 行和第 4 行的元素,再按第 3 行展开,即可得到 A_{31},A_{32} 和 A_{33},A_{34},A_{35} 的联立方程组,然后求解.

解 将 D 的第 3 行元素换成第 2 行的元素 1,1,3,3,3,再按第 3 行展开,则有

$$A_{31}+A_{32}+3(A_{33}+A_{34}+A_{35})=0. \qquad ①$$

同理,将 D 的第 3 行元素换成第 4 行的元素 2,2,1,1,1,再按第 3 行展开,则有

$$2(A_{31}+A_{32})+A_{33}+A_{34}+A_{35}=0. \qquad ②$$

联立式 ① 与式 ②,得

$$A_{31}+A_{32}=0,\quad A_{33}+A_{34}+A_{35}=0.$$

点评 分析行列式的特点,找到它与所求和之间的联系.

例 4 计算行列式

$$D_n=\begin{vmatrix}1-a_1&a_2&0&\cdots&0&0\\-1&1-a_2&a_3&\cdots&0&0\\0&-1&1-a_3&\cdots&0&0\\\vdots&\vdots&\vdots&&\vdots&\vdots\\0&0&0&\cdots&1-a_{n-1}&a_n\\0&0&0&\cdots&-1&1-a_n\end{vmatrix}.$$

分析 把各行加到第 n 行,再按第 n 行展开,则可将 n 阶行列式变为一个下三角形行列式与一个相同结构的 $n-1$ 阶行列式.

解 $$D_n\xlongequal[(i=1,2,\cdots,n-1)]{r_n+r_i}\begin{vmatrix}1-a_1&a_2&0&\cdots&0&0\\-1&1-a_2&a_3&\cdots&0&0\\0&-1&1-a_3&\cdots&0&0\\\vdots&\vdots&\vdots&&\vdots&\vdots\\0&0&0&\cdots&1-a_{n-1}&a_n\\-a_1&0&0&\cdots&0&1\end{vmatrix}$$

$$\xlongequal{\text{按第 } n \text{ 行展开}}(-a_1)(-1)^{n+1}\begin{vmatrix}a_2&0&\cdots&0&0\\1-a_2&a_3&\cdots&0&0\\-1&1-a_3&\cdots&0&0\\\vdots&\vdots&&\vdots&\vdots\\0&0&\cdots&1-a_{n-1}&a_n\end{vmatrix}$$

$$+\begin{vmatrix} 1-a_1 & a_2 & 0 & \cdots & 0 \\ -1 & 1-a_2 & a_3 & \cdots & 0 \\ 0 & -1 & 1-a_3 & \cdots & 0 \\ \vdots & \vdots & \vdots & & \vdots \\ 0 & 0 & 0 & \cdots & 1-a_{n-1} \end{vmatrix}$$

$$=(-1)^n a_1 a_2 \cdots a_n + D_{n-1}.$$

而

$$D_1 = 1-a_1 = 1+(-a_1),$$

则递推可得

$$D_n = 1+\sum_{k=1}^{n}(-1)^k a_1 a_2 \cdots a_k.$$

点评 通过展开先得到一个递推公式，然后利用阶数较低的行列式值代入进行递推.

例 5 计算行列式

$$D_n = \begin{vmatrix} 2 & 1 & & & & \\ 1 & 2 & 1 & & & \\ & 1 & 2 & 1 & & \\ & & \ddots & \ddots & \ddots & \\ & & & 1 & 2 & 1 \\ & & & & 1 & 2 \end{vmatrix}.$$

分析 行列式 D_n 不为零的元素布局在三条线上，主对角线上的元素均为 2，平行于主对角线的两条线上的元素均为 1. 若按第 1 行展开，则得到与 D_n 结构完全相同的降阶行列式.

解 $D_n \xlongequal{\text{按第 1 行展开}} 2\begin{vmatrix} 2 & 1 & & & & \\ 1 & 2 & 1 & & & \\ & 1 & 2 & 1 & & \\ & & \ddots & \ddots & \ddots & \\ & & & 1 & 2 & 1 \\ & & & & 1 & 2 \end{vmatrix}_{n-1} + (-1)^{1+2}\begin{vmatrix} 1 & 1 & & & & \\ & 2 & 1 & & & \\ & 1 & 2 & 1 & & \\ & & \ddots & \ddots & \ddots & \\ & & & 1 & 2 & 1 \\ & & & & 1 & 2 \end{vmatrix}_{n-1}$

$$=2D_{n-1}-(-1)^{1+1}\begin{vmatrix} 2 & 1 & & & \\ 1 & 2 & 1 & & \\ & \ddots & \ddots & \ddots & \\ & & 1 & 2 & 1 \\ & & & 1 & 2 \end{vmatrix}_{n-2}$$

$$=2D_{n-1}-D_{n-2}.$$

计算得

$$D_1 = 2 = 1+1,\quad D_2 = 3 = 2+1,\quad D_3 = 2D_2 - D_1 = 4 = 3+1,$$

以此类推，有

$$D_n = n+1.$$

下面用数学归纳法验证 $D_n = n+1$.

当 $n=1$ 时，$D_1=2$ 成立；当 $n=2$ 时，$D_2=3$ 成立. 假设 $n=k-1$ 及 $n=k$ 时均成立，则当 $n=k+1$ 时，

$$D_{k+1}=2D_k-D_{k-1}=2(k+1)-k=k+2=(k+1)+1.$$

因此，对于任意的正整数 n，有 $D_n=n+1$.

点评 对 n 阶行列式 D_n，先找出 D_n 与 D_{n-1} 或 D_n 与 D_{n-1}，D_{n-2} 之间的一种关系，即递推公式（其中 D_n，D_{n-1}，D_{n-2} 等结构相同），再由递推公式求出 D_n. 这种方法称为递推法.

例 6 计算行列式

$$D_{n+1}=\begin{vmatrix} x & a_1 & a_2 & \cdots & a_n \\ a_1 & x & a_2 & \cdots & a_n \\ a_1 & a_2 & x & \cdots & a_n \\ \vdots & \vdots & \vdots & & \vdots \\ a_1 & a_2 & a_3 & \cdots & x \end{vmatrix}.$$

分析 行列式 D_{n+1} 除主对角线元素为 x 外，在主对角线以上的元素全为 $a_{i-1}(2\leqslant i\leqslant n+1)$，在主对角线以下的元素全为 a_i $(1\leqslant i\leqslant n)$，每一行各元素之和全为 $x+\sum\limits_{k=1}^{n}a_k$. 可考虑将 D_{n+1} 化为三角形行列式.

解 $$D_{n+1}\xlongequal[(i=2,3,\cdots,n+1)]{c_1+c_i}\begin{vmatrix} x+\sum\limits_{k=1}^{n}a_k & a_1 & a_2 & \cdots & a_n \\ x+\sum\limits_{k=1}^{n}a_k & x & a_2 & \cdots & a_n \\ x+\sum\limits_{k=1}^{n}a_k & a_2 & x & \cdots & a_n \\ \vdots & \vdots & \vdots & & \vdots \\ x+\sum\limits_{k=1}^{n}a_k & a_2 & a_3 & \cdots & x \end{vmatrix}$$

$$=\left(x+\sum_{k=1}^{n}a_k\right)\begin{vmatrix} 1 & a_1 & a_2 & \cdots & a_n \\ 1 & x & a_2 & \cdots & a_n \\ 1 & a_2 & x & \cdots & a_n \\ \vdots & \vdots & \vdots & & \vdots \\ 1 & a_2 & a_3 & \cdots & x \end{vmatrix}$$

$$\xlongequal[(i=2,3,\cdots,n+1)]{c_i-a_{i-1}c_1}\left(x+\sum_{k=1}^{n}a_k\right)\begin{vmatrix} 1 & 0 & 0 & \cdots & 0 \\ 1 & x-a_1 & 0 & \cdots & 0 \\ 1 & a_2-a_1 & x-a_2 & \cdots & 0 \\ \vdots & \vdots & \vdots & & \vdots \\ 1 & a_2-a_1 & a_3-a_2 & \cdots & x-a_n \end{vmatrix}$$

$$=\left(x+\sum_{k=1}^{n}a_k\right)\prod_{k=1}^{n}(x-a_k).$$

点评 某些含参数的行列式，元素布局很有规律，可优先考虑将其化为三角形行列式. 这种方法称为化三角形法.

例 7　计算行列式

$$D_n=\begin{vmatrix} a_1 & a_2 & \cdots & a_{n-1} & 1+a_n \\ a_1 & a_2 & \cdots & 1+a_{n-1} & a_n \\ \vdots & \vdots & & \vdots & \vdots \\ a_1 & 1+a_2 & \cdots & a_{n-1} & a_n \\ 1+a_1 & a_2 & \cdots & a_{n-1} & a_n \end{vmatrix}.$$

分析　行列式 D_n 的各列分别含有相同的参数 a_i. 若在保持 D_n 值不变的情况下，将原行列式 D_n 最上方增加含有 $a_1,a_2,\cdots,a_n$ 元素的一行，则将该行乘 -1 后分别加到第 2 行至第 $n+1$ 行上，即可把各列的参数 a_i 消去.

解　$$D_n=D_{n+1}=\begin{vmatrix} 1 & a_1 & a_2 & \cdots & a_{n-1} & a_n \\ 0 & a_1 & a_2 & \cdots & a_{n-1} & 1+a_n \\ 0 & a_1 & a_2 & \cdots & 1+a_{n-1} & a_n \\ \vdots & \vdots & \vdots & & \vdots & \vdots \\ 0 & a_1 & 1+a_2 & \cdots & a_{n-1} & a_n \\ 0 & 1+a_1 & a_2 & \cdots & a_{n-1} & a_n \end{vmatrix}$$

$$\xlongequal[(i=2,3,\cdots,n+1)]{r_i-r_1}\begin{vmatrix} 1 & a_1 & a_2 & \cdots & a_{n-1} & a_n \\ -1 & 0 & 0 & \cdots & 0 & 1 \\ -1 & 0 & 0 & \cdots & 1 & 0 \\ \vdots & \vdots & \vdots & & \vdots & \vdots \\ -1 & 0 & 1 & \cdots & 0 & 0 \\ -1 & 1 & 0 & \cdots & 0 & 0 \end{vmatrix}$$

$$\xlongequal[(i=2,3,\cdots,n+1)]{c_1+c_i}\begin{vmatrix} 1+\sum_{i=1}^{n}a_i & a_1 & a_2 & \cdots & a_{n-1} & a_n \\ 0 & 0 & 0 & \cdots & 0 & 1 \\ 0 & 0 & 0 & \cdots & 1 & 0 \\ \vdots & \vdots & \vdots & & \vdots & \vdots \\ 0 & 0 & 1 & \cdots & 0 & 0 \\ 0 & 1 & 0 & \cdots & 0 & 0 \end{vmatrix}$$

$$=\left(1+\sum_{i=1}^{n}a_i\right)\begin{vmatrix} 0 & 0 & \cdots & 0 & 1 \\ 0 & 0 & \cdots & 1 & 0 \\ \vdots & \vdots & & \vdots & \vdots \\ 0 & 1 & \cdots & 0 & 0 \\ 1 & 0 & \cdots & 0 & 0 \end{vmatrix}$$

$$=(-1)^{\frac{n(n-1)}{2}}\left(1+\sum_{i=1}^{n}a_i\right).$$

点评　根据行列式 D_n 的各列分别含有相同参数 a_i 的特点，逆用行列式按行(列）展开定理，将 n 阶行列式转换成 $n+1$ 阶行列式，再化简. 在原行列式中增加一行一列，且保持原行列式值不变的这种方法称为加边法，又称升阶法.

例 8 计算行列式

$$D=\begin{vmatrix}1+x_1 & 1+x_1^2 & \cdots & 1+x_1^n\\ 1+x_2 & 1+x_2^2 & \cdots & 1+x_2^n\\ \vdots & \vdots & & \vdots\\ 1+x_n & 1+x_n^2 & \cdots & 1+x_n^n\end{vmatrix}.$$

分析 行列式 D 类似范德蒙德行列式，但每个元素都含有数字 1，且又缺元素全为 1 的一行，可以考虑运用加边法.

解 $$D\xlongequal{\text{加边成}n+1\text{阶行列式}}\begin{vmatrix}1 & 1 & 1 & \cdots & 1\\ 0 & 1+x_1 & 1+x_1^2 & \cdots & 1+x_1^n\\ 0 & 1+x_2 & 1+x_2^2 & \cdots & 1+x_2^n\\ \vdots & \vdots & \vdots & & \vdots\\ 0 & 1+x_n & 1+x_n^2 & \cdots & 1+x_n^n\end{vmatrix}$$

$$\xlongequal[(i=2,3,\cdots,n+1)]{r_i-r_1}\begin{vmatrix}1 & 1 & 1 & \cdots & 1\\ -1 & x_1 & x_1^2 & \cdots & x_1^n\\ -1 & x_2 & x_2^2 & \cdots & x_2^n\\ \vdots & \vdots & \vdots & & \vdots\\ -1 & x_n & x_n^2 & \cdots & x_n^n\end{vmatrix}$$

$$=\begin{vmatrix}2 & 1 & 1 & \cdots & 1\\ 0 & x_1 & x_1^2 & \cdots & x_1^n\\ 0 & x_2 & x_2^2 & \cdots & x_2^n\\ \vdots & \vdots & \vdots & & \vdots\\ 0 & x_n & x_n^2 & \cdots & x_n^n\end{vmatrix}-\begin{vmatrix}1 & 1 & 1 & \cdots & 1\\ 1 & x_1 & x_1^2 & \cdots & x_1^n\\ 1 & x_2 & x_2^2 & \cdots & x_2^n\\ \vdots & \vdots & \vdots & & \vdots\\ 1 & x_n & x_n^2 & \cdots & x_n^n\end{vmatrix}$$

$$=2x_1x_2\cdots x_n\begin{vmatrix}1 & x_1 & \cdots & x_1^{n-1}\\ 1 & x_2 & \cdots & x_2^{n-1}\\ \vdots & \vdots & & \vdots\\ 1 & x_n & \cdots & x_n^{n-1}\end{vmatrix}-\begin{vmatrix}1 & 1 & 1 & \cdots & 1\\ 1 & x_1 & x_1^2 & \cdots & x_1^n\\ 1 & x_2 & x_2^2 & \cdots & x_2^n\\ \vdots & \vdots & \vdots & & \vdots\\ 1 & x_n & x_n^2 & \cdots & x_n^n\end{vmatrix}$$

$$=2\prod_{i=1}^{n}x_i\prod_{1\leqslant j<i\leqslant n}(x_i-x_j)-\prod_{i=1}^{n}(x_i-1)\prod_{1\leqslant j<i\leqslant n}(x_i-x_j)$$

$$=\left[2\prod_{i=1}^{n}x_i-\prod_{i=1}^{n}(x_i-1)\right]\prod_{1\leqslant j<i\leqslant n}(x_i-x_j).$$

点评 本题难度较大，综合运用了加边法、拆分法和范德蒙德行列式法等技巧.

例 9 证明：

$$D_n=\begin{vmatrix}x & -1 & 0 & \cdots & 0 & 0\\ 0 & x & -1 & \cdots & 0 & 0\\ 0 & 0 & x & \cdots & 0 & 0\\ \vdots & \vdots & \vdots & & \vdots & \vdots\\ 0 & 0 & 0 & \cdots & x & -1\\ a_n & a_{n-1} & a_{n-2} & \cdots & a_2 & x+a_1\end{vmatrix}=x^n+a_1x^{n-1}+a_2x^{n-2}+\cdots+a_{n-1}x+a_n.$$

分析　这类证明题,首先考虑利用数学归纳法进行证明.

解　利用数学归纳法.

当 $n=1$ 时,$D_1=x+a_1$,结论成立.

当 $n=2$ 时,

$$D_2=\begin{vmatrix} x & -1 \\ a_2 & x+a_1 \end{vmatrix}=x(x+a_1)+a_2=x^2+a_1x+a_2,$$

结论成立.

假设 $n=k$ 时,结论成立,即

$$D_k=x^k+a_1x^{k-1}+a_2x^{k-2}+\cdots+a_{k-1}x+a_k,$$

则当 $n=k+1$ 时,把 D_{k+1} 按第 1 列展开,得

$$\begin{aligned} D_{k+1}&=xD_k+a_{k+1}=x(x^k+a_1x^{k-1}+a_2x^{k-2}+\cdots+a_{k-1}x+a_k)+a_{k+1} \\ &=x^{k+1}+a_1x^k+a_2x^{k-1}+\cdots+a_{k-1}x^2+a_kx+a_{k+1}. \end{aligned}$$

因此,对于任意的正整数 n,有

$$D_n=x^n+a_1x^{n-1}+a_2x^{n-2}+\cdots+a_{n-1}x+a_n.$$

点评　在行列式的证明题中,一般可采用计算性证题法、数学归纳法、递推法等.

§1.4　克拉默法则

基本要求

(1) 理解运用克拉默法则求解线性方程组的前提条件.

(2) 熟练运用克拉默法则判定线性方程组解的存在性及唯一性,并运用克拉默法则对线性方程组求解.

内容简述

1. 线性方程组

含有 n 个线性方程的 n 元线性方程组的一般形式为

$$\begin{cases} a_{11}x_1+a_{12}x_2+\cdots+a_{1n}x_n=b_1, \\ a_{21}x_1+a_{22}x_2+\cdots+a_{2n}x_n=b_2, \\ \quad\cdots\cdots \\ a_{n1}x_1+a_{n2}x_2+\cdots+a_{nn}x_n=b_n. \end{cases} \tag{1.1}$$

线性方程组(1.1) 中未知量的系数构成的行列式

$$D=\begin{vmatrix} a_{11} & a_{12} & \cdots & a_{1n} \\ a_{21} & a_{22} & \cdots & a_{2n} \\ \vdots & \vdots & & \vdots \\ a_{n1} & a_{n2} & \cdots & a_{nn} \end{vmatrix}$$

称为方程组的系数行列式.

当线性方程组(1.1)的常数项 $b_i(i=1,2,\cdots,n)$ 不全为零时,称线性方程组(1.1)为非齐次线性方程组;当常数项 $b_i(i=1,2,\cdots,n)$ 全为零时,称线性方程组(1.1)为齐次线性方程组.

2. 克拉默法则

若 $D=\begin{vmatrix} a_{11} & a_{12} & \cdots & a_{1n} \\ a_{21} & a_{22} & \cdots & a_{2n} \\ \vdots & \vdots & & \vdots \\ a_{n1} & a_{n2} & \cdots & a_{nn} \end{vmatrix} \neq 0$,则线性方程组(1.1)有唯一解

$$x_j=\frac{D_j}{D}, \quad j=1,2,\cdots,n,$$

其中 D_j 是将 D 的第 j 列元素以方程组的常数项 $b_1,b_2,\cdots,b_n$ 替换后得到的行列式,即

$$D_j=\begin{vmatrix} a_{11} & \cdots & a_{1,j-1} & b_1 & a_{1,j+1} & \cdots & a_{1n} \\ a_{21} & \cdots & a_{2,j-1} & b_2 & a_{2,j+1} & \cdots & a_{2n} \\ \vdots & & \vdots & \vdots & \vdots & & \vdots \\ a_{n1} & \cdots & a_{n,j-1} & b_n & a_{n,j+1} & \cdots & a_{nn} \end{vmatrix}.$$

(1) 如果非齐次线性方程组无解或有无穷多解,则它的系数行列式 $D=0$.

(2) 如果齐次线性方程组的系数行列式 $D\neq 0$,则方程组仅有零解;如果齐次线性方程组有非零解,则它的系数行列式 $D=0$.

疑难评注

(1) 运用克拉默法则求解线性方程组时需要同时具备两个条件:一是方程的个数等于未知量的个数;二是系数行列式不为零.如果线性方程组不同时具备这两个前提条件,克拉默法则失效.

(2) 求解含有待定常数的线性方程组时,必须依据题设要求及克拉默法则确定其待定常数的取值范围.

(3) 克拉默法则提供了线性方程组是否有解的判定标准,并给出了求解的方法,但在利用该法则求解线性方程组时存在诸多制约因素:① 方程组必须是"方"的,即有几个方程必须有几个未知量;② 求解时要计算多个行列式,其计算量较大;③ 在系数行列式 $D=0$ 时,克拉默法则就失效了.这些问题还有待于学习矩阵和向量的知识后再解决.

例题精解

例 1 判断方程组

$$\begin{cases} 2x_1+x_2-5x_3+x_4=8, \\ x_1-3x_2-6x_4=9, \\ 2x_2-x_3+2x_4=-5, \\ x_1+4x_2-7x_3+6x_4=0 \end{cases}$$

是否有解,若有解求其解.

分析 这是四个方程四个未知量的非齐次线性方程组，只要计算出系数行列式的值即可判断方程组是否有解.

解 因为系数行列式 $D=\begin{vmatrix}2 & 1 & -5 & 1\\1 & -3 & 0 & -6\\0 & 2 & -1 & 2\\1 & 4 & -7 & 6\end{vmatrix}=27\neq 0$，所以方程组有唯一解. 又

$$D_1=\begin{vmatrix}8 & 1 & -5 & 1\\9 & -3 & 0 & -6\\-5 & 2 & -1 & 2\\0 & 4 & -7 & 6\end{vmatrix}=81,\quad D_2=\begin{vmatrix}2 & 8 & -5 & 1\\1 & 9 & 0 & -6\\0 & -5 & -1 & 2\\1 & 0 & -7 & 6\end{vmatrix}=-108,$$

$$D_3=\begin{vmatrix}2 & 1 & 8 & 1\\1 & -3 & 9 & -6\\0 & 2 & -5 & 2\\1 & 4 & 0 & 6\end{vmatrix}=-27,\quad D_4=\begin{vmatrix}2 & 1 & -5 & 8\\1 & -3 & 0 & 9\\0 & 2 & -1 & -5\\1 & 4 & -7 & 0\end{vmatrix}=27,$$

所以

$$x_1=\frac{D_1}{D}=\frac{81}{27}=3,\quad x_2=\frac{D_2}{D}=\frac{-108}{27}=-4,$$

$$x_3=\frac{D_3}{D}=\frac{-27}{27}=-1,\quad x_4=\frac{D_4}{D}=\frac{27}{27}=1.$$

点评 直接运用克拉默法则.

例 2 讨论 λ 为何值时，方程组 $\begin{cases}\lambda x_1+x_2+x_3=1,\\x_1+\lambda x_2+x_3=\lambda,\\x_1+x_2+\lambda x_3=\lambda^2\end{cases}$ 有唯一解？并求出该唯一解.

分析 这是三个方程三个未知量的非齐次线性方程组，要使得它有唯一解，由克拉默法则可知，只要方程组的系数行列式 $D\neq 0$ 即可.

解 因为系数行列式 $D=\begin{vmatrix}\lambda & 1 & 1\\1 & \lambda & 1\\1 & 1 & \lambda\end{vmatrix}=(\lambda-1)^2(\lambda+2)$，所以当 $D\neq 0$，即 $\lambda\neq 1$ 且 $\lambda\neq -2$ 时，方程组有唯一解. 又

$$D_1=\begin{vmatrix}1 & 1 & 1\\\lambda & \lambda & 1\\\lambda^2 & 1 & \lambda\end{vmatrix}=-(\lambda-1)^2(\lambda+1),$$

$$D_2=\begin{vmatrix}\lambda & 1 & 1\\1 & \lambda & 1\\1 & \lambda^2 & \lambda\end{vmatrix}=(\lambda-1)^2,$$

$$D_3=\begin{vmatrix}\lambda & 1 & 1\\1 & \lambda & \lambda\\1 & 1 & \lambda^2\end{vmatrix}=(\lambda-1)^2(\lambda+1)^2,$$

所以

$$x_1=\frac{D_1}{D}=-\frac{\lambda+1}{\lambda+2},\quad x_2=\frac{D_2}{D}=\frac{1}{\lambda+2},\quad x_3=\frac{D_3}{D}=\frac{(\lambda+1)^2}{\lambda+2}.$$

点评 当非齐次线性方程组的系数中含有待定常数时，要根据克拉默法则确定待定常数的取值范围后方程组才有唯一解.

例 3 设 a,b,c 互不相等，证明：齐次线性方程组

$$\begin{cases} x_1+\ x_2+\ x_3=0, \\ ax_1+bx_2+cx_3=0, \\ a^2x_1+b^2x_2+c^2x_3=0 \end{cases}$$

只有零解.

分析 要证明齐次线性方程组只有零解，只要证明其系数行列式不为零即可.

解 因系数行列式 $D=\begin{vmatrix} 1 & 1 & 1 \\ a & b & c \\ a^2 & b^2 & c^2 \end{vmatrix}$ 是一个范德蒙德行列式，故

$$D=\begin{vmatrix} 1 & 1 & 1 \\ a & b & c \\ a^2 & b^2 & c^2 \end{vmatrix}=(b-a)(c-a)(c-b).$$

又知 a,b,c 互不相等，故 $D\neq 0$.

点评 本题考察用克拉默法则判断齐次线性方程组只有零解的条件.

§1.5 MATLAB 应用举例

例 1 设行列式 $A=\begin{vmatrix} 0 & 1 & 1 & 1 \\ 1 & 0 & 1 & 1 \\ 1 & 1 & 0 & 1 \\ 1 & 1 & 1 & 0 \end{vmatrix}$，计算 A 及 $2A$.

MATLAB 程序：

```
>> A = sym([0,1,1,1;1,0,1,1;1,1,0,1;1,1,1,0]);  %输入方阵 A
>> det(A)                      %计算方阵 A 的行列式
ans =
  -3
>> 2 * det(A)                  %计算数乘行列式
ans =
  -6
```

由运行结果可知，$A=-3$，$2A=-6$.

注 参考附录，A=sym() 可用于定义一个矩阵（矩阵的概念会在第二章进行介绍）. 行数与列数相等的矩阵（称为方阵）可以看成一个行列式，并对其按行列式的规则求值，这个值就称为方阵的行列式的值. 在 MATLAB 中，采用函数 det(A) 求方阵的行列式.

例 2 计算行列式 $\begin{vmatrix} x & -1 & 0 & 0 \\ 0 & x & -1 & 0 \\ 0 & 0 & x & -1 \\ a_0 & a_1 & a_2 & a_3 \end{vmatrix}$.

MATLAB 程序：

```
>> syms x a0 a1 a2 a3                %定义符号变量
>> A = sym([x, -1,0,0;0,x, -1,0;0,0,x, -1;a0,a1,a2,a3]);  %输入方阵 A
>> det(A)                            %计算方阵 A 的行列式
ans =
  a3 * x^3+a2 * x^2+a1 * x+a0
```

由运行结果可知，行列式的值为 $a_3x^3+a_2x^2+a_1x+a_0$.

注 读者可以自行用数学归纳法证明 n 阶行列式

$$\begin{vmatrix} x & -1 & 0 & \cdots & 0 & 0 \\ 0 & x & -1 & \cdots & 0 & 0 \\ 0 & 0 & x & \cdots & 0 & 0 \\ \vdots & \vdots & \vdots & & \vdots & \vdots \\ 0 & 0 & 0 & \cdots & x & -1 \\ a_0 & a_1 & a_2 & \cdots & a_{n-2} & a_{n-1} \end{vmatrix} = a_{n-1}x^{n-1}+a_{n-2}x^{n-2}+\cdots+a_1x+a_0.$$

例 3 计算行列式 $\begin{vmatrix} x_1-m & x_2 & x_3 & x_4 \\ x_1 & x_2-m & x_3 & x_4 \\ x_1 & x_2 & x_3-m & x_4 \\ x_1 & x_2 & x_3 & x_4-m \end{vmatrix}$.

MATLAB 程序：

```
>> syms m x1 x2 x3 x4                %定义符号变量
>> A = sym([x1-m,x2,x3,x4;x1,x2-m,x3,x4;
        x1,x2,x3-m,x4;x1,x2,x3,x4-m]);   %输入方阵 A
>> det(A)                            %计算方阵 A 的行列式
ans =
  m^4-m^3 * x2-m^3 * x3-m^3 * x4-m^3 * x1
```

由运行结果可知，行列式的值为 $m^4-m^3x_2-m^3x_3-m^3x_4-m^3x_1$.

注 读者可以自行用数学归纳法证明 n 阶行列式

$$\begin{vmatrix} x_1-m & x_2 & \cdots & x_n \\ x_1 & x_2-m & \cdots & x_n \\ \vdots & \vdots & & \vdots \\ x_1 & x_2 & \cdots & x_n-m \end{vmatrix} = (-m)^{n-1}\left(\sum_{i=1}^{n} x_i - m\right).$$

例 4 （联合收入问题）已知三家互相关联的股份制公司 X，Y，Z，其中 X 公司持有 X 公司 70% 股份，持有 Y 公司 20% 股份，持有 Z 公司 30% 股份；Y 公司持有 Y 公司 60% 股份，持有 Z 公司 20% 股份；Z 公司持有 X 公司 30% 股份，持有 Y 公司 20% 股份，持有 Z 公司 50% 股份. 现设 X，Y 和 Z 公司各自的营业净收入分别为 22 万元、6 万元、9 万元，每家公司的联合收入是其净收入加上其在其他公司的按股份比例计算的提成收入,试求各公司的联合收入和实际收入.

模型建立:

设 X,Y,Z 三公司的联合收入(单位:万元)分别为 x,y,z,则有

$$\begin{cases} x=22+0.2y+0.3z, \\ y=6+0.2z, \\ z=9+0.3x+0.2y, \end{cases} \quad 即 \quad \begin{cases} x-0.2y-0.3z=22, \\ y-0.2z=6, \\ -0.3x-0.2y+z=9. \end{cases}$$

模型求解:

含有三个未知量三个方程的非齐次线性方程组可以用克拉默法则求解.

MATLAB 程序:

```
>> D=[1,-0.2,-0.3;0,1,-0.2;-0.3,-0.2,1];
>> D1=[22,-0.2,-0.3;6,1,-0.2;9,-0.2,1];
>> D2=[1,22,-0.3;0,6,-0.2;-0.3,9,1];
>> D3=[1,-0.2,22;0,1,6;-0.3,-0.2,9];
>> x=det(D1/D),x1=0.7*x
x=
  30.0000
x1=
  21.0000
>> y=det(D2/D),y1=0.6*y
y=
  10.0000
y1=
  6.0000
>> z=det(D3/D),z1=0.5*z
z=
  20.0000
z1=
  10.0000
```

由运行结果可知,X,Y,Z 三公司的联合收入分别为

$$x=30 万元, \quad y=10 万元, \quad z=20 万元;$$

X 公司的实际收入为 $x_1=21$ 万元,Y 公司的实际收入为 $y_1=6$ 万元,Z 公司的实际收入为 $z_1=10$ 万元.

注 对照克拉默法则能更易于理解该程序,但在未知量的个数较多时,其数据的输入量也较大,更好的解决方法可参阅后面的有关内容.

本章主要知识结构图

- 行列式
  - 基本概念
    - 全排列、逆序数、对换
    - $\begin{vmatrix} a_{11} & \cdots & a_{1n} \\ \vdots & & \vdots \\ a_{n1} & \cdots & a_{nn} \end{vmatrix} = \sum(-1)^{\tau} a_{1p_1} a_{2p_2} \cdots a_{np_n}$
  - 性质
    - 行列式与它的转置行列式相等
    - 互换行列式的两行(列),该行列式变号
    - 行列式中某一行(列)的所有元素的公因子可以提到行列式符号的外面
    - 若行列式中有两行(列)对应元素成比例,则该行列式等于零
    - 若行列式某一行(列)的每一个元素都是两数之和,则该行列式可写成两个行列式之和的形式
    - 行列式的某一行(列)的各元素乘以同一数加到另一行(列)的对应元素上,行列式的值不变
  - 展开
    - 余子式M_{ij}与代数余子式A_{ij}:$A_{ij}=(-1)^{i+j}M_{ij}$
    - $D=a_{i1}A_{i1}+a_{i2}A_{i2}+\cdots+a_{in}A_{in}\ (i=1,2,\cdots,n)$
    - $a_{i1}A_{j1}+a_{i2}A_{j2}+\cdots+a_{in}A_{jn}=0\ (i\neq j)$
  - 应用
    - 非齐次线性方程组
      - $D\neq 0$ 有唯一解 $x_i=\dfrac{D_i}{D}\ (i=1,2,\cdots,n)$
      - $D=0$ 无解或有无穷多解
    - 齐次线性方程组
      - $D\neq 0$ 只有零解
      - $D=0$ 有非零解

本章教材习题全解

1. 用对角线法则计算下列行列式：

(1) $\begin{vmatrix} 1 & 1 & 1 \\ 3 & 1 & 4 \\ 8 & 9 & 5 \end{vmatrix}$；　　(2) $\begin{vmatrix} a & b & c \\ b & c & a \\ c & a & b \end{vmatrix}$.

解 (1) 原式 $=1\times1\times5+1\times4\times8+1\times3\times9$

$-1\times1\times8-1\times3\times5-1\times4\times9$

$=5+32+27-8-15-36$

$=5.$

(2) 原式 $=acb+bac+cba-c^3-b^3-a^3$

$=3abc-a^3-b^3-c^3.$

2. 求下列排列的逆序数：

(1) 1234；　　(2) 45213；

(3) $n(n-1)\cdots21$；　　(4) $13\cdots(2n-1)24\cdots(2n)$.

解 (1) $\tau=0+0+0+0=0.$

(2) $\tau=0+0+2+3+2=7.$

(3) $\tau=0+1+2+\cdots+(n-1)=\dfrac{n(n-1)}{2}.$

(4) $\tau=\underbrace{0+0+\cdots+0}_{n}+(n-1)+(n-2)+\cdots+2+1+0=\dfrac{n(n-1)}{2}.$

3. 写出四阶行列式 $\det(a_{ij})$ 中，含有因子 $a_{11}a_{23}$ 的项.

解 由行列式的定义可知，$\det(a_{ij})=\sum(-1)^{\tau}a_{1p_1}a_{2p_2}a_{3p_3}a_{4p_4}$，其中 τ 为 $p_1p_2p_3p_4$ 的逆序数，现在 $p_1=1,p_2=3$，则 $p_1p_2p_3p_4$ 只能取 1324 或 1342. 而

$$\tau(1324)=0+0+1+0=1,$$
$$\tau(1342)=0+0+0+2=2,$$

所以 $-a_{11}a_{23}a_{32}a_{44}$ 和 $a_{11}a_{23}a_{34}a_{42}$ 即为所求.

4. 求行列式 $\begin{vmatrix} -2 & 0 & 4 \\ -3 & 0 & 3 \\ 2 & -2 & 1 \end{vmatrix}$ 中元素 a_{11} 和 a_{31} 的代数余子式.

解 因为 a_{11} 的余子式 $M_{11}=\begin{vmatrix} 0 & 3 \\ -2 & 1 \end{vmatrix}=6$，所以 a_{11} 的代数余子式

$$A_{11}=(-1)^{1+1}\times6=6;$$

因为 a_{31} 的余子式 $M_{31}=\begin{vmatrix}0&4\\0&3\end{vmatrix}=0$,所以 a_{31} 的代数余子式

$$A_{31}=(-1)^{3+1}\times 0=0.$$

5. 计算下列行列式:

(1) $\begin{vmatrix}0&1&1&1\\1&0&1&1\\1&1&0&1\\1&1&1&0\end{vmatrix}$;　　(2) $\begin{vmatrix}2&1&4&1\\3&-1&2&1\\1&2&3&2\\5&0&6&2\end{vmatrix}$;

(3) $\begin{vmatrix}1+x&1&1&1\\1&1-x&1&1\\1&1&1+y&1\\1&1&1&1-y\end{vmatrix}$;　　(4) $\begin{vmatrix}1&1&1\\a&b&c\\b+c&c+a&a+b\end{vmatrix}$.

解　(1) 原式 $\xlongequal[c_1\div 3]{c_1+c_i(i=2,3,4)} 3\begin{vmatrix}1&1&1&1\\1&0&1&1\\1&1&0&1\\1&1&1&0\end{vmatrix}$

$$\xlongequal[(i=2,3,4)]{r_i-r_1} 3\begin{vmatrix}1&1&1&1\\0&-1&0&0\\0&0&-1&0\\0&0&0&-1\end{vmatrix}$$

$=3\times 1\times(-1)^3=-3.$

(2) 原式 $\xlongequal{r_2+r_1}\begin{vmatrix}2&1&4&1\\5&0&6&2\\1&2&3&2\\5&0&6&2\end{vmatrix}=0.$

(3) 原式 $\xlongequal[(i=1,2,3)]{r_i-r_4}\begin{vmatrix}x&0&0&y\\0&-x&0&y\\0&0&y&y\\1&1&1&1-y\end{vmatrix}\xlongequal{c_4-c_3}\begin{vmatrix}x&0&0&y\\0&-x&0&y\\0&0&y&0\\1&1&1&-y\end{vmatrix}$

$$\xlongequal{按第1行展开} x\begin{vmatrix}-x&0&y\\0&y&0\\1&1&-y\end{vmatrix}-y\begin{vmatrix}0&-x&0\\0&0&y\\1&1&1\end{vmatrix}$$

$=x(xy^2-y^2)-y(-xy)$

$=x^2y^2.$

(4) 原式 $\xlongequal[r_3\div(a+b+c)]{r_3+r_2}(a+b+c)\begin{vmatrix}1&1&1\\a&b&c\\1&1&1\end{vmatrix}=0.$

6. 已知行列式 $\begin{vmatrix} 1 & 0 & 2 \\ x & 3 & 1 \\ 4 & x & 2 \end{vmatrix}$ 的元素 a_{12} 的代数余子式 $A_{12}=0$，求 A_{21} 的值.

解 由

$$A_{12}=(-1)^{1+2}\begin{vmatrix} x & 1 \\ 4 & 2 \end{vmatrix}=4-2x=0,$$

解得 $x=2$，故

$$A_{21}=(-1)^{2+1}\begin{vmatrix} 0 & 2 \\ 2 & 2 \end{vmatrix}=4.$$

7. 计算下列 n 阶行列式：

(1) $\begin{vmatrix} 1 & 1 & 0 & \cdots & 0 \\ 0 & 1 & 1 & \cdots & 0 \\ 0 & 0 & 1 & \cdots & 0 \\ \vdots & \vdots & \vdots & & \vdots \\ 1 & 0 & 0 & \cdots & 1 \end{vmatrix}$；　　(2) $\begin{vmatrix} 1 & 2 & 2 & \cdots & 2 \\ 2 & 2 & 2 & \cdots & 2 \\ 2 & 2 & 3 & \cdots & 2 \\ \vdots & \vdots & \vdots & & \vdots \\ 2 & 2 & 2 & \cdots & n \end{vmatrix}$；

(3) $\begin{vmatrix} a+x & a & \cdots & a \\ a & a+x & \cdots & a \\ \vdots & \vdots & & \vdots \\ a & a & \cdots & a+x \end{vmatrix}$；　　(4) $\begin{vmatrix} 1 & 2 & 3 & \cdots & n \\ a & 1 & 2 & \cdots & n-1 \\ a & a & 1 & \cdots & n-2 \\ \vdots & \vdots & \vdots & & \vdots \\ a & a & a & \cdots & 1 \end{vmatrix}$.

解 (1) 原式 $\xlongequal{\text{按第 1 列展开}}\begin{vmatrix} 1 & 1 & \cdots & 0 \\ 0 & 1 & \cdots & 0 \\ \vdots & \vdots & & \vdots \\ 0 & 0 & \cdots & 1 \end{vmatrix}_{n-1}+(-1)^{n+1}\begin{vmatrix} 1 & 0 & \cdots & 0 \\ 1 & 1 & \cdots & 0 \\ \vdots & \vdots & & \vdots \\ 0 & 0 & \cdots & 1 \end{vmatrix}_{n-1}$

$=1+(-1)^{n+1}$.

(2) 原式 $\xlongequal[(i=2,3,\cdots,n)]{r_i-r_1}\begin{vmatrix} 1 & 2 & 2 & \cdots & 2 \\ 1 & 0 & 0 & \cdots & 0 \\ 1 & 0 & 1 & \cdots & 0 \\ \vdots & \vdots & \vdots & & \vdots \\ 1 & 0 & 0 & \cdots & n-2 \end{vmatrix}$

$\xlongequal[r_1\div 2]{\text{按第 2 行展开}}(-1)^{2+1}\times 2\begin{vmatrix} 1 & 1 & \cdots & 1 \\ 0 & 1 & \cdots & 0 \\ \vdots & \vdots & & \vdots \\ 0 & 0 & \cdots & n-2 \end{vmatrix}_{n-1}$

$=-2(n-2)!$.

(3) 原式$\xlongequal[c_1\div(na+x)]{c_1+c_i(i=2,3,\cdots,n)}(na+x)\begin{vmatrix}1 & a & \cdots & a\\ 1 & a+x & \cdots & a\\ \vdots & \vdots & & \vdots\\ 1 & a & \cdots & a+x\end{vmatrix}$

$$\xlongequal[(i=2,3,\cdots,n)]{r_i-r_1}(na+x)\begin{vmatrix}1 & a & \cdots & a\\ 0 & x & \cdots & 0\\ \vdots & \vdots & & \vdots\\ 0 & 0 & \cdots & x\end{vmatrix}$$

$$=(na+x)x^{n-1}.$$

(4) 原式$\xlongequal[(i=n,n-1,\cdots,2)]{c_i-c_{i-1}}\begin{vmatrix}1 & 1 & 1 & \cdots & 1\\ a & 1-a & 1 & \cdots & 1\\ a & 0 & 1-a & \cdots & 1\\ \vdots & \vdots & \vdots & & \vdots\\ a & 0 & 0 & \cdots & 1-a\end{vmatrix}$

$$\xlongequal[(i=1,2,\cdots,n-1)]{r_i-r_{i+1}}\begin{vmatrix}1-a & a & 0 & \cdots & 0\\ 0 & 1-a & a & \cdots & 0\\ 0 & 0 & 1-a & \cdots & 0\\ \vdots & \vdots & \vdots & & \vdots\\ a & 0 & 0 & \cdots & 1-a\end{vmatrix}$$

$$\xlongequal{\text{按第 1 列展开}}(1-a)\begin{vmatrix}1-a & a & \cdots & 0\\ 0 & 1-a & \cdots & 0\\ \vdots & \vdots & & \vdots\\ 0 & 0 & \cdots & 1-a\end{vmatrix}_{n-1}$$

$$+(-1)^{n+1}\times a\begin{vmatrix}a & 0 & \cdots & 0\\ 1-a & a & \cdots & 0\\ \vdots & \vdots & & \vdots\\ 0 & 0 & \cdots & a\end{vmatrix}_{n-1}$$

$$=(1-a)^n+(-1)^{n+1}a^n.$$

8. 证明下列等式：

(1) $\begin{vmatrix}a^2 & ab & b^2\\ 2a & a+b & 2b\\ 1 & 1 & 1\end{vmatrix}=(a-b)^3$；

(2) $\begin{vmatrix}a & b & c\\ a & a+b & a+b+c\\ a & 2a+b & 3a+2b+c\end{vmatrix}=a^3$；

(3) $\begin{vmatrix} x & -1 & 0 & 0 \\ 0 & x & -1 & 0 \\ 0 & 0 & x & -1 \\ a_0 & a_1 & a_2 & a_3 \end{vmatrix} = a_3x^3 + a_2x^2 + a_1x + a_0$；

(4) $D_n = \begin{vmatrix} a_1+\lambda_1 & a_2 & \cdots & a_n \\ a_1 & a_2+\lambda_2 & \cdots & a_n \\ \vdots & \vdots & & \vdots \\ a_1 & a_2 & \cdots & a_n+\lambda_n \end{vmatrix} = \lambda_1\lambda_2\cdots\lambda_n\left(1+\sum_{i=1}^{n}\frac{a_i}{\lambda_i}\right)$.

证 (1) 原等式左边 $\xlongequal[c_1+c_3]{c_1-2c_2} \begin{vmatrix} (a-b)^2 & ab & b^2 \\ 0 & a+b & 2b \\ 0 & 1 & 1 \end{vmatrix}$

$= (a-b)^2 \begin{vmatrix} a+b & 2b \\ 1 & 1 \end{vmatrix}$

$= (a-b)^3 =$ 原等式右边.

(2) 原等式左边 $\xlongequal[r_3-r_1]{r_2-r_1} \begin{vmatrix} a & b & c \\ 0 & a & a+b \\ 0 & 2a & 3a+2b \end{vmatrix} = a\begin{vmatrix} a & a+b \\ 2a & 3a+2b \end{vmatrix}$

$\xlongequal{r_2-2r_1} a\begin{vmatrix} a & a+b \\ 0 & a \end{vmatrix} = a^3 =$ 原等式右边.

(3) 原等式左边 $\xlongequal{\text{按第 4 行展开}} (-1)^{4+1}a_0\begin{vmatrix} -1 & 0 & 0 \\ x & -1 & 0 \\ 0 & x & -1 \end{vmatrix} + (-1)^{4+2}a_1\begin{vmatrix} x & 0 & 0 \\ 0 & -1 & 0 \\ 0 & x & -1 \end{vmatrix}$

$+ (-1)^{4+3}a_2\begin{vmatrix} x & -1 & 0 \\ 0 & x & 0 \\ 0 & 0 & -1 \end{vmatrix} + (-1)^{4+4}a_3\begin{vmatrix} x & -1 & 0 \\ 0 & x & -1 \\ 0 & 0 & x \end{vmatrix}$

$= a_0 + a_1x + a_2x^2 + a_3x^3 =$ 原等式右边.

(4) $D_n \xlongequal[(i=2,3,\cdots,n)]{r_i-r_1} \begin{vmatrix} a_1+\lambda_1 & a_2 & \cdots & a_n \\ -\lambda_1 & \lambda_2 & \cdots & 0 \\ \vdots & \vdots & & \vdots \\ -\lambda_1 & 0 & \cdots & \lambda_n \end{vmatrix}$

$\xlongequal[(i=1,2,\cdots,n)]{c_i \div \lambda_i} \lambda_1\lambda_2\cdots\lambda_n \begin{vmatrix} 1+\frac{a_1}{\lambda_1} & \frac{a_2}{\lambda_2} & \cdots & \frac{a_n}{\lambda_n} \\ -1 & 1 & \cdots & 0 \\ \vdots & \vdots & & \vdots \\ -1 & 0 & \cdots & 1 \end{vmatrix}$

$$\xlongequal[(i=2,3,\cdots,n)]{c_1+c_i}\lambda_1\lambda_2\cdots\lambda_n\begin{vmatrix}1+\sum\limits_{i=1}^{n}\frac{a_i}{\lambda_i} & \frac{a_2}{\lambda_2} & \cdots & \frac{a_n}{\lambda_n}\\ 0 & 1 & \cdots & 0\\ \vdots & \vdots & & \vdots\\ 0 & 0 & \cdots & 1\end{vmatrix}$$

$=\lambda_1\lambda_2\cdots\lambda_n\left(1+\sum\limits_{i=1}^{n}\frac{a_i}{\lambda_i}\right)=$原等式右边.

9. 计算下列行列式(D_k 为 k 阶行列式):

(1) $D_n=\begin{vmatrix}x_1-m & x_2 & \cdots & x_n\\ x_1 & x_2-m & \cdots & x_n\\ \vdots & \vdots & & \vdots\\ x_1 & x_2 & \cdots & x_n-m\end{vmatrix}$;

(2) $D_n=\begin{vmatrix}1 & 1 & 1 & \cdots & 1\\ -1 & 1 & 1 & \cdots & 1\\ -1 & -1 & 1 & \cdots & 1\\ \vdots & \vdots & \vdots & & \vdots\\ -1 & -1 & -1 & \cdots & 1\end{vmatrix}$;

(3) $D_{2n}=\begin{vmatrix}a & & & & & b\\ & \ddots & & & \unicode{x22F0} & \\ & & a & b & & \\ & & c & d & & \\ & \unicode{x22F0} & & & \ddots & \\ c & & & & & d\end{vmatrix}$.

解 (1) $D_n\xlongequal[(i=2,3,\cdots,n)]{r_i-r_1}\begin{vmatrix}x_1-m & x_2 & \cdots & x_n\\ m & -m & \cdots & 0\\ \vdots & \vdots & & \vdots\\ m & 0 & \cdots & -m\end{vmatrix}$

$$\xlongequal[(i=2,3,\cdots,n)]{c_1+c_i}\begin{vmatrix}\sum\limits_{i=1}^{n}x_i-m & x_2 & \cdots & x_n\\ 0 & -m & \cdots & 0\\ \vdots & \vdots & & \vdots\\ 0 & 0 & \cdots & -m\end{vmatrix}$$

$=(-m)^{n-1}\left(\sum\limits_{i=1}^{n}x_i-m\right)$.

(2) $D_n \xlongequal[(i=2,3,\cdots,n)]{r_i+r_1} \begin{vmatrix} 1 & 1 & 1 & \cdots & 1 \\ 0 & 2 & 2 & \cdots & 2 \\ 0 & 0 & 2 & \cdots & 2 \\ \vdots & \vdots & \vdots & & \vdots \\ 0 & 0 & 0 & \cdots & 2 \end{vmatrix} = 2^{n-1}.$

(3) $D_{2n} \xlongequal{\text{按第 1 列展开}} a \begin{vmatrix} a & & & & & b & 0 \\ & \ddots & & & \iddots & & \\ & & a & b & & & \\ & & c & d & & & \\ & \iddots & & & \ddots & & \\ c & & & & & d & 0 \\ 0 & & & & & 0 & d \end{vmatrix}_{2n-1}$

$$+(-1)^{2n+1} c \begin{vmatrix} 0 & & & & & 0 & b \\ a & & & & & b & 0 \\ & \ddots & & & \iddots & & \\ & & a & b & & & \\ & & c & d & & & \\ & \iddots & & & \ddots & & \\ c & & & & & d & 0 \end{vmatrix}_{2n-1}$$

$$= adD_{2(n-1)} - cbD_{2(n-1)} = (ad-bc)D_{2(n-1)}.$$

易得 $D_2 = ad - bc$，利用递推法可得

$$D_{2n} = (ad-bc)^n.$$

10. 利用数学归纳法证明：

$$\begin{vmatrix} a+b & ab & 0 & \cdots & 0 & 0 \\ 1 & a+b & ab & \cdots & 0 & 0 \\ 0 & 1 & a+b & \cdots & 0 & 0 \\ \vdots & \vdots & \vdots & & \vdots & \vdots \\ 0 & 0 & 0 & \cdots & a+b & ab \\ 0 & 0 & 0 & \cdots & 1 & a+b \end{vmatrix} = \frac{a^{n+1}-b^{n+1}}{a-b}.$$

证 当 $n=1$ 时，$D_1 = a+b = \dfrac{a^2-b^2}{a-b}$ 成立.

当 $n=2$ 时，$D_2 = \begin{vmatrix} a+b & ab \\ 1 & a+b \end{vmatrix} = (a+b)^2 - ab = \dfrac{a^3-b^3}{a-b}$ 成立.

假设对于小于 n 的一切正整数，原等式成立，则对于 n，有

$$D_n=\begin{vmatrix} a+b & ab & 0 & \cdots & 0 & 0 \\ 1 & a+b & ab & \cdots & 0 & 0 \\ 0 & 1 & a+b & \cdots & 0 & 0 \\ \vdots & \vdots & \vdots & & \vdots & \vdots \\ 0 & 0 & 0 & \cdots & a+b & ab \\ 0 & 0 & 0 & \cdots & 1 & a+b \end{vmatrix}$$

$$\xlongequal{\text{按第 1 行展开}}(a+b)\begin{vmatrix} a+b & ab & \cdots & 0 & 0 \\ 1 & a+b & \cdots & 0 & 0 \\ \vdots & \vdots & & \vdots & \vdots \\ 0 & 0 & \cdots & 1 & a+b \end{vmatrix}_{n-1}$$

$$+(-1)^{1+2}ab\begin{vmatrix} 1 & ab & \cdots & 0 & 0 \\ 0 & a+b & \cdots & 0 & 0 \\ \vdots & \vdots & & \vdots & \vdots \\ 0 & 0 & \cdots & 1 & a+b \end{vmatrix}_{n-1}$$

$$=(a+b)D_{n-1}-abD_{n-2}$$

$$=(a+b)\frac{a^n-b^n}{a-b}-ab\frac{a^{n-1}-b^{n-1}}{a-b}$$

$$=\frac{a^{n+1}-b^{n+1}}{a-b}.$$

综上所述，对于一切正整数 n，原等式成立.

11. 利用克拉默法则求解下列方程组：

(1) $\begin{cases} 2x_1 - x_3=1, \\ 2x_1+4x_2-x_3=1, \\ -x_1+8x_2+3x_3=2; \end{cases}$　　(2) $\begin{cases} x_1-2x_2+3x_3-4x_4=4, \\ x_2-x_3+x_4=-3, \\ x_1+3x_2+2x_4=1, \\ -7x_2+3x_3+x_4=-3. \end{cases}$

解　(1) 因为

$$D=\begin{vmatrix} 2 & 0 & -1 \\ 2 & 4 & -1 \\ -1 & 8 & 3 \end{vmatrix}=20\neq 0,$$

$$D_1=\begin{vmatrix} 1 & 0 & -1 \\ 1 & 4 & -1 \\ 2 & 8 & 3 \end{vmatrix}=20,\quad D_2=\begin{vmatrix} 2 & 1 & -1 \\ 2 & 1 & -1 \\ -1 & 2 & 3 \end{vmatrix}=0,\quad D_3=\begin{vmatrix} 2 & 0 & 1 \\ 2 & 4 & 1 \\ -1 & 8 & 2 \end{vmatrix}=20,$$

所以

$$x_1=\frac{D_1}{D}=1,\quad x_2=\frac{D_2}{D}=0,\quad x_3=\frac{D_3}{D}=1.$$

(2) 因为

$$D=\begin{vmatrix}1&-2&3&-4\\0&1&-1&1\\1&3&0&2\\0&-7&3&1\end{vmatrix}=20\neq 0,$$

$$D_1=\begin{vmatrix}4&-2&3&-4\\-3&1&-1&1\\1&3&0&2\\-3&-7&3&1\end{vmatrix}=-160,\quad D_2=\begin{vmatrix}1&4&3&-4\\0&-3&-1&1\\1&1&0&2\\0&-3&3&1\end{vmatrix}=60,$$

$$D_3=\begin{vmatrix}1&-2&4&-4\\0&1&-3&1\\1&3&1&2\\0&-7&-3&1\end{vmatrix}=120,\quad D_4=\begin{vmatrix}1&-2&3&4\\0&1&-1&-3\\1&3&0&1\\0&-7&3&-3\end{vmatrix}=0,$$

所以

$$x_1=\frac{D_1}{D}=-8,\quad x_2=\frac{D_2}{D}=3,\quad x_3=\frac{D_3}{D}=6,\quad x_4=\frac{D_4}{D}=0.$$

12. 问:当 λ 取何值时,齐次线性方程组

$$\begin{cases}(1-\lambda)x_1+2x_2=0,\\2x_1+(4-\lambda)x_2=0,\\x_1+x_2+(1-\lambda)x_3=0\end{cases}$$

有非零解?

解 齐次线性方程组有非零解说明其系数行列式为零,即

$$\begin{vmatrix}1-\lambda&2&0\\2&4-\lambda&0\\1&1&1-\lambda\end{vmatrix}=\lambda(1-\lambda)(\lambda-5)=0,$$

解得 $\lambda=0,1$ 或 5.

第二章

矩　　阵

本章要点

❖ **矩阵的概念**　由 $m \times n$ 个数排成的 m 行 n 列的数表称为 m 行 n 列矩阵，记作 $\boldsymbol{A}_{m\times n}$. 矩阵和行列式是不相同的概念，矩阵是一个数表，而行列式是一个代数式. 假设值相同的元素或者零元素在矩阵中的分布有一定规律，则称此类矩阵为特殊矩阵，如单位矩阵、对角矩阵、上(下)三角形矩阵、零矩阵、对称矩阵与反对称矩阵等.

❖ **矩阵的运算**　矩阵的运算包括加法、数乘、乘法和转置等. 两矩阵必须是同型矩阵才可以相加；矩阵的乘法要求第一个矩阵的列数等于第二个矩阵的行数，并且矩阵的乘法不满足交换律.

❖ **矩阵可逆及逆矩阵**　判别一个矩阵是否可逆常用的方法：计算矩阵的行列式、化矩阵为行阶梯形矩阵、计算矩阵的秩等. 求逆矩阵的方法有定义法、性质法、伴随矩阵法、初等行变换法、分块对角矩阵法等，其中初等行变换法是求逆矩阵最常用的方法.

❖ **分块矩阵**　按某种方式把高阶矩阵分块成一些低阶子块，然后做运算可以大大简化计算量. 矩阵在分块时应尽量使子块成为如对角矩阵、零矩阵等特殊矩阵，但必须使两矩阵分块后的子块符合矩阵的运算规则.

❖ **矩阵的初等变换与初等矩阵**　矩阵的初等变换是矩阵的一种最基本的运算，它包括对换变换、数乘变换和倍加变换. 这三种变换在化简矩阵、求逆矩阵、解矩阵方程、求矩阵的秩及解线性方程组等方面有着十分重要的作用.

由单位矩阵经一次初等变换得到的矩阵称为初等矩阵. 初等矩阵共有三类：

$$①\ \boldsymbol{E}\xrightarrow[\text{或 } c_i\leftrightarrow c_j]{r_i\leftrightarrow r_j}\boldsymbol{E}(i,j)；\quad ②\ \boldsymbol{E}\xrightarrow[\text{或 } kc_i]{kr_i}\boldsymbol{E}(i(k))；\quad ③\ \boldsymbol{E}\xrightarrow[\text{或 } c_j+kc_i]{r_i+kr_j}\boldsymbol{E}(i,j(k)).$$

初等矩阵都是可逆矩阵.

❖ **矩阵的秩**　矩阵 $\boldsymbol{A}$ 中非零子式(行列式)的最高阶数称为 $\boldsymbol{A}$ 的秩. 求矩阵秩的方法有子式判别法(定义)、性质法、初等变换法.

§2.1　矩阵的概念

基本要求

(1) 理解矩阵的定义.

(2) 熟悉几种特殊矩阵.

内容简述

1. 矩阵的定义

由 $m\times n$ 个数 $a_{ij}(i=1,2,\cdots,m;j=1,2,\cdots,n)$ 排成的 m 行 n 列的数表

$$\begin{matrix} a_{11} & a_{12} & \cdots & a_{1n} \\ a_{21} & a_{22} & \cdots & a_{2n} \\ \vdots & \vdots & & \vdots \\ a_{m1} & a_{m2} & \cdots & a_{mn} \end{matrix},$$

称为 m 行 n 列矩阵,简称 $m\times n$ 矩阵,记作

$$\boldsymbol{A}=\begin{pmatrix} a_{11} & a_{12} & \cdots & a_{1n} \\ a_{21} & a_{22} & \cdots & a_{2n} \\ \vdots & \vdots & & \vdots \\ a_{m1} & a_{m2} & \cdots & a_{mn} \end{pmatrix}=(a_{ij})_{m\times n}=\boldsymbol{A}_{m\times n},$$

其中数 a_{ij} 称为矩阵 $\boldsymbol{A}$ 的第 i 行第 j 列的元素.

元素为实数的矩阵称为实矩阵,元素为复数的矩阵称为复矩阵.

2. 几种特殊矩阵

(1) 行矩阵 $\boldsymbol{A}=(a_1,a_2,\cdots,a_n)$.

(2) 列矩阵 $\boldsymbol{B}=\begin{pmatrix} b_1 \\ b_2 \\ \vdots \\ b_m \end{pmatrix}$.

(3) n 阶方阵 $\boldsymbol{A}=\begin{pmatrix} a_{11} & a_{12} & \cdots & a_{1n} \\ a_{21} & a_{22} & \cdots & a_{2n} \\ \vdots & \vdots & & \vdots \\ a_{n1} & a_{n2} & \cdots & a_{nn} \end{pmatrix}$.

(4) 零矩阵 $\boldsymbol{O}=\begin{pmatrix} 0 & 0 & \cdots & 0 \\ 0 & 0 & \cdots & 0 \\ \vdots & \vdots & & \vdots \\ 0 & 0 & \cdots & 0 \end{pmatrix}$.

(5) 单位矩阵 $\boldsymbol{E}=\begin{pmatrix} 1 & 0 & \cdots & 0 \\ 0 & 1 & \cdots & 0 \\ \vdots & \vdots & & \vdots \\ 0 & 0 & \cdots & 1 \end{pmatrix}$.

(6) 对角矩阵 $\boldsymbol{\Lambda}=\begin{pmatrix} \lambda_1 & 0 & \cdots & 0 \\ 0 & \lambda_2 & \cdots & 0 \\ \vdots & \vdots & & \vdots \\ 0 & 0 & \cdots & \lambda_n \end{pmatrix}=\mathrm{diag}(\lambda_1,\lambda_2,\cdots,\lambda_n)$.

(7) 上三角形矩阵 $\boldsymbol{A}=\begin{pmatrix} a_{11} & a_{12} & \cdots & a_{1n} \\ 0 & a_{22} & \cdots & a_{2n} \\ \vdots & \vdots & & \vdots \\ 0 & 0 & \cdots & a_{nn} \end{pmatrix}$.

(8) 下三角形矩阵 $\boldsymbol{A}=\begin{pmatrix} a_{11} & 0 & \cdots & 0 \\ a_{21} & a_{22} & \cdots & 0 \\ \vdots & \vdots & & \vdots \\ a_{n1} & a_{n2} & \cdots & a_{nn} \end{pmatrix}$.

疑难评注

(1) 行列式与矩阵的区别：① 行列式表示由其元素按照特定运算规律所确定的一个代数式，而矩阵表示一个数表，二者是不同的概念；② 行列式的行数与列数相等，而矩阵的行数与列数不一定相等；③ 行列式用竖线表示，而矩阵用方(圆) 括号表示.

(2) 单位矩阵、对角矩阵、上(下) 三角形矩阵都是方阵.

§2.2　矩阵的运算

基本要求

(1) 理解矩阵相等的概念.

(2) 掌握矩阵的加法、数乘、乘法、转置和方阵的幂及其运算规律.

内容简述

1. 矩阵相等

当两个矩阵行数与列数分别相等时，称它们为同型矩阵. 若矩阵 $\boldsymbol{A}=(a_{ij})_{m\times n}$ 与 $\boldsymbol{B}=(b_{ij})_{m\times n}$ 是同型矩阵，且 $a_{ij}=b_{ij}(i=1,2,\cdots,m;j=1,2,\cdots,n)$，则称矩阵 $\boldsymbol{A}$ 与 $\boldsymbol{B}$ 相等，记作

$$\boldsymbol{A}=\boldsymbol{B}.$$

2. 矩阵的加法

设有两个矩阵 $\boldsymbol{A}=(a_{ij})_{m\times n}$ 和 $\boldsymbol{B}=(b_{ij})_{m\times n}$，则矩阵 $\boldsymbol{A}$ 与 $\boldsymbol{B}$ 的和记作 $\boldsymbol{A}+\boldsymbol{B}$，规定为

$$\boldsymbol{A}+\boldsymbol{B}=\begin{pmatrix} a_{11}+b_{11} & a_{12}+b_{12} & \cdots & a_{1n}+b_{1n} \\ a_{21}+b_{21} & a_{22}+b_{22} & \cdots & a_{2n}+b_{2n} \\ \vdots & \vdots & & \vdots \\ a_{m1}+b_{m1} & a_{m2}+b_{m2} & \cdots & a_{mn}+b_{mn} \end{pmatrix}.$$

矩阵的加法满足下列运算规律(设 $\boldsymbol{A},\boldsymbol{B},\boldsymbol{C}$ 均为 $m\times n$ 矩阵)：

(1) $\boldsymbol{A}+\boldsymbol{B}=\boldsymbol{B}+\boldsymbol{A}$.

(2) $(\boldsymbol{A}+\boldsymbol{B})+\boldsymbol{C}=\boldsymbol{A}+(\boldsymbol{B}+\boldsymbol{C})$.

设矩阵 $\boldsymbol{A}=(a_{ij})_{m\times n}$，记 $-\boldsymbol{A}=(-a_{ij})_{m\times n}$，称 $-\boldsymbol{A}$ 为 $\boldsymbol{A}$ 的负矩阵，有

$$\boldsymbol{A}+(-\boldsymbol{A})=\boldsymbol{O}.$$

规定矩阵的减法为

$$\boldsymbol{A}-\boldsymbol{B}=\boldsymbol{A}+(-\boldsymbol{B}).$$

3. 数与矩阵相乘

设矩阵 $\boldsymbol{A}=(a_{ij})_{m\times n}$，$\lambda$ 为一个数，则数 λ 与矩阵 $\boldsymbol{A}$ 的乘积记作 $\lambda\boldsymbol{A}$，规定为

$$\lambda\boldsymbol{A}=\begin{pmatrix}\lambda a_{11} & \lambda a_{12} & \cdots & \lambda a_{1n}\\ \lambda a_{21} & \lambda a_{22} & \cdots & \lambda a_{2n}\\ \vdots & \vdots & & \vdots\\ \lambda a_{m1} & \lambda a_{m2} & \cdots & \lambda a_{mn}\end{pmatrix}.$$

数乘运算满足下列运算规律(设 $\boldsymbol{A},\boldsymbol{B}$ 均为 $m\times n$ 矩阵，λ,μ 为数)：

(1) $(\lambda\mu)\boldsymbol{A}=\lambda(\mu\boldsymbol{A})=\mu(\lambda\boldsymbol{A})$.

(2) $(\lambda+\mu)\boldsymbol{A}=\lambda\boldsymbol{A}+\mu\boldsymbol{A}$.

(3) $\lambda(\boldsymbol{A}+\boldsymbol{B})=\lambda\boldsymbol{A}+\lambda\boldsymbol{B}$.

4. 矩阵的乘法

设有两个矩阵 $\boldsymbol{A}=(a_{ij})_{m\times s}$ 和 $\boldsymbol{B}=(b_{ij})_{s\times n}$，则矩阵 $\boldsymbol{A}$ 与 $\boldsymbol{B}$ 的乘积记作 $\boldsymbol{AB}$，规定为

$$\boldsymbol{A}_{m\times s}\boldsymbol{B}_{s\times n}=(c_{ij})_{m\times n}=\boldsymbol{C},$$

其中

$$c_{ij}=a_{i1}b_{1j}+a_{i2}b_{2j}+\cdots+a_{is}b_{sj}=\sum_{k=1}^{s}a_{ik}b_{kj}\quad(i=1,2,\cdots,m;j=1,2,\cdots,n).$$

只有当第一个矩阵的列数与第二个矩阵的行数相等时，两个矩阵才能相乘.

矩阵的乘法满足下列运算规律(设运算可行，$\boldsymbol{A},\boldsymbol{B},\boldsymbol{C}$ 均为矩阵，λ 为数)：

(1) $(\boldsymbol{AB})\boldsymbol{C}=\boldsymbol{A}(\boldsymbol{BC})$.

(2) $\lambda(\boldsymbol{AB})=(\lambda\boldsymbol{A})\boldsymbol{B}=\boldsymbol{A}(\lambda\boldsymbol{B})$.

(3) $\boldsymbol{A}(\boldsymbol{B}+\boldsymbol{C})=\boldsymbol{AB}+\boldsymbol{AC}$，$(\boldsymbol{B}+\boldsymbol{C})\boldsymbol{A}=\boldsymbol{BA}+\boldsymbol{CA}$.

一般情况下，矩阵的乘法不满足交换律，即 $\boldsymbol{AB}\neq\boldsymbol{BA}$.

设 $\boldsymbol{A}$ 为 n 阶方阵，规定

$$\boldsymbol{A}^0=\boldsymbol{E}_n,\quad \boldsymbol{A}^k=\underbrace{\boldsymbol{A}\cdot\boldsymbol{A}\cdot\cdots\cdot\boldsymbol{A}}_{k\text{个}}\quad(k=1,2,\cdots),$$

称 $\boldsymbol{A}^k$ 为方阵 $\boldsymbol{A}$ 的 k 次幂.

方阵的幂运算满足下列运算规律(设 $\boldsymbol{A}$ 为 n 阶方阵，k,l 为正整数)：

(1) $\boldsymbol{A}^k\boldsymbol{A}^l=\boldsymbol{A}^{k+l}$.

(2) $(\boldsymbol{A}^k)^l=\boldsymbol{A}^{kl}$.

一般情况下，$(\boldsymbol{AB})^k \neq \boldsymbol{A}^k\boldsymbol{B}^k$，原因是矩阵的乘法不满足交换律.

5. 矩阵的转置

将矩阵 $\boldsymbol{A}$ 的行和列交换后得到的矩阵，称为 $\boldsymbol{A}$ 的转置矩阵，记作 $\boldsymbol{A}^{\mathrm{T}}$.

矩阵的转置也是一种运算，且满足下列运算规律(设运算可行，$\boldsymbol{A},\boldsymbol{B}$ 均为矩阵，λ 为数)：

(1) $(\boldsymbol{A}^{\mathrm{T}})^{\mathrm{T}}=\boldsymbol{A}$.

(2) $(\boldsymbol{A}+\boldsymbol{B})^{\mathrm{T}}=\boldsymbol{A}^{\mathrm{T}}+\boldsymbol{B}^{\mathrm{T}}$.

(3) $(\lambda\boldsymbol{A})^{\mathrm{T}}=\lambda\boldsymbol{A}^{\mathrm{T}}$.

(4) $(\boldsymbol{AB})^{\mathrm{T}}=\boldsymbol{B}^{\mathrm{T}}\boldsymbol{A}^{\mathrm{T}}$.

若 n 阶方阵 $\boldsymbol{A}$ 满足 $\boldsymbol{A}^{\mathrm{T}}=\boldsymbol{A}$，则称 $\boldsymbol{A}$ 为对称矩阵；若 n 阶方阵 $\boldsymbol{A}$ 满足 $\boldsymbol{A}^{\mathrm{T}}=-\boldsymbol{A}$，则称 $\boldsymbol{A}$ 为反对称矩阵. 反对称矩阵主对角线上的元素全为零.

6. 方阵的行列式

由 n 阶方阵 $\boldsymbol{A}=(a_{ij})$ 的元素所构成的行列式(各元素的位置不变)，称为方阵 $\boldsymbol{A}$ 的行列式，记作 $|\boldsymbol{A}|$，也简记作 $\det\boldsymbol{A}$.

方阵的行列式有下列性质(设 $\boldsymbol{A},\boldsymbol{B}$ 是 n 阶方阵，λ 为数)：

(1) $|\boldsymbol{A}^{\mathrm{T}}|=|\boldsymbol{A}|$.

(2) $|\lambda\boldsymbol{A}|=\lambda^n|\boldsymbol{A}|$.

(3) $|\boldsymbol{AB}|=|\boldsymbol{A}||\boldsymbol{B}|$.

对于 n 阶方阵 $\boldsymbol{A}$ 和 $\boldsymbol{B}$，$\boldsymbol{AB}=\boldsymbol{BA}$ 一般不成立，但 $|\boldsymbol{AB}|=|\boldsymbol{BA}|$ 总成立.

疑难评注

(1) 矩阵相等和数的相等不同：矩阵是数表，两个矩阵相等的充要条件是这两个矩阵是同型矩阵并且对应位置的元素相等.

(2) 矩阵的转置与行列式的转置有本质区别：行列式转置只是表示形式上的改变，行列式的值不变；矩阵的转置得到一个新的矩阵. 特别要注意运算规律 $(\boldsymbol{AB})^{\mathrm{T}}=\boldsymbol{B}^{\mathrm{T}}\boldsymbol{A}^{\mathrm{T}}$. 一般情况下，

$$(\boldsymbol{AB})^{\mathrm{T}}\neq\boldsymbol{A}^{\mathrm{T}}\boldsymbol{B}^{\mathrm{T}}.$$

(3) 方阵的数乘运算与行列式的数乘运算不同：数 λ 乘行列式是将 λ 乘行列式的某一行(列)，而不是将 λ 乘行列式的所有元素，因此只要行列式中某一行(列)的元素有公因子就可把该公因子提到行列式外面；数 λ 乘矩阵是将 λ 乘矩阵的所有元素，因此 $\lambda\boldsymbol{A}$ 中每个元素都有公因子 λ. 特别要注意运算规律 $|\lambda\boldsymbol{A}|=\lambda^n|\boldsymbol{A}|$.

(4) 两个矩阵相乘，仅当左边矩阵的列数等于右边矩阵的行数时，乘法才可以进行，否则乘法不能进行. 矩阵乘法不满足交换律和消去律，即一般情况下，$\boldsymbol{AB}\neq\boldsymbol{BA}$，亦不能由 $\boldsymbol{AB}=\boldsymbol{O}$ 推出 $\boldsymbol{A}=\boldsymbol{O}$ 或 $\boldsymbol{B}=\boldsymbol{O}$. 在矩阵运算中，易于犯的错误有：若 $\boldsymbol{AX}=\boldsymbol{AY}$，且 $\boldsymbol{A}\neq\boldsymbol{O}$，则 $\boldsymbol{X}=\boldsymbol{Y}$.

(5) 矩阵的幂运算只对方阵有意义，且对方阵的幂的行列式有 $|\boldsymbol{A}^n|=|\boldsymbol{A}|^n$.

例题精解

例 1 设矩阵 $\boldsymbol{A}=\begin{pmatrix}1&2&1\\2&1&-1\\1&-1&1\end{pmatrix}$，$\boldsymbol{B}=\begin{pmatrix}1&2&3\\2&1&3\\-1&0&4\end{pmatrix}$，求 $\boldsymbol{A}+2\boldsymbol{B}$，$\boldsymbol{A}^{\mathrm{T}}\boldsymbol{B}$.

分析 利用矩阵加法、乘法等定义直接计算即可.

解 $\boldsymbol{A}+2\boldsymbol{B}=\begin{pmatrix}1&2&1\\2&1&-1\\1&-1&1\end{pmatrix}+2\begin{pmatrix}1&2&3\\2&1&3\\-1&0&4\end{pmatrix}=\begin{pmatrix}3&6&7\\6&3&5\\-1&-1&9\end{pmatrix}$；

$$\boldsymbol{A}^{\mathrm{T}}\boldsymbol{B}=\begin{pmatrix}1&2&1\\2&1&-1\\1&-1&1\end{pmatrix}\begin{pmatrix}1&2&3\\2&1&3\\-1&0&4\end{pmatrix}=\begin{pmatrix}4&4&13\\5&5&5\\-2&1&4\end{pmatrix}.$$

点评 矩阵运算是一种新的运算，在计算过程中要注意每种运算的要求和运算规律. 矩阵加法运算的必要条件是两个矩阵是同型矩阵. 矩阵乘法运算的必要条件是第一个矩阵的列数等于第二个矩阵的行数. 矩阵转置运算是第 i 行与第 i 列互换.

例 2 设矩阵 $\boldsymbol{A}=\begin{pmatrix}1&1&1\\2&1&-1\\1&0&1\end{pmatrix}$，$\boldsymbol{B}=\begin{pmatrix}1&-2&0\\0&1&-1\\1&3&4\end{pmatrix}$，求 $4\boldsymbol{A}^2-\boldsymbol{B}^2-2\boldsymbol{BA}+2\boldsymbol{AB}$.

分析 若直接计算 $4\boldsymbol{A}^2-\boldsymbol{B}^2-2\boldsymbol{BA}+2\boldsymbol{AB}$，要做四次矩阵的乘法运算，过程烦琐. 我们可利用矩阵的运算规律先化简，再计算.

解
$$\begin{aligned}4\boldsymbol{A}^2-\boldsymbol{B}^2-2\boldsymbol{BA}+2\boldsymbol{AB}&=(4\boldsymbol{A}^2-2\boldsymbol{BA})+(2\boldsymbol{AB}-\boldsymbol{B}^2)\\&=(2\boldsymbol{A}-\boldsymbol{B})2\boldsymbol{A}+(2\boldsymbol{A}-\boldsymbol{B})\boldsymbol{B}\\&=(2\boldsymbol{A}-\boldsymbol{B})(2\boldsymbol{A}+\boldsymbol{B})\\&=\begin{pmatrix}1&4&2\\4&1&-1\\1&-3&-2\end{pmatrix}\begin{pmatrix}3&0&2\\4&3&-3\\3&3&6\end{pmatrix}\\&=\begin{pmatrix}25&18&2\\13&0&-1\\-15&-15&-1\end{pmatrix}.\end{aligned}$$

点评 在进行矩阵的基本运算时，通常利用相应的运算规律对原式进行适当的恒等变形，可以减少其计算量.

例 3 设矩阵 $\boldsymbol{A}=\begin{pmatrix}\lambda_1&&\\&\lambda_2&\\&&\lambda_3\end{pmatrix}$，计算 $\boldsymbol{A}^n$.

分析 计算方阵的幂，通常只能按定义先进行递推，再观察规律.

解 $\boldsymbol{A}=\begin{pmatrix}\lambda_1&&\\&\lambda_2&\\&&\lambda_3\end{pmatrix}$，

$$A^2=\begin{pmatrix}\lambda_1&&\\&\lambda_2&\\&&\lambda_3\end{pmatrix}^2=\begin{pmatrix}\lambda_1&&\\&\lambda_2&\\&&\lambda_3\end{pmatrix}\begin{pmatrix}\lambda_1&&\\&\lambda_2&\\&&\lambda_3\end{pmatrix}=\begin{pmatrix}\lambda_1^2&&\\&\lambda_2^2&\\&&\lambda_3^2\end{pmatrix},$$

……

猜测 $A^n=\begin{pmatrix}\lambda_1&&\\&\lambda_2&\\&&\lambda_3\end{pmatrix}^n=\begin{pmatrix}\lambda_1^n&&\\&\lambda_2^n&\\&&\lambda_3^n\end{pmatrix}$.

下面利用数学归纳法证明.

已知对于 $n=1,n=2$ 结论成立.假设 $n=k$ 时,结论也成立,则当 $n=k+1$ 时,

$$A^{k+1}=\begin{pmatrix}\lambda_1&&\\&\lambda_2&\\&&\lambda_3\end{pmatrix}^k\begin{pmatrix}\lambda_1&&\\&\lambda_2&\\&&\lambda_3\end{pmatrix}=\begin{pmatrix}\lambda_1^k&&\\&\lambda_2^k&\\&&\lambda_3^k\end{pmatrix}\begin{pmatrix}\lambda_1&&\\&\lambda_2&\\&&\lambda_3\end{pmatrix}$$

$$=\begin{pmatrix}\lambda_1^{k+1}&&\\&\lambda_2^{k+1}&\\&&\lambda_3^{k+1}\end{pmatrix},$$

结论仍成立.

综上所述,

$$A^n=\begin{pmatrix}\lambda_1&&\\&\lambda_2&\\&&\lambda_3\end{pmatrix}^n=\begin{pmatrix}\lambda_1^n&&\\&\lambda_2^n&\\&&\lambda_3^n\end{pmatrix}.$$

点评　先求出次数较低的幂,观察其规律,再利用数学归纳法证明.

例 4　设矩阵 $A=\begin{pmatrix}1&2\\1&-1\end{pmatrix}$,$B=\begin{pmatrix}x&y\\3&2\end{pmatrix}$,且满足 $AB=BA$,求 x,y 的值.

分析　分别计算出 AB 和 BA,然后根据矩阵相等的定义列出方程组并求解.

解　因为

$$AB=\begin{pmatrix}1&2\\1&-1\end{pmatrix}\begin{pmatrix}x&y\\3&2\end{pmatrix}=\begin{pmatrix}x+6&y+4\\x-3&y-2\end{pmatrix},$$

$$BA=\begin{pmatrix}x&y\\3&2\end{pmatrix}\begin{pmatrix}1&2\\1&-1\end{pmatrix}=\begin{pmatrix}x+y&2x-y\\5&4\end{pmatrix},$$

且由题设 $AB=BA$,可得方程组

$$\begin{cases}x+6=x+y,\\y+4=2x-y,\\x-3=5,\\y-2=4,\end{cases}$$

解得

$$\begin{cases}x=8,\\y=6.\end{cases}$$

点评 在求待定常数的题目中，通常是根据题设条件建立关于待定常数的方程组，通过解方程即可求出待定常数的值.

例 5 设矩阵 $\boldsymbol{A}=\begin{pmatrix}1&0&1\\0&2&0\\1&0&1\end{pmatrix}$，$n\geqslant 2$ 为正整数，求 $\boldsymbol{A}^n-2\boldsymbol{A}^{n-1}$.

分析 显然，要计算 $\boldsymbol{A}^n$ 是非常烦琐的. 但当 $n=2$ 时，容易求得

$$\boldsymbol{A}^2-2\boldsymbol{A}=\boldsymbol{A}(\boldsymbol{A}-2\boldsymbol{E})=\begin{pmatrix}1&0&1\\0&2&0\\1&0&1\end{pmatrix}\left[\begin{pmatrix}1&0&1\\0&2&0\\1&0&1\end{pmatrix}-2\begin{pmatrix}1&0&0\\0&1&0\\0&0&1\end{pmatrix}\right]$$

$$=\begin{pmatrix}1&0&1\\0&2&0\\1&0&1\end{pmatrix}\begin{pmatrix}-1&0&1\\0&0&0\\1&0&-1\end{pmatrix}=\begin{pmatrix}0&0&0\\0&0&0\\0&0&0\end{pmatrix}.$$

于是，$\boldsymbol{A}^n-2\boldsymbol{A}^{n-1}=\boldsymbol{A}^{n-1}(\boldsymbol{A}-2\boldsymbol{E})=\boldsymbol{A}^{n-2}\boldsymbol{A}(\boldsymbol{A}-2\boldsymbol{E})$，从而找到了简洁的计算方法.

证 $\boldsymbol{A}^n-2\boldsymbol{A}^{n-1}=\boldsymbol{A}^{n-1}(\boldsymbol{A}-2\boldsymbol{E})=\boldsymbol{A}^{n-2}\boldsymbol{A}(\boldsymbol{A}-2\boldsymbol{E})$

$$=\boldsymbol{A}^{n-2}\begin{pmatrix}1&0&1\\0&2&0\\1&0&1\end{pmatrix}\left[\begin{pmatrix}1&0&1\\0&2&0\\1&0&1\end{pmatrix}-2\begin{pmatrix}1&0&0\\0&1&0\\0&0&1\end{pmatrix}\right]$$

$$=\boldsymbol{A}^{n-2}\begin{pmatrix}1&0&1\\0&2&0\\1&0&1\end{pmatrix}\begin{pmatrix}-1&0&1\\0&0&0\\1&0&-1\end{pmatrix}$$

$$=\boldsymbol{A}^{n-2}\begin{pmatrix}0&0&0\\0&0&0\\0&0&0\end{pmatrix}=\boldsymbol{O}.$$

点评 本题巧妙地利用了 $\boldsymbol{A}(\boldsymbol{A}-2\boldsymbol{E})$ 为零矩阵这一结果，从而避开了 $\boldsymbol{A}^n$ 的计算.

例 6 设 $\boldsymbol{A},\boldsymbol{B}$ 均为 n 阶方阵，且满足 $\boldsymbol{A}^2=\boldsymbol{A},\boldsymbol{B}^2=\boldsymbol{B},(\boldsymbol{A}+\boldsymbol{B})^2=\boldsymbol{A}+\boldsymbol{B}$，证明：

$$\boldsymbol{AB}=\boldsymbol{BA}.$$

分析 欲证 $\boldsymbol{AB}=\boldsymbol{BA}$，只要利用已知条件证明 $\boldsymbol{AB}$ 和 $\boldsymbol{BA}$ 都等于同一个矩阵即可.

证 由 $\boldsymbol{A}^2=\boldsymbol{A},\boldsymbol{B}^2=\boldsymbol{B}$，则

$$(\boldsymbol{A}+\boldsymbol{B})^2=\boldsymbol{A}^2+\boldsymbol{AB}+\boldsymbol{BA}+\boldsymbol{B}^2=\boldsymbol{A}+\boldsymbol{AB}+\boldsymbol{BA}+\boldsymbol{B}.$$

而 $(\boldsymbol{A}+\boldsymbol{B})^2=\boldsymbol{A}+\boldsymbol{B}$，所以 $\boldsymbol{A}+\boldsymbol{AB}+\boldsymbol{BA}+\boldsymbol{B}=\boldsymbol{A}+\boldsymbol{B}$，从而

$$\boldsymbol{AB}+\boldsymbol{BA}=\boldsymbol{O}.$$

用 $\boldsymbol{A}$ 分别左乘、右乘上式，并利用 $\boldsymbol{A}^2=\boldsymbol{A},\boldsymbol{AO}=\boldsymbol{OA}=\boldsymbol{O}$ 化简，分别得

$$\boldsymbol{A}^2\boldsymbol{B}+\boldsymbol{ABA}=\boldsymbol{AB}+\boldsymbol{ABA}=\boldsymbol{O},\quad \boldsymbol{ABA}+\boldsymbol{BA}^2=\boldsymbol{ABA}+\boldsymbol{BA}=\boldsymbol{O},$$

故

$$\boldsymbol{AB}=-\boldsymbol{ABA}=\boldsymbol{BA}.$$

点评 用一个矩阵左乘或右乘一个矩阵等式两边，利用已知条件而得到新的等式，是线性代数中较常用的一种技巧. 本题在展开 $(\boldsymbol{A}+\boldsymbol{B})^2$ 时，还应特别注意

$$(\boldsymbol{A}+\boldsymbol{B})^2\neq\boldsymbol{A}^2+2\boldsymbol{AB}+\boldsymbol{B}^2.$$

例 7 设函数 $f(x)=x^2-4x+5$，矩阵 $\boldsymbol{A}=\begin{pmatrix}2&-1\\-3&3\end{pmatrix}$，求 $f(\boldsymbol{A})$.

分析 本题为矩阵多项式的计算题，用矩阵 $\boldsymbol{A}$ 替换 $f(x)=x^2-4x+5$ 中的变量 x，变成 $f(\boldsymbol{A})=\boldsymbol{A}^2-4\boldsymbol{A}+5\boldsymbol{E}$，称为 $\boldsymbol{A}$ 的矩阵多项式，然后按矩阵的运算规则计算.

解 $f(\boldsymbol{A})=\boldsymbol{A}^2-4\boldsymbol{A}+5\boldsymbol{E}=\begin{pmatrix}2&-1\\-3&3\end{pmatrix}^2-4\begin{pmatrix}2&-1\\-3&3\end{pmatrix}+5\begin{pmatrix}1&0\\0&1\end{pmatrix}$

$$=\begin{pmatrix}7&-5\\-15&12\end{pmatrix}-\begin{pmatrix}8&-4\\-12&12\end{pmatrix}+\begin{pmatrix}5&0\\0&5\end{pmatrix}=\begin{pmatrix}4&-1\\-3&5\end{pmatrix}.$$

点评 矩阵的多项式仍是矩阵. 注意在计算中要把多项式的常数项 a_0 换成数量矩阵 $a_0\boldsymbol{E}$，如果将 $f(\boldsymbol{A})$ 写成 $f(\boldsymbol{A})=\boldsymbol{A}^2-4\boldsymbol{A}+5$，则该表达式是无意义的.

例 8 设 $\boldsymbol{A}$ 为三阶方阵，$\boldsymbol{B}$ 为四阶方阵，且 $|\boldsymbol{A}|=1$，$|\boldsymbol{B}|=-2$，求 $||\boldsymbol{B}|\boldsymbol{A}|$.

分析 直接应用矩阵的性质及方阵的行列式的运算规律进行计算.

解 $||\boldsymbol{B}|\boldsymbol{A}|=|\boldsymbol{B}|^3|\boldsymbol{A}|=(-2)^3\times1=-8$.

点评 本题看似简单，但在计算时易于忽视矩阵 $\boldsymbol{A}$ 的阶数，常见的错误如下：

$$||\boldsymbol{B}|\boldsymbol{A}|=(-2)|\boldsymbol{A}|=(-2)\times1=-2$$

或

$$||\boldsymbol{B}|\boldsymbol{A}|=|\boldsymbol{B}|^4|\boldsymbol{A}|=(-2)^4\times1=16.$$

例 9 设 $\boldsymbol{A},\boldsymbol{B}$ 为 n 阶方阵，且 $\boldsymbol{A}$ 为对称矩阵，证明：$\boldsymbol{B}^{\mathrm{T}}\boldsymbol{A}\boldsymbol{B}$ 也是对称矩阵.

分析 根据对称矩阵的定义，只要证明 $(\boldsymbol{B}^{\mathrm{T}}\boldsymbol{A}\boldsymbol{B})^{\mathrm{T}}=\boldsymbol{B}^{\mathrm{T}}\boldsymbol{A}\boldsymbol{B}$ 即可.

证 由 $\boldsymbol{A}$ 为对称矩阵，可得 $\boldsymbol{A}^{\mathrm{T}}=\boldsymbol{A}$，则

$$(\boldsymbol{B}^{\mathrm{T}}\boldsymbol{A}\boldsymbol{B})^{\mathrm{T}}=(\boldsymbol{A}\boldsymbol{B})^{\mathrm{T}}(\boldsymbol{B}^{\mathrm{T}})^{\mathrm{T}}=\boldsymbol{B}^{\mathrm{T}}\boldsymbol{A}^{\mathrm{T}}\boldsymbol{B}=\boldsymbol{B}^{\mathrm{T}}\boldsymbol{A}\boldsymbol{B},$$

所以 $\boldsymbol{B}^{\mathrm{T}}\boldsymbol{A}\boldsymbol{B}$ 也是对称矩阵.

点评 注意常犯的错误为 $(\boldsymbol{A}\boldsymbol{B})^{\mathrm{T}}=\boldsymbol{A}^{\mathrm{T}}\boldsymbol{B}^{\mathrm{T}}$.

§2.3 逆矩阵

基本要求

(1) 理解逆矩阵及伴随矩阵的概念.

(2) 掌握可逆矩阵的性质及矩阵可逆的充要条件.

(3) 会用伴随矩阵求逆矩阵.

(4) 会解简单的矩阵方程.

内容简述

1. 逆矩阵

对于 n 阶方阵 $\boldsymbol{A}$，若有 n 阶方阵 $\boldsymbol{B}$，使得 $\boldsymbol{A}\boldsymbol{B}=\boldsymbol{B}\boldsymbol{A}=\boldsymbol{E}$，则称矩阵 $\boldsymbol{A}$ 是可逆的，并称矩阵 $\boldsymbol{B}$

是矩阵 $\boldsymbol{A}$ 的逆矩阵，记作 $\boldsymbol{B}=\boldsymbol{A}^{-1}$.

若矩阵 $\boldsymbol{A}$ 可逆，则 $\boldsymbol{A}$ 的逆矩阵是唯一的.

2. 伴随矩阵

矩阵

$$\boldsymbol{A}^{*}=\begin{pmatrix} A_{11} & A_{21} & \cdots & A_{n1} \\ A_{12} & A_{22} & \cdots & A_{n2} \\ \vdots & \vdots & & \vdots \\ A_{1n} & A_{2n} & \cdots & A_{nn} \end{pmatrix}$$

称为矩阵 $\boldsymbol{A}=(a_{ij})_{n\times n}$ 的伴随矩阵，其中 A_{ij} 是矩阵 $\boldsymbol{A}$ 的行列式 $|\boldsymbol{A}|$ 中各元素 a_{ij} 的代数余子式.

(1) $\boldsymbol{AA}^{*}=\boldsymbol{A}^{*}\boldsymbol{A}=|\boldsymbol{A}|\boldsymbol{E}$;

(2) $|\boldsymbol{A}^{*}|=|\boldsymbol{A}|^{n-1}$.

3. 矩阵可逆的充要条件

矩阵 $\boldsymbol{A}$ 可逆的充要条件是 $|\boldsymbol{A}|\neq 0$. 当 $\boldsymbol{A}$ 可逆时，有 $\boldsymbol{A}^{-1}=\dfrac{1}{|\boldsymbol{A}|}\boldsymbol{A}^{*}$.

若 n 阶方阵 $\boldsymbol{A},\boldsymbol{B}$ 满足 $\boldsymbol{AB}=\boldsymbol{E}$(或 $\boldsymbol{BA}=\boldsymbol{E}$)，则 $\boldsymbol{A},\boldsymbol{B}$ 均可逆，且 $\boldsymbol{B}=\boldsymbol{A}^{-1}$，$\boldsymbol{A}=\boldsymbol{B}^{-1}$.

4. 可逆矩阵的性质

可逆矩阵具有下列性质：

(1) 若 $\boldsymbol{A}$ 可逆，则 $\boldsymbol{A}^{-1}$ 也可逆，且 $(\boldsymbol{A}^{-1})^{-1}=\boldsymbol{A}$.

(2) 若 $\boldsymbol{A}$ 可逆，数 $\lambda\neq 0$，则 $\lambda\boldsymbol{A}$ 也可逆，且 $(\lambda\boldsymbol{A})^{-1}=\dfrac{1}{\lambda}\boldsymbol{A}^{-1}$.

(3) 若 $\boldsymbol{A},\boldsymbol{B}$ 为同阶可逆矩阵，则 $\boldsymbol{AB}$ 也可逆，且 $(\boldsymbol{AB})^{-1}=\boldsymbol{B}^{-1}\boldsymbol{A}^{-1}$.

(4) 若 $\boldsymbol{A}$ 可逆，则 $\boldsymbol{A}^{\mathrm{T}}$ 也可逆，且 $(\boldsymbol{A}^{\mathrm{T}})^{-1}=(\boldsymbol{A}^{-1})^{\mathrm{T}}$.

(5) 若 $\boldsymbol{A}$ 可逆，则 $|\boldsymbol{A}^{-1}|=|\boldsymbol{A}|^{-1}$.

5. 简单矩阵方程

利用可逆矩阵可以对下列三种类型的矩阵方程求解(设 $\boldsymbol{A},\boldsymbol{B}$ 为同阶可逆矩阵，$\boldsymbol{C}$ 为已知矩阵，$\boldsymbol{X}$ 为未知矩阵)：

(1) $\boldsymbol{AX}=\boldsymbol{C}$ 型，用 $\boldsymbol{A}^{-1}$ 同时左乘方程两边，得到 $\boldsymbol{A}^{-1}\boldsymbol{AX}=\boldsymbol{A}^{-1}\boldsymbol{C}$，故 $\boldsymbol{X}=\boldsymbol{A}^{-1}\boldsymbol{C}$.

(2) $\boldsymbol{XA}=\boldsymbol{C}$ 型，用 $\boldsymbol{A}^{-1}$ 同时右乘方程两边，得到 $\boldsymbol{XAA}^{-1}=\boldsymbol{CA}^{-1}$，故 $\boldsymbol{X}=\boldsymbol{CA}^{-1}$.

(3) $\boldsymbol{AXB}=\boldsymbol{C}$ 型，用 $\boldsymbol{A}^{-1}$ 同时左乘方程两边，再用 $\boldsymbol{B}^{-1}$ 同时右乘方程两边，得到 $\boldsymbol{A}^{-1}\boldsymbol{AXBB}^{-1}=\boldsymbol{A}^{-1}\boldsymbol{CB}^{-1}$，故 $\boldsymbol{X}=\boldsymbol{A}^{-1}\boldsymbol{CB}^{-1}$.

疑难评注

(1) 每个方阵都有伴随矩阵，且方阵与伴随矩阵的乘积满足交换律，都等于该方阵的行列式乘以单位矩阵，即 $\boldsymbol{AA}^{*}=\boldsymbol{A}^{*}\boldsymbol{A}=|\boldsymbol{A}|\boldsymbol{E}$.

(2) 逆矩阵都是对方阵而言的. 例如，设矩阵 $\boldsymbol{A}=\begin{pmatrix} 1 & 0 & 3 \\ 0 & 1 & 2 \end{pmatrix}$，$\boldsymbol{B}=\begin{pmatrix} 1 & 0 \\ 0 & 1 \\ 0 & 0 \end{pmatrix}$，虽有

$$AB=\begin{pmatrix}1&0&3\\0&1&2\end{pmatrix}\begin{pmatrix}1&0\\0&1\\0&0\end{pmatrix}=\begin{pmatrix}1&0\\0&1\end{pmatrix}=E,$$

但矩阵 A 与 B 都不是方阵,判断它们是否可逆是没有意义的.

(3) 不是所有的方阵都有逆矩阵. 有逆矩阵的方阵称为可逆矩阵,也称为满秩矩阵或非奇异矩阵;没有逆矩阵的方阵称为不可逆矩阵.

(4) 若矩阵 A 可逆,则 $|AA^{-1}|=|A^{-1}A|=|A^{-1}|\,|A|=|E|=1$,即 $|A^{-1}|=\dfrac{1}{|A|}$.

例题精解

例 1 求下列矩阵的逆矩阵:

(1) $A=\begin{pmatrix}1&3\\2&7\end{pmatrix}$; (2) $B=\begin{pmatrix}0&0&-1\\-2&0&0\\3&-2&6\end{pmatrix}$.

分析 本节学习的求逆矩阵的方法有定义法和伴随矩阵法. 定义法是先设矩阵 X,根据矩阵乘法及相等的定义,得到以 X 的元素为未知量的方程组,再求解这个方程组. 伴随矩阵法是用公式 $A^{-1}=\dfrac{1}{|A|}A^*$ 求 A^{-1}. 一般常用伴随矩阵法求方阵的逆矩阵.

解 (1) 由 $|A|=\begin{vmatrix}1&3\\2&7\end{vmatrix}=1\neq 0$ 可知,A 可逆,故

$$A^{-1}=\frac{1}{|A|}A^*=\frac{1}{|A|}\begin{pmatrix}A_{11}&A_{21}\\A_{12}&A_{22}\end{pmatrix}=\frac{1}{1}\begin{pmatrix}7&-3\\-2&1\end{pmatrix}=\begin{pmatrix}7&-3\\-2&1\end{pmatrix}.$$

(2) 由 $|B|=\begin{vmatrix}0&0&-1\\-2&0&0\\3&-2&6\end{vmatrix}=-4\neq 0$ 可知,B 可逆,故

$$B^{-1}=\frac{1}{|B|}B^*=\frac{1}{|B|}\begin{pmatrix}B_{11}&B_{21}&B_{31}\\B_{12}&B_{22}&B_{32}\\B_{13}&B_{23}&B_{33}\end{pmatrix}$$

$$=\frac{1}{-4}\begin{pmatrix}0&2&0\\12&3&2\\4&0&0\end{pmatrix}=\begin{pmatrix}0&-\frac{1}{2}&0\\-3&-\frac{3}{4}&-\frac{1}{2}\\-1&0&0\end{pmatrix}.$$

点评 在用伴随矩阵求逆矩阵时,要注意把矩阵 A 的每一行元素的代数余子式写成相应的列,且在求代数余子式 A_{ij} 时,不能遗漏余子式 M_{ij} 前面的符号 $(-1)^{i+j}$.

例 2 设矩阵 $A=\begin{pmatrix}1&0&0\\2&2&0\\3&4&5\end{pmatrix}$,求 $(A^*)^{-1}$.

分析 由 $AA^*=|A|E$,即 $\dfrac{A}{|A|}A^*=E$,可推导出 $(A^*)^{-1}=\dfrac{A}{|A|}$,因此只要计算出 $|A|$

即可.

解 因为

$$|\boldsymbol{A}|=\begin{vmatrix}1 & 0 & 0\\ 2 & 2 & 0\\ 3 & 4 & 5\end{vmatrix}=10\neq 0,$$

所以

$$(\boldsymbol{A}^*)^{-1}=\frac{\boldsymbol{A}}{|\boldsymbol{A}|}=\frac{1}{10}\begin{pmatrix}1 & 0 & 0\\ 2 & 2 & 0\\ 3 & 4 & 5\end{pmatrix}=\begin{pmatrix}\frac{1}{10} & 0 & 0\\ \frac{1}{5} & \frac{1}{5} & 0\\ \frac{3}{10} & \frac{2}{5} & \frac{1}{2}\end{pmatrix}.$$

点评 本题没有直接计算 $\boldsymbol{A}^*$ 再求逆，这一类题通常都以公式 $\boldsymbol{A}\boldsymbol{A}^*=|\boldsymbol{A}|\boldsymbol{E}$ 为基础，要熟记 $\boldsymbol{A},\boldsymbol{A}^{-1},\boldsymbol{A}^*$ 和 $|\boldsymbol{A}|$ 四者之间的紧密联系，并灵活应用.

例 3 设矩阵

$$\boldsymbol{A}=\begin{pmatrix}1 & 0 & 0 & 0\\ -2 & 3 & 0 & 0\\ 0 & -4 & 5 & 0\\ 0 & 0 & 6 & 7\end{pmatrix},$$

$\boldsymbol{E}$ 为四阶单位矩阵，且 $\boldsymbol{B}=(\boldsymbol{E}+\boldsymbol{A})^{-1}(\boldsymbol{E}-\boldsymbol{A})$，求 $(\boldsymbol{E}+\boldsymbol{B})^{-1}$.

分析 若利用定义法或伴随矩阵法求 $\boldsymbol{E}+\boldsymbol{B}$ 的逆矩阵是非常烦琐的，可以考虑从 $\boldsymbol{B}=(\boldsymbol{E}+\boldsymbol{A})^{-1}(\boldsymbol{E}-\boldsymbol{A})$ 出发，通过适当的恒等变形将 $(\boldsymbol{E}+\boldsymbol{B})^{-1}$ 用矩阵 $\boldsymbol{A}$ 及 $\boldsymbol{E}$ 表示，然后进行计算.

解 用 $(\boldsymbol{E}+\boldsymbol{A})$ 左乘等式 $\boldsymbol{B}=(\boldsymbol{E}+\boldsymbol{A})^{-1}(\boldsymbol{E}-\boldsymbol{A})$ 的两边，得

$$(\boldsymbol{E}+\boldsymbol{A})\boldsymbol{B}=\boldsymbol{E}-\boldsymbol{A},$$

化简得

$$\boldsymbol{B}+\boldsymbol{A}\boldsymbol{B}+\boldsymbol{A}=\boldsymbol{E},$$

从而有

$$\boldsymbol{E}+\boldsymbol{B}+\boldsymbol{A}\boldsymbol{B}+\boldsymbol{A}=2\boldsymbol{E},$$

即

$$(\boldsymbol{E}+\boldsymbol{A})(\boldsymbol{E}+\boldsymbol{B})=2\boldsymbol{E},$$

故

$$(\boldsymbol{E}+\boldsymbol{B})^{-1}=\frac{1}{2}(\boldsymbol{E}+\boldsymbol{A})=\frac{1}{2}\left[\begin{pmatrix}1 & 0 & 0 & 0\\ 0 & 1 & 0 & 0\\ 0 & 0 & 1 & 0\\ 0 & 0 & 0 & 1\end{pmatrix}+\begin{pmatrix}1 & 0 & 0 & 0\\ -2 & 3 & 0 & 0\\ 0 & -4 & 5 & 0\\ 0 & 0 & 6 & 7\end{pmatrix}\right]$$

$$=\frac{1}{2}\begin{pmatrix}2&0&0&0\\-2&4&0&0\\0&-4&6&0\\0&0&6&8\end{pmatrix}=\begin{pmatrix}1&0&0&0\\-1&2&0&0\\0&-2&3&0\\0&0&3&4\end{pmatrix}.$$

点评 本题将 $\boldsymbol{E}+\boldsymbol{B}$ 看作整体求 $(\boldsymbol{E}+\boldsymbol{B})^{-1}$ 的表达式，而不是先求 $\boldsymbol{B}$ 再求 $(\boldsymbol{E}+\boldsymbol{B})^{-1}$，从而减少了计算量.

例 4 设 $\boldsymbol{A}$ 为 $n(n\geqslant 2)$ 阶可逆矩阵，求证：

(1) $(\boldsymbol{A}^*)^{\mathrm{T}}=(\boldsymbol{A}^{\mathrm{T}})^*$； (2) $(\boldsymbol{A}^*)^{-1}=(\boldsymbol{A}^{-1})^*$.

分析 可以利用伴随矩阵与逆矩阵之间的联系进行转化.

证 (1) $(\boldsymbol{A}^*)^{\mathrm{T}}=(|\boldsymbol{A}|\boldsymbol{A}^{-1})^{\mathrm{T}}=|\boldsymbol{A}|(\boldsymbol{A}^{-1})^{\mathrm{T}}=|\boldsymbol{A}^{\mathrm{T}}|(\boldsymbol{A}^{\mathrm{T}})^{-1}=(\boldsymbol{A}^{\mathrm{T}})^*$.

(2) $(\boldsymbol{A}^*)^{-1}=(|\boldsymbol{A}|\boldsymbol{A}^{-1})^{-1}=|\boldsymbol{A}^{-1}|(\boldsymbol{A}^{-1})^{-1}=(\boldsymbol{A}^{-1})^*$.

点评 本题证明中用到了公式 $\boldsymbol{A}^*=|\boldsymbol{A}|\boldsymbol{A}^{-1}$. 由本题及 $(\boldsymbol{A}^{\mathrm{T}})^{-1}=(\boldsymbol{A}^{-1})^{\mathrm{T}}$ 可知，可逆矩阵在进行求其转置矩阵、逆矩阵和伴随矩阵这三种运算时，其中任何两种都可以变换运算次序.

例 5 设矩阵 $\boldsymbol{A}=\begin{pmatrix}3&1&1\\0&3&-1\\1&1&5\end{pmatrix}$，$\boldsymbol{B}=\begin{pmatrix}1&2\\0&3\\3&-2\end{pmatrix}$，满足 $\boldsymbol{AX}=2\boldsymbol{X}+\boldsymbol{B}$，求 $\boldsymbol{X}$.

分析 本题要先合并同类项，转化为关于 $\boldsymbol{X}$ 的矩阵方程，然后求解.

解 由 $\boldsymbol{AX}=2\boldsymbol{X}+\boldsymbol{B}$，可得 $(\boldsymbol{A}-2\boldsymbol{E})\boldsymbol{X}=\boldsymbol{B}$. 记

$$\boldsymbol{D}=\boldsymbol{A}-2\boldsymbol{E}=\begin{pmatrix}1&1&1\\0&1&-1\\1&1&3\end{pmatrix}.$$

因为 $|\boldsymbol{D}|=\begin{vmatrix}1&1&1\\0&1&-1\\1&1&3\end{vmatrix}=2\neq 0$，所以 $\boldsymbol{D}$ 可逆，可得其逆矩阵为

$$\boldsymbol{D}^{-1}=\begin{pmatrix}1&1&1\\0&1&-1\\1&1&3\end{pmatrix}^{-1}=\begin{pmatrix}2&-1&-1\\-\frac{1}{2}&1&\frac{1}{2}\\-\frac{1}{2}&0&\frac{1}{2}\end{pmatrix}.$$

用 $\boldsymbol{D}^{-1}$ 左乘 $\boldsymbol{DX}=\boldsymbol{B}$ 的两边，得

$$\boldsymbol{X}=\boldsymbol{D}^{-1}\boldsymbol{B}=\begin{pmatrix}2&-1&-1\\-\frac{1}{2}&1&\frac{1}{2}\\-\frac{1}{2}&0&\frac{1}{2}\end{pmatrix}\begin{pmatrix}1&2\\0&3\\3&-2\end{pmatrix}=\begin{pmatrix}-1&3\\1&1\\1&-2\end{pmatrix}.$$

点评 把矩阵方程整理成三种简单矩阵方程之一是重要的一步. 在整理矩阵方程时，既要注意矩阵的左乘、右乘，还要正确利用 $\lambda\boldsymbol{X}=(\lambda\boldsymbol{E})\boldsymbol{X}$ 或 $\lambda\boldsymbol{X}=\boldsymbol{X}(\lambda\boldsymbol{E})$.

例 6 设矩阵 $\boldsymbol{A}$ 的伴随矩阵 $\boldsymbol{A}^*=\begin{pmatrix}1&0&0&0\\0&1&0&0\\1&0&1&0\\0&-3&0&8\end{pmatrix}$，且 $\boldsymbol{ABA}^{-1}=\boldsymbol{BA}^{-1}+3\boldsymbol{E}$，其中 $\boldsymbol{E}$ 为四阶单位矩阵，求 $\boldsymbol{B}$.

分析 解题思路与例 5 类似，在这里要注意利用 $\boldsymbol{A}^{-1}$ 与 $\boldsymbol{A}^*$ 之间的联系.

解 由 $\boldsymbol{ABA}^{-1}=\boldsymbol{BA}^{-1}+3\boldsymbol{E}$，可得

$$(\boldsymbol{A}-\boldsymbol{E})\boldsymbol{BA}^{-1}=3\boldsymbol{E}.$$

由上式知 $\boldsymbol{A}-\boldsymbol{E}$ 可逆，用 $(\boldsymbol{A}-\boldsymbol{E})^{-1}$，$\boldsymbol{A}$ 分别左乘和右乘上式两边，可得

$$\boldsymbol{B}=3(\boldsymbol{A}-\boldsymbol{E})^{-1}\boldsymbol{A}=3[\boldsymbol{A}^{-1}(\boldsymbol{A}-\boldsymbol{E})]^{-1}=3(\boldsymbol{E}-\boldsymbol{A}^{-1})^{-1}.$$

而 $|\boldsymbol{A}^*|=|\boldsymbol{A}|^{n-1}$，$|\boldsymbol{A}^*|=8$，$n=4$，则 $|\boldsymbol{A}|=2$，故

$$\boldsymbol{A}^{-1}=\frac{1}{|\boldsymbol{A}|}\boldsymbol{A}^*=\frac{1}{2}\boldsymbol{A}^*.$$

因此

$$\boldsymbol{B}=3\left(\boldsymbol{E}-\frac{\boldsymbol{A}^*}{2}\right)^{-1}=6(2\boldsymbol{E}-\boldsymbol{A}^*)^{-1}=6\begin{pmatrix}1&0&0&0\\0&1&0&0\\-1&0&1&0\\0&3&0&-6\end{pmatrix}^{-1}$$

$$=6\begin{pmatrix}1&0&0&0\\0&1&0&0\\1&0&1&0\\0&\frac{1}{2}&0&-\frac{1}{6}\end{pmatrix}=\begin{pmatrix}6&0&0&0\\0&6&0&0\\6&0&6&0\\0&3&0&-1\end{pmatrix}.$$

点评 先整理关系式，将 $\boldsymbol{B}$ 用 $\boldsymbol{A}^{-1}$ 和 $\boldsymbol{E}$ 表示，然后利用已知条件将 $\boldsymbol{A}^{-1}$ 用 $\boldsymbol{A}^*$ 表示，再求 $\boldsymbol{B}$.

例 7 设方阵 $\boldsymbol{A}$ 满足 $\boldsymbol{A}^2-\boldsymbol{A}-2\boldsymbol{E}=\boldsymbol{O}$，证明：$\boldsymbol{A}$ 及 $\boldsymbol{A}+2\boldsymbol{E}$ 都可逆，并求 $\boldsymbol{A}^{-1}$ 及 $(\boldsymbol{A}+2\boldsymbol{E})^{-1}$.

分析 欲证 $\boldsymbol{A}$ 可逆，可以找一个矩阵 $\boldsymbol{X}$，使得 $\boldsymbol{AX}=\boldsymbol{E}$ 即可.

证 由 $\boldsymbol{A}^2-\boldsymbol{A}-2\boldsymbol{E}=\boldsymbol{O}$，可得

$$2\boldsymbol{E}=\boldsymbol{A}^2-\boldsymbol{A}=\boldsymbol{A}(\boldsymbol{A}-\boldsymbol{E}),$$

即

$$\boldsymbol{A}\frac{\boldsymbol{A}-\boldsymbol{E}}{2}=\boldsymbol{E},$$

所以 $\boldsymbol{A}$ 可逆，且

$$\boldsymbol{A}^{-1}=\frac{\boldsymbol{A}-\boldsymbol{E}}{2}.$$

由 $\boldsymbol{A}^2-\boldsymbol{A}-2\boldsymbol{E}=\boldsymbol{O}$，又可得

$$\boldsymbol{A}+2\boldsymbol{E}=\boldsymbol{A}^2,$$

因 $\boldsymbol{A}$ 可逆，故 $\boldsymbol{A}+2\boldsymbol{E}$ 也可逆，且

$$(\boldsymbol{A}+2\boldsymbol{E})^{-1}=(\boldsymbol{A}^2)^{-1}=(\boldsymbol{A}^{-1})^2=\frac{(\boldsymbol{A}-\boldsymbol{E})^2}{4}=\frac{1}{4}(\boldsymbol{A}^2-2\boldsymbol{A}+\boldsymbol{E})$$

$$=\frac{1}{4}(\boldsymbol{A}^2-\boldsymbol{A}-2\boldsymbol{E}-\boldsymbol{A}+3\boldsymbol{E})$$
$$=\frac{1}{4}(3\boldsymbol{E}-\boldsymbol{A}).$$

点评 利用已知条件并根据逆矩阵的定义和性质进行恒等变形.

§2.4 分块矩阵

基本要求

(1) 理解矩阵分块的意义及分块矩阵的概念.
(2) 熟悉矩阵分块的技巧.
(3) 掌握分块矩阵的运算规则.
(4) 熟悉分块对角矩阵的概念和性质.

内容简述

1. 分块矩阵的概念

将矩阵$\boldsymbol{A}$用若干条竖线与横线分割成许多个小矩阵,每个小矩阵称为矩阵$\boldsymbol{A}$的子块,形式上以子块为元素的矩阵称为分块矩阵.

一个矩阵的分块有多种方式.例如,矩阵

$$\boldsymbol{A}=\begin{pmatrix} a_{11} & a_{12} & a_{13} & a_{14} \\ \hdashline a_{21} & a_{22} & a_{23} & a_{24} \\ \hdashline a_{31} & a_{32} & a_{33} & a_{34} \\ \hdashline a_{41} & a_{42} & a_{43} & a_{44} \end{pmatrix}=\begin{pmatrix} \boldsymbol{A}_1 \\ \boldsymbol{A}_2 \\ \boldsymbol{A}_3 \\ \boldsymbol{A}_4 \end{pmatrix},$$

其中$\boldsymbol{A}_i=(a_{i1},a_{i2},a_{i3},a_{i4})(i=1,2,3,4)$是$\boldsymbol{A}$的子块;矩阵

$$\boldsymbol{A}=\left(\begin{array}{cc:cc} a_{11} & a_{12} & a_{13} & a_{14} \\ a_{21} & a_{22} & a_{23} & a_{24} \\ \hdashline a_{31} & a_{32} & a_{33} & a_{34} \\ a_{41} & a_{42} & a_{43} & a_{44} \end{array}\right)=\begin{pmatrix} \boldsymbol{A}_1 & \boldsymbol{A}_2 \\ \boldsymbol{A}_3 & \boldsymbol{A}_4 \end{pmatrix},$$

其中$\boldsymbol{A}_1=\begin{pmatrix} a_{11} & a_{12} \\ a_{21} & a_{22} \end{pmatrix},\boldsymbol{A}_2=\begin{pmatrix} a_{13} & a_{14} \\ a_{23} & a_{24} \end{pmatrix},\boldsymbol{A}_3=\begin{pmatrix} a_{31} & a_{32} \\ a_{41} & a_{42} \end{pmatrix},\boldsymbol{A}_4=\begin{pmatrix} a_{33} & a_{34} \\ a_{43} & a_{44} \end{pmatrix}$都是$\boldsymbol{A}$的子块.

2. 分块矩阵的运算规则

(1) 加法.设矩阵$\boldsymbol{A}$与$\boldsymbol{B}$为同型矩阵,且采用相同的分块法:

$$\boldsymbol{A}=\begin{pmatrix} \boldsymbol{A}_{11} & \cdots & \boldsymbol{A}_{1t} \\ \vdots & & \vdots \\ \boldsymbol{A}_{s1} & \cdots & \boldsymbol{A}_{st} \end{pmatrix},\quad \boldsymbol{B}=\begin{pmatrix} \boldsymbol{B}_{11} & \cdots & \boldsymbol{B}_{1t} \\ \vdots & & \vdots \\ \boldsymbol{B}_{s1} & \cdots & \boldsymbol{B}_{st} \end{pmatrix},$$

则

$$\boldsymbol{A}+\boldsymbol{B}=\begin{pmatrix}\boldsymbol{A}_{11}+\boldsymbol{B}_{11} & \cdots & \boldsymbol{A}_{1t}+\boldsymbol{B}_{1t}\\ \vdots & & \vdots\\ \boldsymbol{A}_{s1}+\boldsymbol{B}_{s1} & \cdots & \boldsymbol{A}_{st}+\boldsymbol{B}_{st}\end{pmatrix}.$$

(2) 数乘. 设矩阵 $\boldsymbol{A}=\begin{pmatrix}\boldsymbol{A}_{11} & \cdots & \boldsymbol{A}_{1t}\\ \vdots & & \vdots\\ \boldsymbol{A}_{s1} & \cdots & \boldsymbol{A}_{st}\end{pmatrix}$，$\lambda$ 为数，则

$$\lambda\boldsymbol{A}=\begin{pmatrix}\lambda\boldsymbol{A}_{11} & \cdots & \lambda\boldsymbol{A}_{1t}\\ \vdots & & \vdots\\ \lambda\boldsymbol{A}_{s1} & \cdots & \lambda\boldsymbol{A}_{st}\end{pmatrix}.$$

(3) 乘法. 设 $\boldsymbol{A}$ 为 $m\times l$ 矩阵，$\boldsymbol{B}$ 为 $l\times n$ 矩阵，分块为

$$\boldsymbol{A}=\begin{pmatrix}\boldsymbol{A}_{11} & \cdots & \boldsymbol{A}_{1t}\\ \vdots & & \vdots\\ \boldsymbol{A}_{s1} & \cdots & \boldsymbol{A}_{st}\end{pmatrix},\quad \boldsymbol{B}=\begin{pmatrix}\boldsymbol{B}_{11} & \cdots & \boldsymbol{B}_{1r}\\ \vdots & & \vdots\\ \boldsymbol{B}_{t1} & \cdots & \boldsymbol{B}_{tr}\end{pmatrix},$$

其中 $\boldsymbol{A}_{i1},\boldsymbol{A}_{i2},\cdots,\boldsymbol{A}_{it}\ (i=1,2,\cdots,s)$ 的列数分别等于 $\boldsymbol{B}_{1j},\boldsymbol{B}_{2j},\cdots,\boldsymbol{B}_{tj}\ (j=1,2,\cdots,r)$ 的行数，则

$$\boldsymbol{AB}=\begin{pmatrix}\boldsymbol{C}_{11} & \cdots & \boldsymbol{C}_{1r}\\ \vdots & & \vdots\\ \boldsymbol{C}_{s1} & \cdots & \boldsymbol{C}_{sr}\end{pmatrix},$$

其中 $\boldsymbol{C}_{ij}=\sum\limits_{k=1}^{t}\boldsymbol{A}_{ik}\boldsymbol{B}_{kj}$.

(4) 转置. 设矩阵 $\boldsymbol{A}=\begin{pmatrix}\boldsymbol{A}_{11} & \cdots & \boldsymbol{A}_{1t}\\ \vdots & & \vdots\\ \boldsymbol{A}_{s1} & \cdots & \boldsymbol{A}_{st}\end{pmatrix}$，则

$$\boldsymbol{A}^{\mathrm{T}}=\begin{pmatrix}\boldsymbol{A}_{11}^{\mathrm{T}} & \cdots & \boldsymbol{A}_{s1}^{\mathrm{T}}\\ \vdots & & \vdots\\ \boldsymbol{A}_{1t}^{\mathrm{T}} & \cdots & \boldsymbol{A}_{st}^{\mathrm{T}}\end{pmatrix}.$$

3. 分块对角矩阵

设 $\boldsymbol{A}$ 为 n 阶方阵. 若在 $\boldsymbol{A}$ 的分块矩阵中只有在主对角线上有非零子块，其余子块都为零矩阵，且在主对角线上的子块都是方阵，即

$$\boldsymbol{A}=\begin{pmatrix}\boldsymbol{A}_1 & & & \\ & \boldsymbol{A}_2 & & \\ & & \ddots & \\ & & & \boldsymbol{A}_t\end{pmatrix},$$

则称方阵 $\boldsymbol{A}$ 为分块对角矩阵.

分块对角矩阵有下列性质：

(1) 若 $\boldsymbol{A}$ 为分块对角矩阵，则 $|\boldsymbol{A}|=|\boldsymbol{A}_1||\boldsymbol{A}_2|\cdots|\boldsymbol{A}_t|$.

(2) 若分块对角矩阵 $\boldsymbol{A}$ 的每个子块的行列式 $|\boldsymbol{A}_i|\neq 0\ (i=1,2,\cdots,t)$，则 $|\boldsymbol{A}|\neq 0$，故矩阵

$\boldsymbol{A}$ 可逆，且

$$\boldsymbol{A}^{-1}=\begin{pmatrix}\boldsymbol{A}_1^{-1} & & & \\ & \boldsymbol{A}_2^{-1} & & \\ & & \ddots & \\ & & & \boldsymbol{A}_t^{-1}\end{pmatrix}.$$

疑难评注

(1) 矩阵分块法是矩阵运算的一种技巧，可以把阶数较高的矩阵的运算化为阶数较低的矩阵的运算. 矩阵分块后能突出矩阵的结构，从而可利用它的特殊结构使运算简化.

(2) 适当利用分块矩阵行列式的性质可以方便地计算行列式. 若 $\boldsymbol{A},\boldsymbol{B}$ 分别为 m,n 阶方阵，则分块矩阵行列式有如下的性质：

① $\begin{vmatrix}\boldsymbol{A} & \boldsymbol{O}\\ \boldsymbol{C} & \boldsymbol{B}\end{vmatrix}=|\boldsymbol{A}|\,|\boldsymbol{B}|$；　　② $\begin{vmatrix}\boldsymbol{O} & \boldsymbol{A}\\ \boldsymbol{B} & \boldsymbol{C}\end{vmatrix}=(-1)^{mn}|\boldsymbol{A}|\,|\boldsymbol{B}|$.

(3) 若 $\boldsymbol{A},\boldsymbol{B},\boldsymbol{C},\boldsymbol{D}$ 为某一矩阵的子块，在应用分块矩阵行列式的性质时，容易犯的典型错误是

$$\begin{vmatrix}\boldsymbol{A} & \boldsymbol{B}\\ \boldsymbol{C} & \boldsymbol{D}\end{vmatrix}=|\boldsymbol{A}|\,|\boldsymbol{D}|-|\boldsymbol{B}|\,|\boldsymbol{C}|,$$

其错误的根源是把子块(矩阵) 和元素(数) 混为一谈了.

例题精解

例 1　设矩阵

$$\boldsymbol{A}=\begin{pmatrix}1&0&0&0&0\\0&1&0&0&0\\-1&2&1&0&0\\1&1&0&1&0\\0&1&0&0&1\end{pmatrix},\quad \boldsymbol{B}=\begin{pmatrix}1&0&0&0\\-1&0&0&0\\0&1&3&-1\\0&2&1&4\\0&1&2&1\end{pmatrix},$$

求 $\boldsymbol{AB}$.

分析　矩阵 $\boldsymbol{A},\boldsymbol{B}$ 含有零子块和单位矩阵子块，将矩阵 $\boldsymbol{A}$ 和 $\boldsymbol{B}$ 进行适当分块后，再利用分块矩阵的乘法进行运算，可简化运算过程.

解　先将 $\boldsymbol{A},\boldsymbol{B}$ 分块为

$$\boldsymbol{A}=\left(\begin{array}{cc:ccc}1&0&0&0&0\\0&1&0&0&0\\ \hdashline -1&2&1&0&0\\1&1&0&1&0\\0&1&0&0&1\end{array}\right)=\begin{pmatrix}\boldsymbol{E}_2 & \boldsymbol{O}\\ \boldsymbol{A}_1 & \boldsymbol{E}_3\end{pmatrix},$$

$$B=\left(\begin{array}{r:rrr}1 & 0 & 0 & 0\\ -1 & 0 & 0 & 0\\ \hdashline 0 & 1 & 3 & -1\\ 0 & 2 & 1 & 4\\ 0 & 1 & 2 & 1\end{array}\right)=\begin{pmatrix}\boldsymbol{B}_1 & \boldsymbol{O}\\ \boldsymbol{O} & \boldsymbol{B}_2\end{pmatrix},$$

则

$$\boldsymbol{AB}=\begin{pmatrix}\boldsymbol{E}_2 & \boldsymbol{O}\\ \boldsymbol{A}_1 & \boldsymbol{E}_3\end{pmatrix}\begin{pmatrix}\boldsymbol{B}_1 & \boldsymbol{O}\\ \boldsymbol{O} & \boldsymbol{B}_2\end{pmatrix}=\begin{pmatrix}\boldsymbol{B}_1 & \boldsymbol{O}\\ \boldsymbol{A}_1\boldsymbol{B}_1 & \boldsymbol{B}_2\end{pmatrix}.$$

计算得

$$\boldsymbol{A}_1\boldsymbol{B}_1=\begin{pmatrix}-1 & 2\\ 1 & 1\\ 0 & 1\end{pmatrix}\begin{pmatrix}1\\ -1\end{pmatrix}=\begin{pmatrix}-3\\ 0\\ -1\end{pmatrix},$$

故

$$\boldsymbol{AB}=\begin{pmatrix}1 & 0 & 0 & 0\\ -1 & 0 & 0 & 0\\ -3 & 1 & 3 & -1\\ 0 & 2 & 1 & 4\\ -1 & 1 & 2 & 1\end{pmatrix}.$$

点评 将矩阵 $\boldsymbol{A},\boldsymbol{B}$ 分块后再计算乘积，从而简化了运算. 在矩阵分块时要尽量使子块为特殊矩阵，如单位矩阵、对角矩阵、零矩阵等.

例 2 设矩阵 $\boldsymbol{A}=\begin{pmatrix}5 & 2 & 0 & 0\\ 2 & 1 & 0 & 0\\ 0 & 0 & 1 & -2\\ 0 & 0 & 1 & 1\end{pmatrix}$，求 $\boldsymbol{A}^{-1}$.

分析 根据矩阵 $\boldsymbol{A}$ 的结构，可以先将它分成分块对角矩阵，再求逆矩阵.

解 先将矩阵 $\boldsymbol{A}$ 分块，有

$$\boldsymbol{A}=\left(\begin{array}{rr:rr}5 & 2 & 0 & 0\\ 2 & 1 & 0 & 0\\ \hdashline 0 & 0 & 1 & -2\\ 0 & 0 & 1 & 1\end{array}\right)=\begin{pmatrix}\boldsymbol{A}_1 & \boldsymbol{O}\\ \boldsymbol{O} & \boldsymbol{A}_2\end{pmatrix},$$

其中 $\boldsymbol{A}_1=\begin{pmatrix}5 & 2\\ 2 & 1\end{pmatrix}$，$\boldsymbol{A}_2=\begin{pmatrix}1 & -2\\ 1 & 1\end{pmatrix}$. 易计算得

$$\boldsymbol{A}_1^{-1}=\begin{pmatrix}1 & -2\\ -2 & 5\end{pmatrix},\quad \boldsymbol{A}_2^{-1}=\begin{pmatrix}\frac{1}{3} & \frac{2}{3}\\ -\frac{1}{3} & \frac{1}{3}\end{pmatrix},$$

所以

$$A^{-1}=\begin{pmatrix}A_1 & O\\ O & A_2\end{pmatrix}^{-1}=\begin{pmatrix}A_1^{-1} & O\\ O & A_2^{-1}\end{pmatrix}=\begin{pmatrix}1 & -2 & 0 & 0\\ -2 & 5 & 0 & 0\\ 0 & 0 & \frac{1}{3} & \frac{2}{3}\\ 0 & 0 & -\frac{1}{3} & \frac{1}{3}\end{pmatrix}.$$

点评 直接利用分块对角矩阵求逆矩阵的公式进行计算.在本题中因 A_1 和 A_2 均可逆,故矩阵 A 也可逆.

例 3 设矩阵

$$A=\begin{pmatrix}1 & 3 & 0 & 0 & 0 & 0 & 0\\ -1 & 2 & 0 & 0 & 0 & 0 & 0\\ 0 & 0 & 1 & 0 & 0 & 0 & 0\\ 0 & 0 & 0 & 1 & 0 & 0 & 0\\ 0 & 0 & 0 & 0 & 1 & 0 & 0\\ 0 & 0 & 0 & 0 & 0 & 2 & 5\\ 0 & 0 & 0 & 0 & 0 & 1 & 3\end{pmatrix},$$

求 $|A|$.

分析 矩阵 A 中零元素比较集中,用分块矩阵行列式的性质计算比较简单.

解 先将矩阵 A 分块,有

$$A=\left(\begin{array}{cc:ccc:cc}1 & 3 & 0 & 0 & 0 & 0 & 0\\ -1 & 2 & 0 & 0 & 0 & 0 & 0\\ \hdashline 0 & 0 & 1 & 0 & 0 & 0 & 0\\ 0 & 0 & 0 & 1 & 0 & 0 & 0\\ 0 & 0 & 0 & 0 & 1 & 0 & 0\\ \hdashline 0 & 0 & 0 & 0 & 0 & 2 & 5\\ 0 & 0 & 0 & 0 & 0 & 1 & 3\end{array}\right)=\begin{pmatrix}A_1 & & \\ & E_3 & \\ & & A_2\end{pmatrix},$$

其中 $A_1=\begin{pmatrix}1 & 3\\ -1 & 2\end{pmatrix}$,$E_3=\begin{pmatrix}1 & 0 & 0\\ 0 & 1 & 0\\ 0 & 0 & 1\end{pmatrix}$,$A_2=\begin{pmatrix}2 & 5\\ 1 & 3\end{pmatrix}$. 因此,

$$|A|=\begin{vmatrix}A_1 & & \\ & E_3 & \\ & & A_2\end{vmatrix}=|A_1|\,|E_3|\,|A_2|$$

$$=\begin{vmatrix}1 & 3\\ -1 & 2\end{vmatrix}\begin{vmatrix}1 & 0 & 0\\ 0 & 1 & 0\\ 0 & 0 & 1\end{vmatrix}\begin{vmatrix}2 & 5\\ 1 & 3\end{vmatrix}=5.$$

点评 利用分块矩阵行列式的性质可以很方便地计算某些行列式.

例 4 设矩阵 $\boldsymbol{A}=\begin{pmatrix}3&4&0&0\\4&-3&0&0\\0&0&2&0\\0&0&2&2\end{pmatrix}$,求$|\boldsymbol{A}^8|$,$\boldsymbol{A}^4$.

分析 计算方法与例 3 类似.

解 令 $\boldsymbol{A}_1=\begin{pmatrix}3&4\\4&-3\end{pmatrix}$,$\boldsymbol{A}_2=\begin{pmatrix}2&0\\2&2\end{pmatrix}$,则 $\boldsymbol{A}=\begin{pmatrix}\boldsymbol{A}_1&\boldsymbol{O}\\\boldsymbol{O}&\boldsymbol{A}_2\end{pmatrix}$.

易计算得$|\boldsymbol{A}_1|=\begin{vmatrix}3&4\\4&-3\end{vmatrix}=-25$,$|\boldsymbol{A}_2|=\begin{vmatrix}2&0\\2&2\end{vmatrix}=4$,故

$$|\boldsymbol{A}^8|=\begin{vmatrix}\boldsymbol{A}_1^8&\boldsymbol{O}\\\boldsymbol{O}&\boldsymbol{A}_2^8\end{vmatrix}=|\boldsymbol{A}_1^8||\boldsymbol{A}_2^8|=|\boldsymbol{A}_1|^8|\boldsymbol{A}_2|^8=(-25)^8\times4^8=10^{16}.$$

又

$$\boldsymbol{A}_1^4=(\boldsymbol{A}_1^2)^2=\left[\begin{pmatrix}3&4\\4&-3\end{pmatrix}^2\right]^2=\begin{pmatrix}5^2&0\\0&5^2\end{pmatrix}^2=\begin{pmatrix}5^4&0\\0&5^4\end{pmatrix},$$

$$\boldsymbol{A}_2^4=(\boldsymbol{A}_2^2)^2=\left[\begin{pmatrix}2&0\\2&2\end{pmatrix}^2\right]^2=\begin{pmatrix}2^2&0\\2^3&2^2\end{pmatrix}^2=\begin{pmatrix}2^4&0\\2^6&2^4\end{pmatrix},$$

故

$$\boldsymbol{A}^4=\begin{pmatrix}\boldsymbol{A}_1&\boldsymbol{O}\\\boldsymbol{O}&\boldsymbol{A}_2\end{pmatrix}^4=\begin{pmatrix}\boldsymbol{A}_1^4&\boldsymbol{O}\\\boldsymbol{O}&\boldsymbol{A}_2^4\end{pmatrix}=\begin{pmatrix}5^4&0&0&0\\0&5^4&0&0\\0&0&2^4&0\\0&0&2^6&2^4\end{pmatrix}.$$

点评 若方阵 $\boldsymbol{A}$ 为分块对角矩阵 $\boldsymbol{A}=\begin{pmatrix}\boldsymbol{A}_1&&&\\&\boldsymbol{A}_2&&\\&&\ddots&\\&&&\boldsymbol{A}_t\end{pmatrix}$,且 n 为正整数,则

$$\boldsymbol{A}^n=\begin{pmatrix}\boldsymbol{A}_1^n&&&\\&\boldsymbol{A}_2^n&&\\&&\ddots&\\&&&\boldsymbol{A}_t^n\end{pmatrix}.$$

§2.5 矩阵的初等变换与初等矩阵

基本要求

(1) 理解矩阵的初等变换与初等矩阵的概念.

(2) 理解两个矩阵等价的概念.

(3) 熟练掌握利用初等变换化矩阵为行阶梯形矩阵、行最简形矩阵或标准形矩阵的方法.

(4) 熟练掌握利用初等变换求方阵的逆矩阵的方法.

(5) 理解初等变换与初等矩阵的关系.

(6) 掌握初等矩阵的性质.

内容简述

1. 矩阵的初等变换

下面三种变换称为矩阵的初等行变换.

(1) 对换变换:对换第 i 行与第 j 行,记作 $r_i \leftrightarrow r_j$.

(2) 数乘变换:以数 $k \neq 0$ 乘以第 i 行的所有元素,记作 kr_i.

(3) 倍加变换:把第 j 行所有元素的 k 倍加到第 i 行对应的元素上,记作 $r_i + kr_j$.

把上述定义中的"行"换成"列",即得矩阵的初等列变换的定义(所用记号是把"r"换成"c").

矩阵的初等行变换与初等列变换统称为矩阵的初等变换.

矩阵的三种初等变换都是可逆的,且其逆变换是同一类型的初等变换:

(1) 变换 $r_i \leftrightarrow r_j$ 的逆变换就是它本身;

(2) 变换 kr_i 的逆变换是 $\frac{1}{k}r_i$;

(3) 变换 $r_i + kr_j$ 的逆变换是 $r_i - kr_j$.

2. 矩阵等价

如果矩阵 $\boldsymbol{A}$ 经过有限次初等变换变为矩阵 $\boldsymbol{B}$,那么称矩阵 $\boldsymbol{A}$ 与矩阵 $\boldsymbol{B}$ 等价,记作 $\boldsymbol{A} \sim \boldsymbol{B}$.

(1) 等价关系具有下列性质:

① 反身性　$\boldsymbol{A} \sim \boldsymbol{A}$.

② 对称性　若 $\boldsymbol{A} \sim \boldsymbol{B}$,则 $\boldsymbol{B} \sim \boldsymbol{A}$.

③ 传递性　若 $\boldsymbol{A} \sim \boldsymbol{B}$,$\boldsymbol{B} \sim \boldsymbol{C}$,则 $\boldsymbol{A} \sim \boldsymbol{C}$.

(2) 三种特殊矩阵:

① 行阶梯形矩阵. 如果矩阵各非零行的第 1 个非零元素的列标随着行标的增大而增大,且矩阵的零行(如果有的话)在矩阵的最下方,那么称这样的矩阵为行阶梯形矩阵.

② 行最简形矩阵. 如果行阶梯形矩阵各非零行第 1 个非零元素都是 1,且所有第 1 个非零元素 1 所在列的其他元素都为零,那么称这样的矩阵为行最简形矩阵.

③ 标准形矩阵. 如果行最简形矩阵的左上角为单位矩阵,其他元素都是零,那么称这样的矩阵为标准形矩阵.

(3) 设 $\boldsymbol{A}$ 是一个 $m \times n$ 非零矩阵,那么 $\boldsymbol{A}$ 一定可以经过有限次初等行变换化为行阶梯形矩阵和行最简形矩阵,进而可以通过初等列变换化为标准形矩阵 $\begin{pmatrix} \boldsymbol{E}_r & \boldsymbol{O} \\ \boldsymbol{O} & \boldsymbol{O} \end{pmatrix}$.

3. 初等矩阵

由单位矩阵 $\boldsymbol{E}$ 经过一次初等变换得到的矩阵称为初等矩阵.

(1) 三种初等变换对应下列三种初等矩阵：

① $\boldsymbol{E}\xrightarrow[\text{或}c_i\leftrightarrow c_j]{r_i\leftrightarrow r_j}\boldsymbol{E}(i,j)$；

② $\boldsymbol{E}\xrightarrow[\text{或}kc_i]{kr_i}\boldsymbol{E}(i(k))(k\neq 0)$；

③ $\boldsymbol{E}\xrightarrow[\text{或}c_j+kc_i]{r_i+kr_j}\boldsymbol{E}(i,j(k))$.

(2) 初等矩阵有下列性质：

① 初等矩阵都是可逆矩阵，且其逆矩阵仍是同类型的初等矩阵，即

$$\boldsymbol{E}(i,j)^{-1}=\boldsymbol{E}(i,j),\quad \boldsymbol{E}(i(k))^{-1}=\boldsymbol{E}\left(i\left(\frac{1}{k}\right)\right),\quad \boldsymbol{E}(i,j(k))^{-1}=\boldsymbol{E}(i,j(-k)).$$

② 初等矩阵的转置矩阵仍是同类型的初等矩阵，即

$$\boldsymbol{E}(i,j)^{\mathrm{T}}=\boldsymbol{E}(i,j),\quad \boldsymbol{E}(i(k))^{\mathrm{T}}=\boldsymbol{E}(i(k)),\quad \boldsymbol{E}(i,j(k))^{\mathrm{T}}=\boldsymbol{E}(j,i(k)).$$

(3) 初等矩阵与初等变换的关系：设 $\boldsymbol{A}$ 是一个 $m\times n$ 矩阵，对 $\boldsymbol{A}$ 做一次初等行变换，相当于以相应的 m 阶初等矩阵左乘 $\boldsymbol{A}$；对 $\boldsymbol{A}$ 做一次初等列变换，相当于以相应的 n 阶初等矩阵右乘 $\boldsymbol{A}$.

(4) 初等矩阵的应用.

① n 阶方阵 $\boldsymbol{A}$ 可逆的充要条件是存在有限个初等矩阵 $\boldsymbol{P}_1,\boldsymbol{P}_2,\cdots,\boldsymbol{P}_s$，使得 $\boldsymbol{A}=\boldsymbol{P}_1\boldsymbol{P}_2\cdots\boldsymbol{P}_s$.

② n 阶方阵 $\boldsymbol{A}$ 可逆的充要条件是 $\boldsymbol{A}$ 只需经过有限次的初等行变换就可化为单位矩阵 $\boldsymbol{E}$，记作 $\boldsymbol{A}\xrightarrow{r}\boldsymbol{E}$.

③ $m\times n$ 矩阵 $\boldsymbol{A}$ 与 $\boldsymbol{B}$ 等价的充要条件是存在 m 阶可逆矩阵 $\boldsymbol{P}$ 和 n 阶可逆矩阵 $\boldsymbol{Q}$，使得

$$\boldsymbol{A}=\boldsymbol{PBQ}.$$

④ 若方阵 $\boldsymbol{A}$ 可逆，可通过 $(\boldsymbol{A}\,\vdots\,\boldsymbol{E})\xrightarrow{r}(\boldsymbol{E}\,\vdots\,\boldsymbol{A}^{-1})$ 求得 $\boldsymbol{A}^{-1}$.

⑤ 设 n 阶方阵 $\boldsymbol{A}$ 可逆，$\boldsymbol{B}$ 为 $n\times s$ 矩阵，则 $(\boldsymbol{A}\,\vdots\,\boldsymbol{B})\xrightarrow{r}(\boldsymbol{E}\,\vdots\,\boldsymbol{A}^{-1}\boldsymbol{B})$. 可用此方法求解矩阵方程 $\boldsymbol{AX}=\boldsymbol{B}$.

疑难评注

(1) 矩阵等价与矩阵相等是两个完全不同的概念：矩阵相等是比较两个矩阵是否完全一样；而矩阵等价是指矩阵 $\boldsymbol{A}$ 经过有限次初等变换变成矩阵 $\boldsymbol{B}$ 后，对 $\boldsymbol{A}$ 与 $\boldsymbol{B}$ 之间相互关系的描述. 等价矩阵具有很多重要的性质.

(2) 三种初等矩阵 $\boldsymbol{E}(i,j)$，$\boldsymbol{E}(i(k))$，$\boldsymbol{E}(i,j(k))$ 中，$\boldsymbol{E}(i,j)$ 的形状往往不易想象到，可以把它看作将矩阵 $\boldsymbol{E}$ 的第 i 行第 i 列的 1 与第 j 行第 i 列的 0 对换（或第 j 行第 j 列的 1 与第 i 行第 j 列的 0 对换）所得的矩阵. 另外，$\boldsymbol{E}(i,j(k))$ 与 $\boldsymbol{E}(j,i(k))$ 不是一回事，$\boldsymbol{E}(i,j(k))$ 表示将 $\boldsymbol{E}$ 的第 j 行乘以 k 加到第 i 行上，而 $\boldsymbol{E}(j,i(k))$ 则表示将 $\boldsymbol{E}$ 的第 i 行乘以 k 加到第 j 行上.

(3) $(\boldsymbol{A}\,\vdots\,\boldsymbol{E})\xrightarrow{r}(\boldsymbol{E}\,\vdots\,\boldsymbol{A}^{-1})$，$(\boldsymbol{A}\,\vdots\,\boldsymbol{B})\xrightarrow{r}(\boldsymbol{E}\,\vdots\,\boldsymbol{A}^{-1}\boldsymbol{B})$ 中的“r”表示只限于初等行变换，不能使用初等列变换.

(4) 初等变换和行列式的运算中都使用相同的记号，如“$r_i\leftrightarrow r_j$”“kr_i”及“r_i+kr_j”，这些

记号对矩阵和行列式的行的操作而言是完全相同的. 不过，对行列式来说，变换前后的行列式用“=”连接；对矩阵来说，经过一次初等行变换后，原矩阵就发生了改变，所以变换前后的矩阵只能用“⟶”连接.

例题精解

例 1 将矩阵 $\boldsymbol{A}=\begin{pmatrix}-2 & 6 & 2 & 6\\ 1 & -2 & -1 & 0\\ 2 & -4 & 0 & 2\end{pmatrix}$ 化为行最简形矩阵.

分析 先把矩阵 $\boldsymbol{A}$ 化为行阶梯形矩阵，然后化为行最简形矩阵即可.

解 $\boldsymbol{A}\xrightarrow{r_1\leftrightarrow r_2}\begin{pmatrix}1 & -2 & -1 & 0\\ -2 & 6 & 2 & 6\\ 2 & -4 & 0 & 2\end{pmatrix}\xrightarrow[r_3-2r_1]{r_2+2r_1}\begin{pmatrix}1 & -2 & -1 & 0\\ 0 & 2 & 0 & 6\\ 0 & 0 & 2 & 2\end{pmatrix}\triangleq\boldsymbol{B}$，

$\boldsymbol{B}$ 是行阶梯形矩阵.

$$\boldsymbol{B}\xrightarrow[\frac{1}{2}r_3]{\frac{1}{2}r_2}\begin{pmatrix}1 & -2 & -1 & 0\\ 0 & 1 & 0 & 3\\ 0 & 0 & 1 & 1\end{pmatrix}\xrightarrow{r_1+2r_2}\begin{pmatrix}1 & 0 & -1 & 6\\ 0 & 1 & 0 & 3\\ 0 & 0 & 1 & 1\end{pmatrix}$$

$$\xrightarrow{r_1+r_3}\begin{pmatrix}1 & 0 & 0 & 7\\ 0 & 1 & 0 & 3\\ 0 & 0 & 1 & 1\end{pmatrix}\triangleq\boldsymbol{C},$$

$\boldsymbol{C}$ 为行最简形矩阵.

点评 任何一个非零矩阵都可以通过初等行变换化为行阶梯形矩阵和行最简形矩阵. 当矩阵为方阵且它的行列式不为零时，该矩阵的行最简形矩阵是单位矩阵.

例 2 将矩阵 $\boldsymbol{A}=\begin{pmatrix}2 & 1 & 2 & 3\\ 4 & 1 & 3 & 5\\ 2 & 0 & 1 & 2\end{pmatrix}$ 化为标准形矩阵.

分析 先把矩阵 $\boldsymbol{A}$ 化为行最简形矩阵，然后化为标准形矩阵即可.

解 $\boldsymbol{A}\xrightarrow[r_3-r_1]{r_2-2r_1}\begin{pmatrix}2 & 1 & 2 & 3\\ 0 & -1 & -1 & -1\\ 0 & -1 & -1 & -1\end{pmatrix}\xrightarrow[r_3-r_2]{r_1+r_2}\begin{pmatrix}2 & 0 & 1 & 2\\ 0 & -1 & -1 & -1\\ 0 & 0 & 0 & 0\end{pmatrix}$

$$\xrightarrow[-r_2]{\frac{1}{2}r_1}\begin{pmatrix}1 & 0 & \frac{1}{2} & 1\\ 0 & 1 & 1 & 1\\ 0 & 0 & 0 & 0\end{pmatrix}\xrightarrow[c_4-c_1]{c_3-\frac{1}{2}c_1}\begin{pmatrix}1 & 0 & 0 & 0\\ 0 & 1 & 1 & 1\\ 0 & 0 & 0 & 0\end{pmatrix}\xrightarrow[c_4-c_2]{c_3-c_2}\begin{pmatrix}1 & 0 & 0 & 0\\ 0 & 1 & 0 & 0\\ 0 & 0 & 0 & 0\end{pmatrix}.$$

点评 任何一个非零矩阵都可以通过初等行变换把它化为行最简形矩阵，进而通过初等列变换化为标准形矩阵.

例 3 设矩阵 $\boldsymbol{A}=\begin{pmatrix}3 & -2 & 0 & -1\\ 0 & 2 & 2 & 1\\ 1 & -2 & -3 & -2\\ 0 & 1 & 2 & 1\end{pmatrix}$，求 $\boldsymbol{A}^{-1}$.

分析 求逆矩阵常用的方法有三种：定义法、代数余子式法和初等行变换法，本题使用初等行变换法.

解 因为

$$(\boldsymbol{A} \vdots \boldsymbol{E})=\left(\begin{array}{cccc:cccc}3 & -2 & 0 & -1 & 1 & 0 & 0 & 0\\ 0 & 2 & 2 & 1 & 0 & 1 & 0 & 0\\ 1 & -2 & -3 & -2 & 0 & 0 & 1 & 0\\ 0 & 1 & 2 & 1 & 0 & 0 & 0 & 1\end{array}\right)$$

$$\xrightarrow{r_1-3r_3}\left(\begin{array}{cccc:cccc}0 & 4 & 9 & 5 & 1 & 0 & -3 & 0\\ 0 & 2 & 2 & 1 & 0 & 1 & 0 & 0\\ 1 & -2 & -3 & -2 & 0 & 0 & 1 & 0\\ 0 & 1 & 2 & 1 & 0 & 0 & 0 & 1\end{array}\right)$$

$$\xrightarrow[r_2\leftrightarrow r_4]{r_1\leftrightarrow r_3}\left(\begin{array}{cccc:cccc}1 & -2 & -3 & -2 & 0 & 0 & 1 & 0\\ 0 & 1 & 2 & 1 & 0 & 0 & 0 & 1\\ 0 & 4 & 9 & 5 & 1 & 0 & -3 & 0\\ 0 & 2 & 2 & 1 & 0 & 1 & 0 & 0\end{array}\right)$$

$$\xrightarrow[r_4-2r_2]{\substack{r_1+2r_2\\ r_3-4r_2}}\left(\begin{array}{cccc:cccc}1 & 0 & 1 & 0 & 0 & 0 & 1 & 2\\ 0 & 1 & 2 & 1 & 0 & 0 & 0 & 1\\ 0 & 0 & 1 & 1 & 1 & 0 & -3 & -4\\ 0 & 0 & -2 & -1 & 0 & 1 & 0 & -2\end{array}\right)$$

$$\xrightarrow[r_4+2r_3]{\substack{r_1-r_3\\ r_2-2r_3}}\left(\begin{array}{cccc:cccc}1 & 0 & 0 & -1 & -1 & 0 & 4 & 6\\ 0 & 1 & 0 & -1 & -2 & 0 & 6 & 9\\ 0 & 0 & 1 & 1 & 1 & 0 & -3 & -4\\ 0 & 0 & 0 & 1 & 2 & 1 & -6 & -10\end{array}\right)$$

$$\xrightarrow[r_3-r_4]{\substack{r_1+r_4\\ r_2+r_4}}\left(\begin{array}{cccc:cccc}1 & 0 & 0 & 0 & 1 & 1 & -2 & -4\\ 0 & 1 & 0 & 0 & 0 & 1 & 0 & -1\\ 0 & 0 & 1 & 0 & -1 & -1 & 3 & 6\\ 0 & 0 & 0 & 1 & 2 & 1 & -6 & -10\end{array}\right),$$

所以

$$\boldsymbol{A}^{-1}=\begin{pmatrix}1 & 1 & -2 & -4\\ 0 & 1 & 0 & -1\\ -1 & -1 & 3 & 6\\ 2 & 1 & -6 & -10\end{pmatrix}.$$

点评 利用$(\boldsymbol{A} \vdots \boldsymbol{E})\xrightarrow{r}(\boldsymbol{E} \vdots \boldsymbol{A}^{-1})$求逆矩阵时，只限于初等行变换，不能使用初等列变换.

例 4 设矩阵$\boldsymbol{A}=\begin{pmatrix}1 & -1 & 0\\ 0 & 1 & -1\\ -1 & 0 & 1\end{pmatrix}$，$\boldsymbol{AX}=2\boldsymbol{X}+\boldsymbol{A}$，求$\boldsymbol{X}$.

分析 对$\boldsymbol{AX}=2\boldsymbol{X}+\boldsymbol{A}$变形，可得$(\boldsymbol{A}-2\boldsymbol{E})\boldsymbol{X}=\boldsymbol{A}$，可利用初等行变换求解.

解 因为

$$(\boldsymbol{A}-2\boldsymbol{E} \mid \boldsymbol{A})=\left(\begin{array}{ccc|ccc}-1 & -1 & 0 & 1 & -1 & 0 \\ 0 & -1 & -1 & 0 & 1 & -1 \\ -1 & 0 & -1 & -1 & 0 & 1\end{array}\right)$$

$$\xrightarrow[(i=1,2,3)]{-r_i}\left(\begin{array}{ccc|ccc}1 & 1 & 0 & -1 & 1 & 0 \\ 0 & 1 & 1 & 0 & -1 & 1 \\ 1 & 0 & 1 & 1 & 0 & -1\end{array}\right)$$

$$\xrightarrow{r_3-r_1}\left(\begin{array}{ccc|ccc}1 & 1 & 0 & -1 & 1 & 0 \\ 0 & 1 & 1 & 0 & -1 & 1 \\ 0 & -1 & 1 & 2 & -1 & -1\end{array}\right)$$

$$\xrightarrow[r_3+r_2]{r_1-r_2}\left(\begin{array}{ccc|ccc}1 & 0 & -1 & -1 & 2 & -1 \\ 0 & 1 & 1 & 0 & -1 & 1 \\ 0 & 0 & 2 & 2 & -2 & 0\end{array}\right)$$

$$\xrightarrow{\frac{1}{2}r_3}\left(\begin{array}{ccc|ccc}1 & 0 & -1 & -1 & 2 & -1 \\ 0 & 1 & 1 & 0 & -1 & 1 \\ 0 & 0 & 1 & 1 & -1 & 0\end{array}\right)$$

$$\xrightarrow[r_2-r_3]{r_1+r_3}\left(\begin{array}{ccc|ccc}1 & 0 & 0 & 0 & 1 & -1 \\ 0 & 1 & 0 & -1 & 0 & 1 \\ 0 & 0 & 1 & 1 & -1 & 0\end{array}\right),$$

所以

$$\boldsymbol{X}=\begin{pmatrix}0 & 1 & -1 \\ -1 & 0 & 1 \\ 1 & -1 & 0\end{pmatrix}.$$

点评 先把矩阵方程化为 $\boldsymbol{AX}=\boldsymbol{B}$ 形式，再利用$(\boldsymbol{A} \mid \boldsymbol{B}) \xrightarrow{r} (\boldsymbol{E} \mid \boldsymbol{A}^{-1}\boldsymbol{B})$求解.

例 5 设矩阵 $\boldsymbol{A}$ 可逆，将 $\boldsymbol{A}$ 的第 i 行与第 j 行对换得到矩阵 $\boldsymbol{B}$，求 $\boldsymbol{AB}^{-1}$.

分析 首先利用初等变换与初等矩阵的关系求出矩阵 $\boldsymbol{B}$，再计算 $\boldsymbol{B}^{-1}$ 及 $\boldsymbol{AB}^{-1}$.

解 因为 $\boldsymbol{B}=\boldsymbol{E}(i,j)\boldsymbol{A}$，所以

$$\boldsymbol{B}^{-1}=(\boldsymbol{E}(i,j)\boldsymbol{A})^{-1}=\boldsymbol{A}^{-1}\boldsymbol{E}(i,j)^{-1},$$

从而

$$\boldsymbol{AB}^{-1}=\boldsymbol{AA}^{-1}\boldsymbol{E}(i,j)^{-1}=\boldsymbol{E}(i,j).$$

点评 $\boldsymbol{E}(i,j)\boldsymbol{A}$，$\boldsymbol{E}(i(k))\boldsymbol{A}$，$\boldsymbol{E}(i,j(k))\boldsymbol{A}$ 依次相当于对矩阵 $\boldsymbol{A}$ 做初等行变换 $r_i \leftrightarrow r_j$，kr_i，r_i+kr_j.

例 6 用初等行变换把矩阵 $\boldsymbol{A}=\begin{pmatrix}0 & 1 & 7 & 8 \\ 1 & 3 & 3 & 8 \\ -2 & -5 & 1 & -8\end{pmatrix}$ 化为行阶梯形矩阵 $\boldsymbol{X}$，并求初等矩阵 $\boldsymbol{P}_1$，$\boldsymbol{P}_2$，$\boldsymbol{P}_3$，使得 $\boldsymbol{A}=\boldsymbol{P}_1\boldsymbol{P}_2\boldsymbol{P}_3\boldsymbol{X}$.

分析 初等变换与初等矩阵是一一对应的，首先把矩阵 $\boldsymbol{A}$ 用初等行变换化为行阶梯形矩阵 $\boldsymbol{X}$，并写出对应的初等矩阵 $\boldsymbol{Q}_1$，$\boldsymbol{Q}_2$，$\boldsymbol{Q}_3$，可以得到 $\boldsymbol{Q}_3\boldsymbol{Q}_2\boldsymbol{Q}_1\boldsymbol{A}=\boldsymbol{X}$，再解此矩阵方程即可.

解 对 $\boldsymbol{A}$ 做初等行变换:

$$\boldsymbol{A}\xrightarrow{r_1\leftrightarrow r_2}\begin{pmatrix}1&3&3&8\\0&1&7&8\\-2&-5&1&-8\end{pmatrix}\xrightarrow{r_3+2r_1}\begin{pmatrix}1&3&3&8\\0&1&7&8\\0&1&7&8\end{pmatrix}$$

$$\xrightarrow{r_3-r_2}\begin{pmatrix}1&3&3&8\\0&1&7&8\\0&0&0&0\end{pmatrix}\triangleq\boldsymbol{X}.$$

由初等变换与初等矩阵的对应关系得到三个初等矩阵

$$\boldsymbol{Q}_1=\begin{pmatrix}0&1&0\\1&0&0\\0&0&1\end{pmatrix},\quad \boldsymbol{Q}_2=\begin{pmatrix}1&0&0\\0&1&0\\2&0&1\end{pmatrix},\quad \boldsymbol{Q}_3=\begin{pmatrix}1&0&0\\0&1&0\\0&-1&1\end{pmatrix},$$

满足 $\boldsymbol{Q}_3\boldsymbol{Q}_2\boldsymbol{Q}_1\boldsymbol{A}=\boldsymbol{X}$,故有

$$\boldsymbol{A}=(\boldsymbol{Q}_3\boldsymbol{Q}_2\boldsymbol{Q}_1)^{-1}\boldsymbol{X}=\boldsymbol{Q}_1^{-1}\boldsymbol{Q}_2^{-1}\boldsymbol{Q}_3^{-1}\boldsymbol{X}.$$

令 $\boldsymbol{P}_1=\boldsymbol{Q}_1^{-1}$,$\boldsymbol{P}_2=\boldsymbol{Q}_2^{-1}$,$\boldsymbol{P}_3=\boldsymbol{Q}_3^{-1}$,则有

$$\boldsymbol{P}_1=\begin{pmatrix}0&1&0\\1&0&0\\0&0&1\end{pmatrix},\quad \boldsymbol{P}_2=\begin{pmatrix}1&0&0\\0&1&0\\-2&0&1\end{pmatrix},\quad \boldsymbol{P}_3=\begin{pmatrix}1&0&0\\0&1&0\\0&1&1\end{pmatrix}.$$

$\boldsymbol{P}_1$,$\boldsymbol{P}_2$,$\boldsymbol{P}_3$ 都为初等矩阵,且满足 $\boldsymbol{A}=\boldsymbol{P}_1\boldsymbol{P}_2\boldsymbol{P}_3\boldsymbol{X}$.

点评 要熟练掌握初等矩阵的逆矩阵 $\boldsymbol{E}(i,j)^{-1}=\boldsymbol{E}(i,j)$,$\boldsymbol{E}(i(k))^{-1}=\boldsymbol{E}\left(i\left(\frac{1}{k}\right)\right)$,$\boldsymbol{E}(i,j(k))^{-1}=\boldsymbol{E}(i,j(-k))$.

§2.6 矩阵的秩

基本要求

(1) 理解矩阵的 k 阶子式及矩阵的秩的概念.
(2) 掌握矩阵的秩的性质.
(3) 理解初等变换与矩阵的秩的关系.
(4) 熟练掌握求矩阵的秩的方法.

内容简述

1. k 阶子式

在 $m\times n$ 矩阵$\boldsymbol{A}$ 中,任取 k 行与 k 列($k\leqslant\min\{m,n\}$),位于这些行列交叉处的 k^2 个元素,按原排列顺序组成一个 k 阶行列式,称为矩阵 $\boldsymbol{A}$ 的 k 阶子式.

$m\times n$ 矩阵$\boldsymbol{A}$ 的 k 阶子式共有 $C_m^kC_n^k$ 个.

k 阶子式为零时称之为 k 阶零子式，否则称之为 k 阶非零子式.

2. 矩阵的秩

矩阵 $\boldsymbol{A}$ 的最高阶非零子式的阶数称为矩阵 $\boldsymbol{A}$ 的秩，记作 $R(\boldsymbol{A})$. 规定零矩阵的秩等于零.

3. 矩阵的秩的性质

矩阵的秩有下列性质：

(1) 对于 $m\times n$ 矩阵 $\boldsymbol{A}$，$0\leqslant R(\boldsymbol{A})\leqslant \min\{m,n\}$.

(2) $R(\boldsymbol{A}^{\mathrm{T}})=R(\boldsymbol{A})$.

(3) $R(\lambda\boldsymbol{A})=R(\boldsymbol{A})$，$\lambda$ 为非零常数.

(4) 若 $\boldsymbol{A}\sim\boldsymbol{B}$，则 $R(\boldsymbol{A})=R(\boldsymbol{B})$.

(5) 若 $\boldsymbol{P},\boldsymbol{Q}$ 可逆，则 $R(\boldsymbol{PAQ})=R(\boldsymbol{A})$.

(6) 行阶梯形矩阵的秩等于非零行数.

(7) 若 $R(\boldsymbol{A})=r$，则 $\boldsymbol{A}\xrightarrow{\text{初等变换}}\begin{pmatrix}\boldsymbol{E}_r & \boldsymbol{O}\\ \boldsymbol{O} & \boldsymbol{O}\end{pmatrix}$，其中 $\boldsymbol{E}_r$ 为 r 阶单位矩阵.

4. 满秩矩阵

对于 n 阶方阵 $\boldsymbol{A}$，若 $R(\boldsymbol{A})=n$，则称 $\boldsymbol{A}$ 为满秩矩阵；若 $R(\boldsymbol{A})<n$，则称 $\boldsymbol{A}$ 为降秩矩阵.

对于 n 阶方阵 $\boldsymbol{A}$，下列命题等价：

(1) $\boldsymbol{A}$ 为满秩矩阵；

(2) $R(\boldsymbol{A})=n$；

(3) $|\boldsymbol{A}|\neq 0$；

(4) $\boldsymbol{A}$ 为可逆矩阵；

(5) $\boldsymbol{A}\sim\boldsymbol{E}$.

疑难评注

(1) 行阶梯形矩阵中非零行的行数即是该矩阵的秩. 假设行阶梯形矩阵 $\boldsymbol{B}$ 的非零行的行数为 r，取每个非零行的第 1 个非零元素所在列的前 r 个元素，就构成了一个 r 阶子式 D_r（D_r 为上三角形行列式），显然 $D_r\neq 0$ 且所有的 $D_{r+1}=0$（因为任意一个 $r+1$ 阶子式必有一行元素全为零），则 D_r 就是矩阵 $\boldsymbol{B}$ 的最高阶非零子式，根据矩阵的秩的定义得 $R(\boldsymbol{B})=r$.

(2) 用矩阵的秩的定义求它的秩时，要由低到高判断矩阵秩的范围内的所有各阶子式. 如果有一个某阶子式不为零，那么不需要再判断同阶的其他子式是否为零，只需判断高一阶的子式是否全为零；如果这一阶再有一个子式不为零，那么继续判断更高一阶的子式是否全为零；如果到某阶，其对应的子式恰好全为零，那么矩阵的秩即为低一阶子式的阶数.

例题精解

例 1　设矩阵 $\boldsymbol{A}=\begin{pmatrix}a_1b_1 & a_1b_2 & a_1b_3\\ a_2b_1 & a_2b_2 & a_2b_3\\ a_3b_1 & a_3b_2 & a_3b_3\end{pmatrix}$，$a_1b_1\neq 0$，求 $R(\boldsymbol{A})$.

分析　用定义法和初等行变换法求 $R(\boldsymbol{A})$.

解 **方法 1** 利用矩阵的秩的定义.

因为矩阵 $\boldsymbol{A}$ 的元素 $a_1b_1 \neq 0$,可得 $D_1 = |a_1b_1| \neq 0$,所以 $R(\boldsymbol{A}) \geqslant 1$.

又因为对矩阵 $\boldsymbol{A}$ 的任意的二阶子式,都有

$$D_2 = \begin{vmatrix} a_ib_p & a_ib_q \\ a_jb_p & a_jb_q \end{vmatrix} = a_ia_jb_pb_q - a_ia_jb_pb_q = 0 \quad (1 \leqslant i < j \leqslant 3, 1 \leqslant p < q \leqslant 3),$$

所以 $R(\boldsymbol{A}) \leqslant 1$.

综上,$R(\boldsymbol{A}) = 1$.

方法 2 利用初等行变换.

因为

$$\boldsymbol{A} \xrightarrow[(a_1 \neq 0)]{\frac{1}{a_1}r_1} \begin{pmatrix} b_1 & b_2 & b_3 \\ a_2b_1 & a_2b_2 & a_2b_3 \\ a_3b_1 & a_3b_2 & a_3b_3 \end{pmatrix} \xrightarrow[r_3 - a_3r_1]{r_2 - a_2r_1} \begin{pmatrix} b_1 & b_2 & b_3 \\ 0 & 0 & 0 \\ 0 & 0 & 0 \end{pmatrix},$$

且 $b_1 \neq 0$,所以 $R(\boldsymbol{A}) = 1$.

点评 对于方法 1,$\boldsymbol{A}$ 的一阶子式不等于零,二阶子式全为零,故知 $R(\boldsymbol{A}) = 1$,不必再计算它的三阶子式是否为零. 对于方法 2,在初等行变换时,如果要做 $\dfrac{1}{a_i}r_1 (i = 2,3)$ 的变换,需要讨论 a_i 是否为零.

例 2 设矩阵 $\boldsymbol{A} = \begin{pmatrix} 1 & 1 & -2 & 3 & 0 \\ 2 & 1 & -6 & 4 & -1 \\ 3 & 2 & a & 7 & -1 \\ 1 & -1 & -6 & -1 & b \end{pmatrix}$,求 $R(\boldsymbol{A})$.

分析 可通过初等行变换将 $\boldsymbol{A}$ 化为行阶梯形矩阵,$\boldsymbol{A}$ 的秩即为行阶梯形矩阵的非零行个数.

解 对 $\boldsymbol{A}$ 做初等行变换:

$$\boldsymbol{A} \xrightarrow[r_4 - r_1]{\substack{r_2 - 2r_1 \\ r_3 - 3r_1}} \begin{pmatrix} 1 & 1 & -2 & 3 & 0 \\ 0 & -1 & -2 & -2 & -1 \\ 0 & -1 & a+6 & -2 & -1 \\ 0 & -2 & -4 & -4 & b \end{pmatrix} \xrightarrow[r_4 - 2r_2]{r_3 - r_2} \begin{pmatrix} 1 & 1 & -2 & 3 & 0 \\ 0 & -1 & -2 & -2 & -1 \\ 0 & 0 & a+8 & 0 & 0 \\ 0 & 0 & 0 & 0 & b+2 \end{pmatrix}.$$

由此可知,行阶梯形矩阵的非零行个数取决于 a,b 的取值,分以下情况进行讨论:

当 $a = -8, b = -2$ 时,$R(\boldsymbol{A}) = 2$.

当 $a = -8, b \neq -2$ 或 $a \neq -8, b = -2$ 时,$R(\boldsymbol{A}) = 3$.

当 $a \neq -8, b \neq -2$ 时,$R(\boldsymbol{A}) = 4$.

点评 求含参数矩阵的秩时,通常用初等行变换将其化为行阶梯形矩阵,然后分情况讨论参数取不同值时矩阵的秩的情况.

例 3 求矩阵 $\boldsymbol{A} = \begin{pmatrix} 3 & 2 & -1 & -3 & -1 \\ 2 & -1 & 3 & 1 & -3 \\ 7 & 0 & 5 & 1 & -8 \end{pmatrix}$ 的秩及一个最高阶非零子式.

分析 通过初等行变换将 $\boldsymbol{A}$ 化为行阶梯形矩阵,是求元素为数字类矩阵的秩的常用方法.

解 对 $\boldsymbol{A}$ 做初等行变换：

$$\boldsymbol{A}\xrightarrow{r_1-r_2}\begin{pmatrix}1&3&-4&-4&2\\2&-1&3&1&-3\\7&0&5&1&-8\end{pmatrix}\xrightarrow[r_3-7r_1]{r_2-2r_1}\begin{pmatrix}1&3&-4&-4&2\\0&-7&11&9&-7\\0&-21&33&29&-22\end{pmatrix}$$

$$\xrightarrow{r_3-3r_2}\begin{pmatrix}1&3&-4&-4&2\\0&-7&11&9&-7\\0&0&0&2&-1\end{pmatrix},$$

因此 $R(\boldsymbol{A})=3$.

从 $\boldsymbol{A}$ 中选取一个三阶子式

$$D=\begin{vmatrix}2&-1&-3\\-1&3&1\\0&5&1\end{vmatrix}=10\neq 0,$$

所以 $\begin{vmatrix}2&-1&-3\\-1&3&1\\0&5&1\end{vmatrix}$ 是 $\boldsymbol{A}$ 的一个最高阶非零子式，

点评 注意 $\boldsymbol{A}$ 的最高阶非零子式可能不止一个.

例 4 设方阵 $\boldsymbol{B}$ 为满秩矩阵，证明：$R(\boldsymbol{BC})=R(\boldsymbol{C})$.

分析 欲证明 $R(\boldsymbol{BC})=R(\boldsymbol{C})$，只要证明 $\boldsymbol{BC}$ 是由矩阵 $\boldsymbol{C}$ 经若干次初等变换得到的即可.

证 因 $\boldsymbol{B}$ 为满秩矩阵，故 $\boldsymbol{B}$ 可以表示为有限个初等矩阵 $\boldsymbol{P}_1,\boldsymbol{P}_2,\cdots,\boldsymbol{P}_s$ 的乘积，即

$$\boldsymbol{B}=\boldsymbol{P}_1\boldsymbol{P}_2\cdots\boldsymbol{P}_s,$$

从而 $\boldsymbol{BC}=\boldsymbol{P}_1\boldsymbol{P}_2\cdots\boldsymbol{P}_s\boldsymbol{C}$. 这说明 $\boldsymbol{BC}$ 是由矩阵 $\boldsymbol{C}$ 经若干次初等变换(用初等矩阵左乘 $\boldsymbol{C}$)得到的. 由于初等变换不改变矩阵的秩，因此

$$R(\boldsymbol{BC})=R(\boldsymbol{C}).$$

点评 熟练掌握方阵可逆的充要条件及初等变换与矩阵的秩的关系.

§2.7 MATLAB 应用举例

例 1 设矩阵 $\boldsymbol{A}=\begin{pmatrix}-3&2&3\\3&1&2\end{pmatrix}$，$\boldsymbol{B}=\begin{pmatrix}-2&0&1\\-1&3&2\end{pmatrix}$，求 $\boldsymbol{A}^{\mathrm{T}}$，$\boldsymbol{A}+\boldsymbol{B}$ 和 $3\boldsymbol{A}-2\boldsymbol{B}$.

MATLAB 程序：

```
>> A = sym([-3,2,3;3,1,2]);          % 创建符号矩阵 A
>> B = sym([-2,0,1;-1,3,2]);         % 创建符号矩阵 B
>> X = A'                            % A 的转置
X =
   [-3, 3]
   [ 2, 1]
   [ 3, 2]
```

```
>> Y = A+B                          % A与B的和
Y =
  [-5, 2, 4]
  [ 2, 4, 4]
>> Z = 3*A-2*B                      % 3A与2B的差
Z =
  [-5,  6, 7]
  [11, -3, 2]
```

由运行结果可知，

$$\boldsymbol{A}^{\mathrm{T}}=\begin{pmatrix}-3&3\\2&1\\3&2\end{pmatrix},\quad \boldsymbol{A}+\boldsymbol{B}=\begin{pmatrix}-5&2&4\\2&4&4\end{pmatrix},\quad 3\boldsymbol{A}-2\boldsymbol{B}=\begin{pmatrix}-5&6&7\\11&-3&2\end{pmatrix}.$$

注 在MATLAB中，表达式A′表示矩阵$\boldsymbol{A}$的转置$\boldsymbol{A}^{\mathrm{T}}$.

例 2 设矩阵$\boldsymbol{A}=\begin{pmatrix}-2&4\\1&-2\end{pmatrix}$，$\boldsymbol{B}=\begin{pmatrix}2&4\\-3&-6\end{pmatrix}$，求$\boldsymbol{AB}$和$\boldsymbol{BA}$.

MATLAB 程序：

```
>> A = sym([-2,4;1,-2]);
>> B = sym([2,4;-3,-6]);
>> AB = A*B                    % A与B的乘积
AB =
  [-16, -32]
  [  8,  16]
>> BA = B*A                    % B与A的乘积
BA =
  [0, 0]
  [0, 0]
```

由运行结果可知，

$$\boldsymbol{AB}=\begin{pmatrix}-16&-32\\8&16\end{pmatrix},\quad \boldsymbol{BA}=\begin{pmatrix}0&0\\0&0\end{pmatrix}.$$

注 从运行结果可以看出$\boldsymbol{AB}\neq\boldsymbol{BA}$.

例 3 设矩阵$\boldsymbol{A}=\begin{pmatrix}1&2&0\\2&1&2\end{pmatrix}$，$\boldsymbol{B}=\begin{pmatrix}1&1&1\\-1&3&2\\4&0&5\end{pmatrix}$，求$(\boldsymbol{AB})^{\mathrm{T}}$和$\boldsymbol{B}^{\mathrm{T}}\boldsymbol{A}^{\mathrm{T}}$.

MATLAB 程序：

```
>> A = sym([1,2,0;2,1,2]);
>> B = sym([1,1,1;-1,3,2;4,0,5]);
>> C = (A*B)'                          % A与B乘积的转置
C =
  [-1,  9]
  [ 7,  5]
  [ 5, 14]
```

```
>> D=B'*A'                              % B 的转置与 A 的转置的乘积
D=
  [-1,  9]
  [ 7,  5]
  [ 5, 14]
```

由运行结果可知，

$$(\boldsymbol{AB})^{\mathrm{T}}=\begin{pmatrix}-1&9\\7&5\\5&14\end{pmatrix},\quad \boldsymbol{B}^{\mathrm{T}}\boldsymbol{A}^{\mathrm{T}}=\begin{pmatrix}-1&9\\7&5\\5&14\end{pmatrix}.$$

注　运行结果验证了$(\boldsymbol{AB})^{\mathrm{T}}=\boldsymbol{B}^{\mathrm{T}}\boldsymbol{A}^{\mathrm{T}}$.

例 4　设矩阵$\boldsymbol{A}=\begin{pmatrix}1&1&-1\\-1&1&1\\1&-1&1\end{pmatrix}$，$k$ 为实数，求$|\boldsymbol{A}|$，$|\boldsymbol{A}^{\mathrm{T}}|$，$|k\boldsymbol{A}|$和$\boldsymbol{A}^5$.

MATLAB 程序：

```
>> A=sym([1,1,-1;-1,1,1;1,-1,1]);
>> d1=det(A)                             %A 的行列式
d1=
  4
>> d2=det(A')                            %A 的转置的行列式
d2=
  4
>> syms k                                %定义符号变量
>> d3=det(k*A)                           % A 的 k 倍的行列式
d3=
  4*k^3
>> d4=A^5                                % A 的 5 次幂
d4=
  [ 11, -21,  11]
  [ 11,  11, -21]
  [-21,  11,  11]
```

由运行结果可知，

$$|\boldsymbol{A}|=4,\quad |\boldsymbol{A}^{\mathrm{T}}|=4,\quad |k\boldsymbol{A}|=4k^3,\quad \boldsymbol{A}^5=\begin{pmatrix}11&-21&11\\11&11&-21\\-21&11&11\end{pmatrix}.$$

注　运行结果验证了$|\boldsymbol{A}|=|\boldsymbol{A}^{\mathrm{T}}|$，$|k\boldsymbol{A}|=k^3|\boldsymbol{A}|$.

例 5　化矩阵$\boldsymbol{A}=\begin{pmatrix}1&-2&-1&0&2\\-2&4&2&6&-6\\2&-1&0&2&3\\3&3&3&3&4\end{pmatrix}$为行最简形矩阵.

MATLAB 程序：

```
>> A=sym([1,-2,-1,0,2;-2,4,2,6,-6;2,-1,0,2,3;3,3,3,3,4])
```

```
A =
  [ 1, -2, -1, 0,  2]
  [-2,  4,  2, 6, -6]
  [ 2, -1,  0, 2,  3]
  [ 3,  3,  3, 3,  4]
>> rref(A)                              %化 A 为行最简形矩阵
ans =
  [1, 0, 1/3, 0, 16/9]
  [0, 1, 2/3, 0, -1/9]
  [0, 0,   0, 1, -1/3]
  [0, 0,   0, 0,    0]
```

由运行结果可知，

$$A \xrightarrow{r} \begin{pmatrix} 1 & 0 & \frac{1}{3} & 0 & \frac{16}{9} \\ 0 & 1 & \frac{2}{3} & 0 & -\frac{1}{9} \\ 0 & 0 & 0 & 1 & -\frac{1}{3} \\ 0 & 0 & 0 & 0 & 0 \end{pmatrix}.$$

注 函数 rref(A) 可以化矩阵 A 为行最简形矩阵.

例 6 设矩阵 $A=\begin{pmatrix} 1 & -1 & 2 \\ -2 & -1 & -2 \\ 4 & 3 & 3 \end{pmatrix}$，求 A^{-1}.

方法 1 MATLAB 程序：

```
>> A = sym([1, -1, 2; -2, -1, -2; 4, 3, 3]);
>> det(A)                          % A 的行列式
ans =
  1
>> inv(A)                          % A 的逆矩阵
ans =
  [ 3,  9,  4]
  [-2, -5, -2]
  [-2, -7, -3]
```

由运行结果可知，因为 $|A|=1\neq 0$，所以该矩阵存在逆矩阵，即

$$A^{-1}=\begin{pmatrix} 3 & 9 & 4 \\ -2 & -5 & -2 \\ -2 & -7 & -3 \end{pmatrix}.$$

注 利用 $|A|=1\neq 0$ 验证矩阵 A 可逆，再用函数 inv(A) 即可求得 A^{-1}.

方法 2 MATLAB 程序：

```
>> A = sym([1, -1, 2; -2, -1, -2; 4, 3, 3]);
>> det(A)                                 % A 的行列式
```

```
ans =
  1
>> B = eye(3,3);                         % 生成单位矩阵 B
>> C = [A,B]                             % 合并 A 与 B 成 3×6 矩阵 C
C =
  [ 1, -1,  2, 1, 0, 0]
  [-2, -1, -2, 0, 1, 0]
  [ 4,  3,  3, 0, 0, 1]
>> rref(C)                               % 化 C 为行最简形矩阵
ans =
  [1, 0, 0,  3,  9,  4]
  [0, 1, 0, -2, -5, -2]
  [0, 0, 1, -2, -7, -3]
```

由运行结果可知，

$$A^{-1}=\begin{pmatrix}3 & 9 & 4\\ -2 & -5 & -2\\ -2 & -7 & -3\end{pmatrix}.$$

注　由于 $|A|=1\neq 0$，可依据 $(A\,\vdots\,E)\xrightarrow{r}(E\,\vdots\,A^{-1})$ 求 A^{-1}.

例 7　设矩阵 $A=\begin{pmatrix}1 & 3\\ 2 & 5\end{pmatrix}$，$B=\begin{pmatrix}1 & 1\\ 1 & 3\end{pmatrix}$，求 $(AB)^{-1}$ 及 $B^{-1}A^{-1}$.

MATLAB 程序：

```
>> A = sym([1,3;2,5]);
>> det(A)                         % A 的行列式
ans =
  -1
>> B = sym([1,1;1,3]);
>> det(B)                         % B 的行列式
ans =
  2
>> C = inv(A * B)                 % A 与 B 乘积的逆矩阵
C =
  [-17/2,  5]
  [  7/2, -2]
>> D = inv(B) * inv(A)            % B 的逆矩阵与 A 的逆矩阵的乘积
D =
  [-17/2,  5]
  [  7/2, -2]
```

由运行结果可知，

$$(AB)^{-1}=\begin{pmatrix}-\dfrac{17}{2} & 5\\ \dfrac{7}{2} & -2\end{pmatrix},\quad B^{-1}A^{-1}=\begin{pmatrix}-\dfrac{17}{2} & 5\\ \dfrac{7}{2} & -2\end{pmatrix}.$$

注 由$|\boldsymbol{A}|=-1\neq 0$与$|\boldsymbol{B}|=2\neq 0$可知,$\boldsymbol{A}$,$\boldsymbol{B}$和$\boldsymbol{AB}$均可逆,且运行结果符合

$$(\boldsymbol{AB})^{-1}=\boldsymbol{B}^{-1}\boldsymbol{A}^{-1}.$$

例 8 设矩阵$\boldsymbol{A}=\begin{pmatrix}3&-2&0&-1\\0&2&2&1\\1&-2&-3&-2\\0&1&2&1\end{pmatrix}$,求伴随矩阵$\boldsymbol{A}^*$.

MATLAB 程序:

```
>> A = sym([3,-2,0,-1;0,2,2,1;1,-2,-3,-2;0,1,2,1]);
>> det(A)                                    % A 的行列式
ans =
  1
>> det(A) * inv(A)                           % A 的伴随矩阵
ans =
  [ 1,  1, -2,  -4]
  [ 0,  1,  0,  -1]
  [-1, -1,  3,   6]
  [ 2,  1, -6, -10]
```

由运行结果可知,

$$\boldsymbol{A}^*=\begin{pmatrix}1&1&-2&-4\\0&1&0&-1\\-1&-1&3&6\\2&1&-6&-10\end{pmatrix}.$$

注 由$|\boldsymbol{A}|=1\neq 0$知矩阵$\boldsymbol{A}$可逆,故$\boldsymbol{A}^*=|\boldsymbol{A}|\boldsymbol{A}^{-1}$.如果矩阵$|\boldsymbol{A}|=0$,即$\boldsymbol{A}$不可逆时,可以根据伴随矩阵的定义,编写自定义函数用以计算伴随矩阵.

例 9 解矩阵方程$\boldsymbol{X}\begin{pmatrix}5&3&1\\1&-3&-2\\-5&2&1\end{pmatrix}=\begin{pmatrix}-8&3&0\\-5&9&0\\-2&15&0\end{pmatrix}$.

MATLAB 程序:

```
>> A = sym([5,3,1;1,-3,-2;-5,2,1]);
>> det(A)                                % A 的行列式
ans =
  19
>> B = sym([-8,3,0;-5,9,0;-2,15,0]);
>> X = B * inv(A)                        % B 与 A 的逆矩阵的乘积
X =
  [1, 2, 3]
  [4, 5, 6]
  [7, 8, 9]
```

由运行结果可知,

$$\boldsymbol{X}=\begin{pmatrix}1&2&3\\4&5&6\\7&8&9\end{pmatrix}.$$

注 因为$|\boldsymbol{A}|=19\neq 0$,所以可由$\boldsymbol{XA}=\boldsymbol{B}$得$\boldsymbol{X}=\boldsymbol{BA}^{-1}$.

例 10 设矩阵$\boldsymbol{A}=\begin{pmatrix}3 & 1 & 0 & 2\\ 1 & -1 & 2 & -1\\ 1 & 3 & -4 & 4\end{pmatrix}$,$\boldsymbol{B}=\begin{pmatrix}2 & 1 & 8 & 3 & 7\\ 2 & -3 & 0 & 7 & -5\\ 3 & -2 & 5 & 8 & 0\\ 1 & 0 & 3 & 2 & 0\end{pmatrix}$,求$R(\boldsymbol{A})$和$R(\boldsymbol{B})$.

MATLAB 程序:

```
>> A = [3,1,0,2;1,-1,2,-1;1,3,-4,4];        %输入矩阵 A
>> R1 = rank(A)                             % A 的秩
R1 =
   2
>> B = [2,1,8,3,7;2,-3,0,7,-5;3,-2,5,8,0;1,0,3,2,0];    %输入矩阵 B
>> R2 = rank(B)                                         % B 的秩
R2 =
   3
```

由运行结果可知,$R(\boldsymbol{A})=2$,$R(\boldsymbol{B})=3$.

注 函数 rank(A) 可以求出矩阵 $\boldsymbol{A}$ 的秩.

本章主要知识结构图

- **矩阵**
  - 定义
    - $m\times n$个数a_{ij}排成的数表,记作$\boldsymbol{A}=(a_{ij})_{m\times n}$
  - 特殊矩阵
    - 零矩阵：所有元素均为零的矩阵,记作$\boldsymbol{O}$
    - 对角矩阵：$\boldsymbol{A}=\mathrm{diag}(\lambda_1,\lambda_2,\cdots,\lambda_n)$
    - 单位矩阵：$\boldsymbol{A}=\mathrm{diag}(1,1,\cdots,1)$,记作$\boldsymbol{E}$
    - 对称矩阵：$\boldsymbol{A}^{\mathrm{T}}=\boldsymbol{A}$
    - 反对称矩阵：$\boldsymbol{A}^{\mathrm{T}}=-\boldsymbol{A}$
  - 运算
    - $\boldsymbol{A}+\boldsymbol{B}=(a_{ij}+b_{ij})_{m\times n}$($\boldsymbol{A}$与$\boldsymbol{B}$同型)
    - $k\boldsymbol{A}=(ka_{ij})_{m\times n}$
    - $\boldsymbol{A}_{m\times s}\boldsymbol{B}_{s\times n}=(c_{ij})_{m\times n}$,其中$c_{ij}=\sum\limits_{k=1}^{s}a_{ik}b_{kj}(i=1,2,\cdots,m;j=1,2,\cdots,n)$
    - $\boldsymbol{A}^k=\underbrace{\boldsymbol{A}\cdot\boldsymbol{A}\cdot\cdots\cdot\boldsymbol{A}}_{k个}$
    - $\boldsymbol{A}^{\mathrm{T}}$：将矩阵$\boldsymbol{A}$的行转为同序数的列得到$\boldsymbol{A}^{\mathrm{T}}$
  - 方阵$\boldsymbol{A}=(a_{ij})_{n\times n}$的行列式记作$|\boldsymbol{A}|$或$\det\boldsymbol{A}$
  - 伴随矩阵：n阶行列式$|\boldsymbol{A}|$的代数余子式构成的矩阵$\boldsymbol{A}^*=\begin{pmatrix}A_{11} & \cdots & A_{n1}\\ \vdots & & \vdots\\ A_{1n} & \cdots & A_{nn}\end{pmatrix}$
  - 逆矩阵：若矩阵$\boldsymbol{A},\boldsymbol{B}$满足$\boldsymbol{AB}=\boldsymbol{BA}=\boldsymbol{E}$,则称矩阵$\boldsymbol{A}$可逆,$\boldsymbol{B}$是$\boldsymbol{A}$的逆矩阵,记作$\boldsymbol{B}=\boldsymbol{A}^{-1}$
  - 分块矩阵：$\boldsymbol{A}=(a_{ij})_{m\times n}=\begin{pmatrix}\boldsymbol{A}_{11} & \cdots & \boldsymbol{A}_{1k}\\ \vdots & & \vdots\\ \boldsymbol{A}_{t1} & \cdots & \boldsymbol{A}_{tk}\end{pmatrix}$
  - 初等变换

- 初等变换
  - 定义
    - 对换第i行(列)与第j行(列),记作$r_i \leftrightarrow r_j(c_i \leftrightarrow c_j)$
    - 以数$k \neq 0$乘以第i行(列),记作$kr_i(kc_i)$
    - 将第j行(列)元素的k倍加到第i行(列)上,记作$r_i + kr_j(c_i + kc_j)$
  - 若$\boldsymbol{A}$可经过有限次初等变换变为$\boldsymbol{B}$,则称$\boldsymbol{A}$与$\boldsymbol{B}$等价,记作$\boldsymbol{A} \sim \boldsymbol{B}$
  - 特殊矩阵
    - 行阶梯形矩阵
    - 行最简形矩阵
    - 标准形矩阵
  - 性质
    - $\boldsymbol{A} \xrightarrow{\text{有限次初等变换}} \begin{pmatrix} \boldsymbol{E}_r & \boldsymbol{O} \\ \boldsymbol{O} & \boldsymbol{O} \end{pmatrix}$,$\boldsymbol{E}_r$为$r$阶单位矩阵
    - 对于方阵$\boldsymbol{A}$,$|\boldsymbol{A}| \neq 0$时,$\boldsymbol{A} \xrightarrow{r} \boldsymbol{E}$
  - 初等矩阵
    - 定义
      - 单位矩阵$\boldsymbol{E}$经过一次初等变换得到的矩阵,记作$\boldsymbol{P}$
    - 种类
      - $\boldsymbol{E}(i,j)$
      - $\boldsymbol{E}(i(k))$
      - $\boldsymbol{E}(i,j(k))$
    - 性质
      - $\boldsymbol{E} \xrightarrow{\text{一次初等变换}} \boldsymbol{P}$
      - $\boldsymbol{A} \xrightarrow{r} \boldsymbol{B}$,相当于$\boldsymbol{PA} = \boldsymbol{B}$
      - $\boldsymbol{A} \xrightarrow{c} \boldsymbol{C}$,相当于$\boldsymbol{AP} = \boldsymbol{C}$
      - 对于方阵$\boldsymbol{A}$,若$|\boldsymbol{A}| \neq 0$,则$\boldsymbol{A} = \boldsymbol{P}_1\boldsymbol{P}_2\cdots\boldsymbol{P}_t$,其中$\boldsymbol{P}_1,\boldsymbol{P}_2,\cdots,\boldsymbol{P}_t$为初等矩阵
  - 应用
    - 求逆矩阵
      - $(\boldsymbol{A} \vdots \boldsymbol{E}) \xrightarrow{r} (\boldsymbol{E} \vdots \boldsymbol{A}^{-1})$
    - 解矩阵方程 $\boldsymbol{AX} = \boldsymbol{B}$
      - 若$\boldsymbol{A}$可逆,则$\boldsymbol{X} = \boldsymbol{A}^{-1}\boldsymbol{B}$.
      - $(\boldsymbol{A} \vdots \boldsymbol{B}) \xrightarrow{r} (\boldsymbol{E} \vdots \boldsymbol{A}^{-1}\boldsymbol{B})$
  - 矩阵的秩
    - 概念:最高阶非零子式的阶数
    - 计算方法:定义法、初等变换法
    - 性质:初等变换不改变矩阵的秩

本章教材习题全解

1. 设矩阵 $\boldsymbol{A}=\begin{pmatrix}-3&2&3\\3&1&2\end{pmatrix}$，$\boldsymbol{B}=\begin{pmatrix}-2&0&1\\-1&3&2\end{pmatrix}$，求 $\boldsymbol{A}+\boldsymbol{B}$，$3\boldsymbol{A}-2\boldsymbol{B}$.

解 $\boldsymbol{A}+\boldsymbol{B}=\begin{pmatrix}-3+(-2)&2+0&3+1\\3+(-1)&1+3&2+2\end{pmatrix}=\begin{pmatrix}-5&2&4\\2&4&4\end{pmatrix}$.

$$\begin{aligned}3\boldsymbol{A}-2\boldsymbol{B}&=\begin{pmatrix}3\times(-3)&3\times2&3\times3\\3\times3&3\times1&3\times2\end{pmatrix}-\begin{pmatrix}2\times(-2)&2\times0&2\times1\\2\times(-1)&2\times3&2\times2\end{pmatrix}\\&=\begin{pmatrix}-9&6&9\\9&3&6\end{pmatrix}-\begin{pmatrix}-4&0&2\\-2&6&4\end{pmatrix}\\&=\begin{pmatrix}-5&6&7\\11&-3&2\end{pmatrix}.\end{aligned}$$

2. 设矩阵 $\boldsymbol{A}=\begin{pmatrix}1&2&3\\4&3&5\end{pmatrix}$，$\boldsymbol{B}=\begin{pmatrix}1&x&3\\y&3&z\end{pmatrix}$. 已知 $\boldsymbol{A}=\boldsymbol{B}$，求 x,y,z 的值.

解 因为 $\boldsymbol{A}=\boldsymbol{B}$，则 $\boldsymbol{A}$ 与 $\boldsymbol{B}$ 的对应元素相等，所以

$$x=2,\quad y=4,\quad z=5.$$

3. 计算下列矩阵的乘积：

(1) $(a_1,a_2,a_3)\begin{pmatrix}b_1\\b_2\\b_3\end{pmatrix}$；　　(2) $\begin{pmatrix}a_1\\a_2\\a_3\end{pmatrix}(b_1,b_2,b_3)$；

(3) $\begin{pmatrix}1&1&0\\1&2&1\\1&-1&-2\end{pmatrix}\begin{pmatrix}2\\-1\\3\end{pmatrix}$；　　(4) $\begin{pmatrix}2&4&1\\0&0&1\end{pmatrix}\begin{pmatrix}0&2&-1&1\\1&1&2&1\\-1&1&-1&-3\end{pmatrix}$.

解 (1) $(a_1,a_2,a_3)\begin{pmatrix}b_1\\b_2\\b_3\end{pmatrix}=a_1b_1+a_2b_2+a_3b_3$.

(2) $\begin{pmatrix}a_1\\a_2\\a_3\end{pmatrix}(b_1,b_2,b_3)=\begin{pmatrix}a_1b_1&a_1b_2&a_1b_3\\a_2b_1&a_2b_2&a_2b_3\\a_3b_1&a_3b_2&a_3b_3\end{pmatrix}$.

(3) $\begin{pmatrix}1&1&0\\1&2&1\\1&-1&-2\end{pmatrix}\begin{pmatrix}2\\-1\\3\end{pmatrix}=\begin{pmatrix}1\times2+1\times(-1)+0\times3\\1\times2+2\times(-1)+1\times3\\1\times2+(-1)\times(-1)+(-2)\times3\end{pmatrix}=\begin{pmatrix}1\\3\\-3\end{pmatrix}$.

(4) $\begin{pmatrix}2&4&1\\0&0&1\end{pmatrix}\begin{pmatrix}0&2&-1&1\\1&1&2&1\\-1&1&-1&-3\end{pmatrix}$

$$=\begin{pmatrix}2\times0+4\times1+1\times(-1) & 2\times2+4\times1+1\times1 & 2\times(-1)+4\times2+1\times(-1) & 2\times1+4\times1+1\times(-3)\\ 0\times0+0\times1+1\times(-1) & 0\times2+0\times1+1\times1 & 0\times(-1)+0\times2+1\times(-1) & 0\times1+0\times1+1\times(-3)\end{pmatrix}$$

$$=\begin{pmatrix}3 & 9 & 5 & 3\\ -1 & 1 & -1 & -3\end{pmatrix}.$$

4. 求下列矩阵的转置矩阵:

(1) $\boldsymbol{A}=(a_1,a_2,\cdots,a_n)$;　　(2) $\boldsymbol{A}=\begin{pmatrix}1 & 2\\ 3 & 4\\ 5 & 6\end{pmatrix}$.

解 (1) $\boldsymbol{A}^{\mathrm{T}}=\begin{pmatrix}a_1\\ a_2\\ \vdots\\ a_n\end{pmatrix}$.

(2) $\boldsymbol{A}^{\mathrm{T}}=\begin{pmatrix}1 & 3 & 5\\ 2 & 4 & 6\end{pmatrix}$.

5. 设 $\boldsymbol{A}$ 为任一方阵,证明:$\boldsymbol{A}+\boldsymbol{A}^{\mathrm{T}}$,$\boldsymbol{A}\boldsymbol{A}^{\mathrm{T}}$ 均为对称矩阵.

证 因为

$$(\boldsymbol{A}+\boldsymbol{A}^{\mathrm{T}})^{\mathrm{T}}=\boldsymbol{A}^{\mathrm{T}}+(\boldsymbol{A}^{\mathrm{T}})^{\mathrm{T}}=\boldsymbol{A}+\boldsymbol{A}^{\mathrm{T}},$$

所以 $\boldsymbol{A}+\boldsymbol{A}^{\mathrm{T}}$ 为对称矩阵.

因为

$$(\boldsymbol{A}\boldsymbol{A}^{\mathrm{T}})^{\mathrm{T}}=(\boldsymbol{A}^{\mathrm{T}})^{\mathrm{T}}\cdot\boldsymbol{A}^{\mathrm{T}}=\boldsymbol{A}\boldsymbol{A}^{\mathrm{T}},$$

所以 $\boldsymbol{A}\boldsymbol{A}^{\mathrm{T}}$ 为对称矩阵.

6. 设矩阵 $\boldsymbol{A}=\begin{pmatrix}1 & 0 & 1\\ 0 & 1 & 0\\ 0 & 0 & 1\end{pmatrix}$,求 $\boldsymbol{A}^n$.

解 当 $n=1$ 时,$\boldsymbol{A}^1=\begin{pmatrix}1 & 0 & 1\\ 0 & 1 & 0\\ 0 & 0 & 1\end{pmatrix}^1=\begin{pmatrix}1 & 0 & 1\\ 0 & 1 & 0\\ 0 & 0 & 1\end{pmatrix}$.

当 $n=2$ 时,$\boldsymbol{A}^2=\begin{pmatrix}1 & 0 & 1\\ 0 & 1 & 0\\ 0 & 0 & 1\end{pmatrix}^2=\begin{pmatrix}1 & 0 & 1\\ 0 & 1 & 0\\ 0 & 0 & 1\end{pmatrix}\begin{pmatrix}1 & 0 & 1\\ 0 & 1 & 0\\ 0 & 0 & 1\end{pmatrix}=\begin{pmatrix}1 & 0 & 2\\ 0 & 1 & 0\\ 0 & 0 & 1\end{pmatrix}$.

推测 $\boldsymbol{A}^n=\begin{pmatrix}1 & 0 & 1\\ 0 & 1 & 0\\ 0 & 0 & 1\end{pmatrix}^n=\begin{pmatrix}1 & 0 & n\\ 0 & 1 & 0\\ 0 & 0 & 1\end{pmatrix}$.

下面利用数学归纳法证明.

已知当 $n=1$,$n=2$ 时,结论均成立.现假设当 $n=k$ 时结论成立,则当 $n=k+1$ 时,

$$\boldsymbol{A}^{k+1}=\begin{pmatrix}1 & 0 & 1\\ 0 & 1 & 0\\ 0 & 0 & 1\end{pmatrix}^k\begin{pmatrix}1 & 0 & 1\\ 0 & 1 & 0\\ 0 & 0 & 1\end{pmatrix}=\begin{pmatrix}1 & 0 & k\\ 0 & 1 & 0\\ 0 & 0 & 1\end{pmatrix}\begin{pmatrix}1 & 0 & 1\\ 0 & 1 & 0\\ 0 & 0 & 1\end{pmatrix}$$

$$=\begin{pmatrix}1&0&k+1\\0&1&0\\0&0&1\end{pmatrix},$$

结论成立.

因此,

$$A^n=\begin{pmatrix}1&0&1\\0&1&0\\0&0&1\end{pmatrix}^n=\begin{pmatrix}1&0&n\\0&1&0\\0&0&1\end{pmatrix}.$$

7. 求解下列矩阵方程:

(1) $\begin{pmatrix}2&5\\1&3\end{pmatrix}X=\begin{pmatrix}4&-6\\2&1\end{pmatrix}$; (2) $\begin{pmatrix}1&4\\-1&2\end{pmatrix}X\begin{pmatrix}2&0\\-1&1\end{pmatrix}=\begin{pmatrix}3&1\\0&-1\end{pmatrix}$.

解 (1) 因为 $\begin{vmatrix}2&5\\1&3\end{vmatrix}=1\neq 0$,所以 $\begin{pmatrix}2&5\\1&3\end{pmatrix}$ 可逆. 于是,

$$X=\begin{pmatrix}2&5\\1&3\end{pmatrix}^{-1}\begin{pmatrix}4&-6\\2&1\end{pmatrix}=\begin{pmatrix}3&-5\\-1&2\end{pmatrix}\begin{pmatrix}4&-6\\2&1\end{pmatrix}=\begin{pmatrix}2&-23\\0&8\end{pmatrix}.$$

(2) 因为 $\begin{vmatrix}1&4\\-1&2\end{vmatrix}=6\neq 0$,所以 $\begin{pmatrix}1&4\\-1&2\end{pmatrix}$ 可逆. 又 $\begin{vmatrix}2&0\\-1&1\end{vmatrix}=2\neq 0$,所以 $\begin{pmatrix}2&0\\-1&1\end{pmatrix}$ 可逆. 于是,

$$X=\begin{pmatrix}1&4\\-1&2\end{pmatrix}^{-1}\begin{pmatrix}3&1\\0&-1\end{pmatrix}\begin{pmatrix}2&0\\-1&1\end{pmatrix}^{-1}$$

$$=\frac{1}{12}\begin{pmatrix}2&-4\\1&1\end{pmatrix}\begin{pmatrix}3&1\\0&-1\end{pmatrix}\begin{pmatrix}1&0\\1&2\end{pmatrix}=\begin{pmatrix}1&1\\\frac{1}{4}&0\end{pmatrix}.$$

8. 求下列矩阵的逆矩阵:

(1) $A=\begin{pmatrix}0&0&1\\0&1&1\\1&1&1\end{pmatrix}$; (2) $A=\begin{pmatrix}1&-5&-2\\-1&3&1\\3&-4&-1\end{pmatrix}$.

解 (1) 易得 $|A|=-1\neq 0$,故 A 可逆,$|A|$ 的代数余子式分别为

$$A_{11}=0,\quad A_{12}=1,\quad A_{13}=-1,$$
$$A_{21}=1,\quad A_{22}=-1,\quad A_{23}=0,$$
$$A_{31}=-1,\quad A_{32}=0,\quad A_{33}=0.$$

根据定义得伴随矩阵

$$A^*=\begin{pmatrix}A_{11}&A_{21}&A_{31}\\A_{12}&A_{22}&A_{32}\\A_{13}&A_{23}&A_{33}\end{pmatrix}=\begin{pmatrix}0&1&-1\\1&-1&0\\-1&0&0\end{pmatrix},$$

故

$$A^{-1}=\frac{1}{|A|}A^*=\begin{pmatrix}0&-1&1\\-1&1&0\\1&0&0\end{pmatrix}.$$

(2) $(A \vdots E)=\begin{pmatrix}1&-5&-2&\vdots&1&0&0\\-1&3&1&\vdots&0&1&0\\3&-4&-1&\vdots&0&0&1\end{pmatrix}\xrightarrow[r_3-3r_1]{r_2+r_1}\begin{pmatrix}1&-5&-2&\vdots&1&0&0\\0&-2&-1&\vdots&1&1&0\\0&11&5&\vdots&-3&0&1\end{pmatrix}$

$\xrightarrow[r_1-2r_2]{r_3+5r_2}\begin{pmatrix}1&-1&0&\vdots&-1&-2&0\\0&-2&-1&\vdots&1&1&0\\0&1&0&\vdots&2&5&1\end{pmatrix}\xrightarrow[r_2+2r_3]{r_1+r_3}\begin{pmatrix}1&0&0&\vdots&1&3&1\\0&0&-1&\vdots&5&11&2\\0&1&0&\vdots&2&5&1\end{pmatrix}$

$\xrightarrow[-r_3]{r_2\leftrightarrow r_3}\begin{pmatrix}1&0&0&\vdots&1&3&1\\0&1&0&\vdots&2&5&1\\0&0&1&\vdots&-5&-11&-2\end{pmatrix}$,

即

$$A^{-1}=\begin{pmatrix}1&3&1\\2&5&1\\-5&-11&-2\end{pmatrix}.$$

9. 利用分块法求下列矩阵的逆矩阵：

(1) $A=\begin{pmatrix}1&0&0&0&0\\0&1&0&0&0\\0&0&1&0&0\\0&0&0&2&1\\0&0&0&5&3\end{pmatrix}$；

(2) $A=\begin{pmatrix}0&a_1&0&\cdots&0\\0&0&a_2&\cdots&0\\\vdots&\vdots&\vdots&&\vdots\\0&0&0&\cdots&a_{n-1}\\a_n&0&0&\cdots&0\end{pmatrix}$ $(a_1,a_2,\cdots,a_n\neq 0)$.

解　(1) 将 A 分块成

$$A=\left(\begin{array}{ccc|cc}1&0&0&0&0\\0&1&0&0&0\\0&0&1&0&0\\\hline 0&0&0&2&1\\0&0&0&5&3\end{array}\right)=\begin{pmatrix}E_3&O\\O&A_1\end{pmatrix},$$

其中

$$E_3=\begin{pmatrix}1&0&0\\0&1&0\\0&0&1\end{pmatrix},\quad A_1=\begin{pmatrix}2&1\\5&3\end{pmatrix}.$$

易得 $E_3^{-1}=\begin{pmatrix}1&0&0\\0&1&0\\0&0&1\end{pmatrix}$. 又因为 $|A_1|=1\neq 0$，所以 A_1 可逆，则 $A_1^{-1}=\begin{pmatrix}3&-1\\-5&2\end{pmatrix}$. 于是，

$$A^{-1}=\begin{pmatrix} E_3^{-1} & O \\ O & A_1^{-1}\end{pmatrix}=\begin{pmatrix} 1&0&0&0&0\\0&1&0&0&0\\0&0&1&0&0\\0&0&0&3&-1\\0&0&0&-5&2\end{pmatrix}.$$

(2) 将 A 分块成

$$A=\begin{pmatrix} 0 & a_1 & 0 & \cdots & 0\\ 0 & 0 & a_2 & \cdots & 0\\ \vdots & \vdots & \vdots & & \vdots\\ 0 & 0 & 0 & \cdots & a_{n-1}\\ a_n & 0 & 0 & \cdots & 0\end{pmatrix}=\begin{pmatrix} O & A_1\\ A_2 & O\end{pmatrix},$$

其中

$$A_1=\begin{pmatrix} a_1 & 0 & \cdots & 0\\ 0 & a_2 & \cdots & 0\\ \vdots & \vdots & & \vdots\\ 0 & 0 & \cdots & a_{n-1}\end{pmatrix},\quad A_2=(a_n).$$

因为由题设可知 $|A_1|=a_1a_2\cdots a_{n-1}\neq 0$，$|A_2|=a_n\neq 0$，所以 A_1，A_2 都可逆，且有

$$A_1^{-1}=\begin{pmatrix} a_1 & 0 & \cdots & 0\\ 0 & a_2 & \cdots & 0\\ \vdots & \vdots & & \vdots\\ 0 & 0 & \cdots & a_{n-1}\end{pmatrix}^{-1}=\begin{pmatrix} \frac{1}{a_1} & 0 & \cdots & 0\\ 0 & \frac{1}{a_2} & \cdots & 0\\ \vdots & \vdots & & \vdots\\ 0 & 0 & \cdots & \frac{1}{a_{n-1}}\end{pmatrix},\quad A_2^{-1}=\left(\frac{1}{a_n}\right).$$

于是，

$$A^{-1}=\begin{pmatrix} O & A_1\\ A_2 & O\end{pmatrix}^{-1}=\begin{pmatrix} O & A_2^{-1}\\ A_1^{-1} & O\end{pmatrix}=\begin{pmatrix} 0 & 0 & \cdots & 0 & \frac{1}{a_n}\\ \frac{1}{a_1} & 0 & \cdots & 0 & 0\\ 0 & \frac{1}{a_2} & \cdots & 0 & 0\\ \vdots & \vdots & & \vdots & \vdots\\ 0 & 0 & \cdots & \frac{1}{a_{n-1}} & 0\end{pmatrix}.$$

10. 设 n 阶方阵 A 满足方程 $A^2-3A-10E=O$，证明：A 和 $A-4E$ 都可逆，并求它们的逆矩阵.

证 将 $A^2-3A-10E=O$ 化为

$$A\cdot\frac{A-3E}{10}=E,$$

则 $\boldsymbol{A}$ 可逆，且 $\boldsymbol{A}^{-1}=\frac{1}{10}(\boldsymbol{A}-3\boldsymbol{E})$.

将 $\boldsymbol{A}^2-3\boldsymbol{A}-10\boldsymbol{E}=\boldsymbol{O}$ 化为

$$(\boldsymbol{A}-4\boldsymbol{E})\cdot\frac{\boldsymbol{A}+\boldsymbol{E}}{6}=\boldsymbol{E},$$

则 $\boldsymbol{A}-4\boldsymbol{E}$ 可逆，且 $(\boldsymbol{A}-4\boldsymbol{E})^{-1}=\frac{1}{6}(\boldsymbol{A}+\boldsymbol{E})$.

11. 设逆矩阵 $\boldsymbol{B}^{-1}=\begin{pmatrix}1&0&0\\2&3&0\\4&5&6\end{pmatrix}$，求伴随矩阵 $\boldsymbol{B}^*$.

解　已知矩阵 $\boldsymbol{B}$ 可逆，则 $|\boldsymbol{B}^{-1}|=|\boldsymbol{B}|^{-1}$，而易得 $|\boldsymbol{B}^{-1}|=18$，故 $|\boldsymbol{B}|=\frac{1}{18}$. 于是，

$$\boldsymbol{B}^*=|\boldsymbol{B}|\boldsymbol{B}^{-1}=\frac{1}{18}\begin{pmatrix}1&0&0\\2&3&0\\4&5&6\end{pmatrix}.$$

12. 设 $\boldsymbol{A}$ 为三阶方阵，且 $|\boldsymbol{A}|=\frac{1}{2}$，求行列式 $|3\boldsymbol{A}^{-1}-2\boldsymbol{A}^*|$ 的值.

解　由已知及 $\boldsymbol{A}^*=|\boldsymbol{A}|\boldsymbol{A}^{-1}$，可得

$$|3\boldsymbol{A}^{-1}-2\boldsymbol{A}^*|=\left|3\boldsymbol{A}^{-1}-2\times\frac{1}{2}\boldsymbol{A}^{-1}\right|=|2\boldsymbol{A}^{-1}|=2^3|\boldsymbol{A}|^{-1}=16.$$

13. 求下列矩阵的秩：

(1) $\begin{pmatrix}1&2&3&4\\1&-2&4&5\\1&10&1&2\end{pmatrix}$；　　(2) $\begin{pmatrix}1&-1&2&1&0\\2&-2&4&2&1\\3&0&6&-1&1\\0&3&0&0&1\end{pmatrix}$.

解　(1) 因为

$$\begin{pmatrix}1&2&3&4\\1&-2&4&5\\1&10&1&2\end{pmatrix}\xrightarrow[r_3-r_1]{r_2-r_1}\begin{pmatrix}1&2&3&4\\0&-4&1&1\\0&8&-2&-2\end{pmatrix}\xrightarrow{r_3+2r_2}\begin{pmatrix}1&2&3&4\\0&-4&1&1\\0&0&0&0\end{pmatrix},$$

所以该矩阵的秩为 2.

(2) 因为

$$\begin{pmatrix}1&-1&2&1&0\\2&-2&4&2&1\\3&0&6&-1&1\\0&3&0&0&1\end{pmatrix}\xrightarrow[r_3-3r_1]{r_2-2r_1}\begin{pmatrix}1&-1&2&1&0\\0&0&0&0&1\\0&3&0&-4&1\\0&3&0&0&1\end{pmatrix}$$

$$\xrightarrow{r_4-r_3}\begin{pmatrix}1&-1&2&1&0\\0&0&0&0&1\\0&3&0&-4&1\\0&0&0&4&0\end{pmatrix}$$

$$\xrightarrow[r_4 \leftrightarrow r_3]{r_3 \leftrightarrow r_2} \begin{pmatrix} 1 & -1 & 2 & 1 & 0 \\ 0 & 3 & 0 & -4 & 1 \\ 0 & 0 & 0 & 4 & 0 \\ 0 & 0 & 0 & 0 & 1 \end{pmatrix},$$

所以该矩阵的秩为 4.

14. 设矩阵 $\boldsymbol{A} = \begin{pmatrix} 1 & -2 & 3k \\ -1 & 2k & -3 \\ k & -2 & 3 \end{pmatrix}$. 问：$k$ 为何值时，可使得(1) $R(\boldsymbol{A})=1$，(2) $R(\boldsymbol{A})=2$，(3) $R(\boldsymbol{A})=3$?

解 因为

$$\boldsymbol{A} = \begin{pmatrix} 1 & -2 & 3k \\ -1 & 2k & -3 \\ k & -2 & 3 \end{pmatrix} \xrightarrow[r_3 - kr_1]{r_2 + r_1} \begin{pmatrix} 1 & -2 & 3k \\ 0 & 2k-2 & 3k-3 \\ 0 & 2k-2 & -3k^2+3 \end{pmatrix}$$

$$\xrightarrow{r_3 - r_2} \begin{pmatrix} 1 & -2 & 3k \\ 0 & 2(k-1) & 3(k-1) \\ 0 & 0 & -3(k-1)(k+2) \end{pmatrix},$$

所以由 $\boldsymbol{A}$ 的行阶梯形矩阵可知：

(1) 当 $k=1$ 时，$R(\boldsymbol{A})=1$.

(2) 当 $k=-2$ 时，$R(\boldsymbol{A})=2$.

(3) 当 $k\neq 1$ 且 $k\neq -2$ 时，$R(\boldsymbol{A})=3$.

第三章

线性方程组

本章要点

❖ **n 元非齐次线性方程组 $\boldsymbol{Ax}=\boldsymbol{b}(\boldsymbol{b}\neq\boldsymbol{0})$ 的解的判定及解法** 通过方程组系数矩阵的秩 $R(\boldsymbol{A})$、增广矩阵的秩 $R(\boldsymbol{A}\,\vdots\,\boldsymbol{b})$ 及未知量的个数 n 三者之间的关系，可以判定方程组无解、有唯一解或有无穷多解. 将增广矩阵 $(\boldsymbol{A}\,\vdots\,\boldsymbol{b})$ 化为行阶梯形矩阵后，即可得知 $R(\boldsymbol{A})$ 和 $R(\boldsymbol{A}\,\vdots\,\boldsymbol{b})$ 之间的关系，若方程组有解，再写出其同解方程组，然后求解.

❖ **n 元齐次线性方程组 $\boldsymbol{Ax}=\boldsymbol{0}$ 的解的判定及解法** 通过方程组系数矩阵的秩 $R(\boldsymbol{A})$ 和未知量的个数 n 之间的关系，可以判定方程组只有零解或有无穷多解. 将系数矩阵 $\boldsymbol{A}$ 化为行阶梯形矩阵后，即可得知 $R(\boldsymbol{A})$ 与 n 的关系，当方程组有无穷多解时，可由其同解方程组求出它的通解.

对于方程个数和未知量个数相等的齐次线性方程组 $\boldsymbol{Ax}=\boldsymbol{0}$，还可以通过判断 $|\boldsymbol{A}|$ 是否等于零来判定它只有零解或有无穷多解.

§3.1 非齐次线性方程组的解

基本要求

(1) 熟悉非齐次线性方程组 $\boldsymbol{Ax}=\boldsymbol{b}$ 无解、有唯一解及有无穷多解的充要条件.

(2) 会利用初等行变换法求非齐次线性方程组的解.

内容简述

1. 非齐次线性方程组的解的判定

对于 n 元非齐次线性方程组 $\boldsymbol{Ax}=\boldsymbol{b}$，它

(1) 无解的充要条件是 $R(\boldsymbol{A})<R(\boldsymbol{A}\,\vdots\,\boldsymbol{b})$；

(2) 有唯一解的充要条件是 $R(\boldsymbol{A})=R(\boldsymbol{A}\,\vdots\,\boldsymbol{b})=n$；

(3) 有无穷多解的充要条件是 $R(\boldsymbol{A})=R(\boldsymbol{A}\,\vdots\,\boldsymbol{b})<n$.

2. 非齐次线性方程组的解法

将 n 元非齐次线性方程组 $\boldsymbol{Ax}=\boldsymbol{b}$ 的增广矩阵 $\overline{\boldsymbol{A}}=(\boldsymbol{A}\ \vdots\ \boldsymbol{b})$ 经初等行变换化为行最简形矩阵：

$$\overline{\boldsymbol{A}}=(\boldsymbol{A}\ \vdots\ \boldsymbol{b})\xrightarrow{r}\left(\begin{array}{ccccccc|c} 1 & 0 & \cdots & 0 & c_{1,r+1} & \cdots & c_{1n} & d_1 \\ 0 & 1 & \cdots & 0 & c_{2,r+1} & \cdots & c_{2n} & d_2 \\ \vdots & \vdots & & \vdots & \vdots & & \vdots & \vdots \\ 0 & 0 & \cdots & 1 & c_{r,r+1} & \cdots & c_{rn} & d_r \\ 0 & 0 & \cdots & 0 & 0 & \cdots & 0 & d_{r+1} \\ 0 & 0 & \cdots & 0 & 0 & \cdots & 0 & 0 \\ \vdots & \vdots & & \vdots & \vdots & & \vdots & \vdots \\ 0 & 0 & \cdots & 0 & 0 & \cdots & 0 & 0 \end{array}\right),$$

则 $\boldsymbol{Ax}=\boldsymbol{b}$ 的同解方程组为

$$\begin{cases} x_1+ \qquad\qquad c_{1,r+1}x_{r+1}+\cdots+c_{1n}x_n=d_1, \\ \quad x_2+ \qquad c_{2,r+1}x_{r+1}+\cdots+c_{2n}x_n=d_2, \\ \qquad\qquad \cdots\cdots \\ \qquad\quad x_r+c_{r,r+1}x_{r+1}+\cdots+c_{rn}x_n=d_r, \\ \qquad\qquad\qquad\qquad 0=d_{r+1}. \end{cases}$$

显然，

(1) 若 $d_{r+1}\neq 0$，则方程组无解.

(2) 若 $d_{r+1}=0$，则有以下两种情况：

① 若 $r=n$，则方程组有唯一解

$$\begin{cases} x_1=d_1, \\ x_2=d_2, \\ \cdots\cdots \\ x_n=d_n. \end{cases}$$

② 若 $r<n$，则将 $x_{r+1},x_{r+2},\cdots,x_n$ 作为自由未知量，方程组变为

$$\begin{cases} x_1=d_1-c_{1,r+1}x_{r+1}-\cdots-c_{1n}x_n, \\ x_2=d_2-c_{2,r+1}x_{r+1}-\cdots-c_{2n}x_n, \\ \cdots\cdots \\ x_r=d_r-c_{r,r+1}x_{r+1}-\cdots-c_{rn}x_n. \end{cases}$$

若取 $x_{r+1}=t_1,x_{r+2}=t_2,\cdots,x_n=t_{n-r}(t_1,t_2,\cdots,t_{n-r}\in\mathbf{R})$，则方程组有无穷多解，其通解可表示为

$$\begin{cases} x_1=d_1-c_{1,r+1}t_1-\cdots-c_{1n}t_{n-r}, \\ x_2=d_2-c_{2,r+1}t_1-\cdots-c_{2n}t_{n-r}, \\ \cdots\cdots \\ x_r=d_r-c_{r,r+1}t_1-\cdots-c_{rn}t_{n-r}, \\ x_{r+1}=t_1, \\ \cdots\cdots \\ x_n=t_{n-r}. \end{cases}$$

疑难评注

(1) 对于 n 元非齐次线性方程组 $\boldsymbol{Ax}=\boldsymbol{b}$，当未知量的个数与方程的个数相同，且系数矩阵的行列式 $|\boldsymbol{A}|\neq 0$ 时，应用克拉默法则可以得到方程组的唯一解. 但当 $|\boldsymbol{A}|=0$ 时，克拉默法则是失效的. 这里不仅解决了更一般的线性方程组无解的判定问题，而且给出了在方程组有解时的求解方法.

(2) 对于 n 元非齐次线性方程组 $\boldsymbol{Ax}=\boldsymbol{b}$，当 $R(\boldsymbol{A})=R(\boldsymbol{A}\mid\boldsymbol{b})=n$ 时，方程组有唯一解，故没有自由未知量. 当 $R(\boldsymbol{A})=R(\boldsymbol{A}\mid\boldsymbol{b})=r<n$ 时，方程组有 $n-r$ 个自由未知量，令这 $n-r$ 个自由未知量分别等于 $t_1,t_2,\cdots,t_{n-r}$，可得其解，$n-r$ 个未知量可在实数域内任意取值，故这时方程组有无穷多解，且方程组的任意解都可由同一含 $n-r$ 个参数的解表示，这个解称为方程组的通解.

(3) 当线性方程组有解且有自由未知量时，自由未知量不一定可以任意选取. 例如，对于方程组

$$\begin{cases}x_1+x_2=2,\\2x_1+2x_2+x_3=5,\end{cases}$$

记系数矩阵为 $\boldsymbol{A}=\begin{pmatrix}1&1&0\\2&2&1\end{pmatrix}$，增广矩阵为 $(\boldsymbol{A}\mid\boldsymbol{b})=\left(\begin{array}{ccc:c}1&1&0&2\\2&2&1&5\end{array}\right)$. 显然，$R(\boldsymbol{A}\mid\boldsymbol{b})=R(\boldsymbol{A})=2<3=n$，有一个自由未知量. x_1 或 x_2 可以作为自由未知量，但 x_3 不能作为自由未知量. 事实上，由

$$(\boldsymbol{A}\mid\boldsymbol{b})=\left(\begin{array}{ccc:c}1&1&0&2\\2&2&1&5\end{array}\right)\xrightarrow{r_2-2r_1}\left(\begin{array}{ccc:c}1&1&0&2\\0&0&1&1\end{array}\right)$$

得原方程组的通解

$$\begin{cases}x_1=t,\\x_2=-t+2,\\x_3=1\end{cases}\quad(t\in\mathbf{R})$$

或

$$\begin{cases}x_1=-t+2,\\x_2=t,\\x_3=1\end{cases}\quad(t\in\mathbf{R}).$$

上面的两个通解其实是一致的，作答时只要写出一个就可以了.

例题精解

例 1　求线性方程组

$$\begin{cases}x_1+x_2-3x_3-x_4=1,\\3x_1-x_2-3x_3+4x_4=4,\\x_1+5x_2-9x_3-8x_4=0\end{cases}$$

的解.

分析 在求非齐次线性方程组的解时,首先将方程组的增广矩阵化为行最简形矩阵,然后判断方程组是否有解.如果方程组有解,再求其解.

解 对增广矩阵$(\boldsymbol{A}\,\vdots\,\boldsymbol{b})$做初等行变换:

$$(\boldsymbol{A}\,\vdots\,\boldsymbol{b})=\left(\begin{array}{cccc:c}1 & 1 & -3 & -1 & 1\\ 3 & -1 & -3 & 4 & 4\\ 1 & 5 & -9 & -8 & 0\end{array}\right)\xrightarrow[r_3-r_1]{r_2-3r_1}\left(\begin{array}{cccc:c}1 & 1 & -3 & -1 & 1\\ 0 & -4 & 6 & 7 & 1\\ 0 & 4 & -6 & -7 & -1\end{array}\right)$$

$$\xrightarrow{r_3+r_2}\left(\begin{array}{cccc:c}1 & 1 & -3 & -1 & 1\\ 0 & -4 & 6 & 7 & 1\\ 0 & 0 & 0 & 0 & 0\end{array}\right)\xrightarrow{-\frac{1}{4}r_2}\left(\begin{array}{cccc:c}1 & 1 & -3 & -1 & 1\\ 0 & 1 & -\frac{3}{2} & -\frac{7}{4} & -\frac{1}{4}\\ 0 & 0 & 0 & 0 & 0\end{array}\right)$$

$$\xrightarrow{r_1-r_2}\left(\begin{array}{cccc:c}1 & 0 & -\frac{3}{2} & \frac{3}{4} & \frac{5}{4}\\ 0 & 1 & -\frac{3}{2} & -\frac{7}{4} & -\frac{1}{4}\\ 0 & 0 & 0 & 0 & 0\end{array}\right).$$

由此,$R(\boldsymbol{A})=R(\boldsymbol{A}\,\vdots\,\boldsymbol{b})=2<4$(未知量个数),所以原方程组有无穷多解.

由行最简形矩阵可得原方程组的同解方程组为

$$\begin{cases}x_1 \quad -\dfrac{3}{2}x_3+\dfrac{3}{4}x_4=\dfrac{5}{4},\\ \quad x_2-\dfrac{3}{2}x_3-\dfrac{7}{4}x_4=-\dfrac{1}{4}.\end{cases}$$

取$x_3=t_1,x_4=t_2(t_1,t_2\in\mathbf{R})$,则原方程组的通解为

$$\begin{cases}x_1=\dfrac{5}{4}+\dfrac{3}{2}t_1-\dfrac{3}{4}t_2,\\ x_2=-\dfrac{1}{4}+\dfrac{3}{2}t_1+\dfrac{7}{4}t_2,\\ x_3=t_1,\\ x_4=t_2.\end{cases}$$

点评 将$(\boldsymbol{A}\,\vdots\,\boldsymbol{b})$化为行最简形矩阵后,通过$R(\boldsymbol{A})$与$R(\boldsymbol{A}\,\vdots\,\boldsymbol{b})$的关系可判定原方程组$\boldsymbol{Ax}=\boldsymbol{b}$的解的情况.当方程组有无穷多解时,还可确定通解中任意常数的个数.

例 2 问:k为何值时,线性方程组

$$\begin{cases}x_1+\ x_2+kx_3=4,\\ -x_1+kx_2+\ x_3=k^2,\\ x_1-\ x_2+2x_3=-4\end{cases}$$

(1) 有唯一解,(2) 无解,(3) 有无穷多解?有无穷多解时求其通解.

分析 本题由于方程个数等于未知量个数,因此可用克拉默法则先确定方程组有唯一解时k的取值情况,然后比较k取其他值时系数矩阵与增广矩阵的秩,从而确定k取何值时方程组无解或有无穷多解.

解 由题意可知

$$|\boldsymbol{A}|=\begin{vmatrix}1&1&k\\-1&k&1\\1&-1&2\end{vmatrix}=(4-k)(k+1).$$

(1) 当 $k\neq-1,4$ 时，$|\boldsymbol{A}|\neq0$，原方程组有唯一解.

(2) 当 $k=-1$ 时，$|\boldsymbol{A}|=0$. 原方程组为

$$\begin{cases}x_1+x_2-x_3=4,\\-x_1-x_2+x_3=1,\\x_1-x_2+2x_3=-4,\end{cases}$$

则增广矩阵

$$(\boldsymbol{A}\,\vdots\,\boldsymbol{b})=\left(\begin{array}{ccc:c}1&1&-1&4\\-1&-1&1&1\\1&-1&2&-4\end{array}\right)\xrightarrow[r_3-r_1]{r_2+r_1}\left(\begin{array}{ccc:c}1&1&-1&4\\0&0&0&5\\0&-2&3&-8\end{array}\right)$$

$$\xrightarrow{r_3\leftrightarrow r_2}\left(\begin{array}{ccc:c}1&1&-1&4\\0&-2&3&-8\\0&0&0&5\end{array}\right).$$

因为 $R(\boldsymbol{A})=2<R(\boldsymbol{A}\,\vdots\,\boldsymbol{b})=3$，所以原方程组无解.

(3) 当 $k=4$ 时，原方程组为

$$\begin{cases}x_1+x_2+4x_3=4,\\-x_1+4x_2+x_3=16,\\x_1-x_2+2x_3=-4,\end{cases}$$

则增广矩阵

$$(\boldsymbol{A}\,\vdots\,\boldsymbol{b})=\left(\begin{array}{ccc:c}1&1&4&4\\-1&4&1&16\\1&-1&2&-4\end{array}\right)\xrightarrow[r_3-r_1]{r_2+r_1}\left(\begin{array}{ccc:c}1&1&4&4\\0&5&5&20\\0&-2&-2&-8\end{array}\right)$$

$$\xrightarrow[-\frac{1}{2}r_3]{\frac{1}{5}r_2}\left(\begin{array}{ccc:c}1&1&4&4\\0&1&1&4\\0&1&1&4\end{array}\right)\xrightarrow[r_3-r_2]{r_1-r_2}\left(\begin{array}{ccc:c}1&0&3&0\\0&1&1&4\\0&0&0&0\end{array}\right).$$

因为 $R(\boldsymbol{A})=R(\boldsymbol{A}\,\vdots\,\boldsymbol{b})=2<3$，所以原方程组有无穷多解，且原方程组的同解方程组为

$$\begin{cases}x_1\quad+3x_3=0,\\x_2+x_3=4.\end{cases}$$

取 $x_3=t\,(t\in\mathbf{R})$，则原方程组的通解为

$$\begin{cases}x_1=-3t,\\x_2=4-t,\\x_3=t.\end{cases}$$

点评 对含参数的线性方程组求解，如果其系数矩阵 $\boldsymbol{A}$ 是方阵，一般可采用本题的解法. 因为令 $|\boldsymbol{A}|=0$ 可以得到参数的某些特定值，从而简化增广矩阵 $(\boldsymbol{A}\,\vdots\,\boldsymbol{b})$ 的初等变换. 因参数各种不同取值直接关系到该方程组是否有解、有多少解，故解含参数的线性方程组时必须对参数的不同取值加以讨论.

例 3 已知 a,b,c 是互不相等的实数,证明:对于任意实数 m,n,p,方程组

$$\begin{cases} x_1+ax_2+a^2x_3=m, \\ x_1+bx_2+b^2x_3=n, \\ x_1+cx_2+c^2x_3=p \end{cases}$$

总有唯一解.

分析 因为方程个数与未知量个数相等,所以若要证明方程组总有唯一解,由克拉默法则可知,只要证明方程组的系数行列式不等于零即可.

证 因为 a,b,c 互不相等,所以系数行列式

$$|\boldsymbol{A}|=\begin{vmatrix} 1 & a & a^2 \\ 1 & b & b^2 \\ 1 & c & c^2 \end{vmatrix}=(b-a)(c-a)(c-b)\neq 0,$$

由克拉默法则可知,对于任意实数 m,n,p,原方程组总有唯一解.

点评 对不同的题目适当选用不同的方法,解题更简单.

例 4 若线性方程组

$$\begin{cases} x_1+x_2 &&& =-a_1, \\ & x_2+x_3 && =a_2, \\ && x_3+x_4 & =-a_3, \\ x_1 &&+x_4 & =a_4 \end{cases}$$

有解,则常数项应满足什么条件?

分析 方程组有解的充要条件是 $R(\boldsymbol{A})=R(\boldsymbol{A}\,\vdots\,\boldsymbol{b})$.

解 对增广矩阵 $(\boldsymbol{A}\,\vdots\,\boldsymbol{b})$ 做初等行变换:

$$(\boldsymbol{A}\,\vdots\,\boldsymbol{b})=\left(\begin{array}{cccc:c} 1 & 1 & 0 & 0 & -a_1 \\ 0 & 1 & 1 & 0 & a_2 \\ 0 & 0 & 1 & 1 & -a_3 \\ 1 & 0 & 0 & 1 & a_4 \end{array}\right)\xrightarrow{r_4-r_1}\left(\begin{array}{cccc:c} 1 & 1 & 0 & 0 & -a_1 \\ 0 & 1 & 1 & 0 & a_2 \\ 0 & 0 & 1 & 1 & -a_3 \\ 0 & -1 & 0 & 1 & a_1+a_4 \end{array}\right)$$

$$\xrightarrow{r_4+r_2}\left(\begin{array}{cccc:c} 1 & 1 & 0 & 0 & -a_1 \\ 0 & 1 & 1 & 0 & a_2 \\ 0 & 0 & 1 & 1 & -a_3 \\ 0 & 0 & 1 & 1 & a_1+a_2+a_4 \end{array}\right)\xrightarrow{r_4-r_3}\left(\begin{array}{cccc:c} 1 & 1 & 0 & 0 & -a_1 \\ 0 & 1 & 1 & 0 & a_2 \\ 0 & 0 & 1 & 1 & -a_3 \\ 0 & 0 & 0 & 0 & a_1+a_2+a_3+a_4 \end{array}\right).$$

由题意可知 $R(\boldsymbol{A}\,\vdots\,\boldsymbol{b})=R(\boldsymbol{A})=3$,故

$$a_1+a_2+a_3+a_4=0.$$

点评 在判断线性方程组是否有解时,只需将增广矩阵化为行阶梯形矩阵即可.如果要求解,通常把增广矩阵进一步化为行最简形矩阵.

§3.2 齐次线性方程组的解

基本要求

(1) 熟悉齐次线性方程组 $\boldsymbol{Ax}=\mathbf{0}$ 有非零解的充要条件.

(2) 会利用初等行变换法求齐次线性方程组的解.

内容简述

1. 齐次线性方程组的解的判定

对于齐次线性方程组 $\boldsymbol{A}_{m\times n}\boldsymbol{x}=\mathbf{0}$,它

(1) 有非零解的充要条件是 $R(\boldsymbol{A})<n$;

(2) 只有零解的充要条件是 $R(\boldsymbol{A})=n$.

特别地,当 $m=n$ 时,若 $|\boldsymbol{A}|=0$,则 $\boldsymbol{Ax}=\mathbf{0}$ 有非零解.

2. 齐次线性方程组的解法

n 元齐次线性方程组 $\boldsymbol{Ax}=\mathbf{0}$ 总是有零解的,要求其非零解(通解),只需将方程组的系数矩阵 $\boldsymbol{A}$ 经初等行变换化为行最简形矩阵,即可求得通解.

疑难评注

(1) 齐次线性方程组 $\boldsymbol{A}_{m\times n}\boldsymbol{x}=\mathbf{0}$ 总是有解的,它的解分两种情况:只有零解或有非零解.

① 如果要证明 $\boldsymbol{A}_{m\times n}\boldsymbol{x}=\mathbf{0}$ 只有零解,只要证明 $R(\boldsymbol{A}_{m\times n})=n$.特别地,当 $m=n$ 时,若 $|\boldsymbol{A}|\neq 0$,则 $\boldsymbol{Ax}=\mathbf{0}$ 只有零解.

② 如果要证明 $\boldsymbol{A}_{m\times n}\boldsymbol{x}=\mathbf{0}$ 有非零解,只要证明 $R(\boldsymbol{A}_{m\times n})<n$,或者证明 $m<n$.特别地,当 $m=n$ 时,若 $|\boldsymbol{A}|=0$,则 $\boldsymbol{Ax}=\mathbf{0}$ 有非零解.

(2) 对于 n 元齐次线性方程组 $\boldsymbol{Ax}=\mathbf{0}$,当 $R(\boldsymbol{A})=n$ 时,方程组只有零解,故没有自由未知量.当 $R(\boldsymbol{A})<n$ 时,方程组有 $n-r$ 个自由未知量.取这 $n-r$ 个自由未知量分别等于 t_1, $t_2,\cdots,t_{n-r}$,可得其解.这个解称为方程组的通解.

例题精解

例 1 求线性方程组

$$\begin{cases} x_1+2x_2+x_3=0, \\ 2x_1+3x_2+5x_3=0, \\ x_1+3x_2-2x_3=0 \end{cases}$$

的通解.

分析 求齐次线性方程组通解的方法通常是对系数矩阵 $\boldsymbol{A}$ 做初等行变换，将其化为行最简形矩阵，写出其同解方程组，确定自由未知量，从而得到方程组的通解.

解 对系数矩阵 $\boldsymbol{A}$ 做初等行变换：

$$\boldsymbol{A}=\begin{pmatrix}1&2&1\\2&3&5\\1&3&-2\end{pmatrix}\xrightarrow[r_3-r_1]{r_2-2r_1}\begin{pmatrix}1&2&1\\0&-1&3\\0&1&-3\end{pmatrix}\xrightarrow{r_3+r_2}\begin{pmatrix}1&2&1\\0&-1&3\\0&0&0\end{pmatrix}.$$

因为 $R(\boldsymbol{A})=2<3$(未知量个数)，所以原方程组有非零解.

再将行阶梯形矩阵化为行最简形矩阵：

$$\boldsymbol{A}\to\begin{pmatrix}1&2&1\\0&-1&3\\0&0&0\end{pmatrix}\xrightarrow[-r_2]{r_1+2r_2}\begin{pmatrix}1&0&7\\0&1&-3\\0&0&0\end{pmatrix}.$$

于是，可得原方程组的同解方程组为

$$\begin{cases}x_1\quad+7x_3=0,\\ \quad x_2-3x_3=0,\end{cases}\quad 即\quad\begin{cases}x_1=-7x_3,\\x_2=3x_3.\end{cases}$$

取 $x_3=t(t\in\mathbf{R})$，则原方程组的通解为

$$\begin{cases}x_1=-7t,\\x_2=3t,\\x_3=t.\end{cases}$$

点评 将 $\boldsymbol{A}$ 化为行阶梯形矩阵后，通过 $R(\boldsymbol{A})$ 与未知量个数的关系可判断原方程组 $\boldsymbol{Ax}=\boldsymbol{0}$ 是否有非零解.如果有非零解，可继续将 $\boldsymbol{A}$ 化为行最简形矩阵，并通过其同解方程组求出原方程组的通解.值得注意的是，在选择自由未知量时，不同的选择(如本题中也可选择 x_1 或 x_2 为自由未知量)所求出的通解的形式也不同.

例 2 设矩阵 $\boldsymbol{A}=\begin{pmatrix}1&3&4\\-1&2&1\\3&5&a\\2&1&3\end{pmatrix}$，问：$a$ 取何值时，齐次线性方程组 $\boldsymbol{Ax}=\boldsymbol{0}$ 有非零解？求该情况下方程组的通解.

分析 齐次方程组有非零解的充要条件是 $R(\boldsymbol{A})<n$，即确定参数 a 的值使得 $R(\boldsymbol{A})<3$.

解 因为

$$\boldsymbol{A}=\begin{pmatrix}1&3&4\\-1&2&1\\3&5&a\\2&1&3\end{pmatrix}\xrightarrow[r_4-2r_1]{\substack{r_2+r_1\\r_3-3r_1}}\begin{pmatrix}1&3&4\\0&5&5\\0&-4&a-12\\0&-5&-5\end{pmatrix}\xrightarrow{r_4+r_2}\begin{pmatrix}1&3&4\\0&5&5\\0&-4&a-12\\0&0&0\end{pmatrix}$$

$$\xrightarrow{\frac{1}{5}r_2}\begin{pmatrix}1&3&4\\0&1&1\\0&-4&a-12\\0&0&0\end{pmatrix}\xrightarrow{r_3+4r_2}\begin{pmatrix}1&3&4\\0&1&1\\0&0&a-8\\0&0&0\end{pmatrix}$$

$$\xrightarrow{r_1-3r_2}\begin{pmatrix}1&0&1\\0&1&1\\0&0&a-8\\0&0&0\end{pmatrix},$$

所以取 $a=8$ 时，$R(\boldsymbol{A})=2<3$，此时原方程组有非零解.

当 $a=8$ 时，原方程组的同解方程组为

$$\begin{cases}x_1\quad+x_3=0,\\ \quad x_2+x_3=0,\end{cases}\quad\text{即}\quad\begin{cases}x_1=-x_3,\\ x_2=-x_3.\end{cases}$$

取 $x_3=t(t\in\mathbf{R})$，则原方程组的通解为

$$\begin{cases}x_1=-t,\\ x_2=-t,\\ x_3=t.\end{cases}$$

点评　齐次线性方程组不可能无解，关键是正确确定参数 a 的值使得方程组有非零解.

例 3　判断方程组

$$\begin{cases}\qquad x_2+x_3+\cdots+x_{n-1}+x_n=0,\\ x_1\qquad+x_3+\cdots+x_{n-1}+x_n=0,\\ \qquad\cdots\cdots\\ x_1+x_2+x_3+\cdots+x_{n-1}\qquad=0\end{cases}$$

有无非零解，其中 $n\geqslant 3$，第 k 行缺 x_k.

分析　本题的方程个数与未知量个数相等，欲判断该方程组是否有非零解，只要判断系数行列式的值是否等于零即可.

解　因为系数行列式

$$|\boldsymbol{A}|=\begin{vmatrix}0&1&1&\cdots&1&1\\1&0&1&\cdots&1&1\\\vdots&\vdots&\vdots&&\vdots&\vdots\\1&1&1&\cdots&0&1\\1&1&1&\cdots&1&0\end{vmatrix}=(-1)^{n-1}(n-1)\neq 0,$$

所以原方程组无非零解.

点评　对于方程个数与未知量个数相等的齐次线性方程组，若系数行列式 $|\boldsymbol{A}|\neq 0$，则方程组无非零解.

§3.3 MATLAB应用举例

例1 求解下列非齐次线性方程组:

(1) $\begin{cases} x_1-2x_2+3x_3-x_4=1, \\ 3x_1-x_2+5x_3-3x_4=2, \\ 2x_1+x_2+2x_3-2x_4=3; \end{cases}$

(2) $\begin{cases} x_2-3x_3+4x_4=-5, \\ x_1-2x_3+3x_4=-4, \\ 3x_1+2x_2-5x_4=12, \\ 4x_1+3x_2-5x_3=5; \end{cases}$

(3) $\begin{cases} x_1+x_2-3x_3-x_4=1, \\ 3x_1-x_2-3x_3+4x_4=4, \\ x_1+5x_2-9x_3-8x_4=0. \end{cases}$

(1) **MATLAB程序:**

```
>> A=sym([1,-2,3,-1;3,-1,5,-3;2,1,2,-2]);       %创建系数矩阵A
>> b=sym([1,2,3]');                              %创建常数项矩阵b
>> B=[A,b];                                      %生成增广矩阵B
>> rref(B)                                       %化B为行最简形矩阵
ans =
  [1, 0,  7/5, -1, 0]
  [0, 1, -4/5,  0, 0]
  [0, 0,    0,  0, 1]
```

由运行结果可知,增广矩阵 $\boldsymbol{B}$ 的行最简形矩阵为

$$\left(\begin{array}{cccc:c} 1 & 0 & \frac{7}{5} & -1 & 0 \\ 0 & 1 & -\frac{4}{5} & 0 & 0 \\ 0 & 0 & 0 & 0 & 1 \end{array}\right),$$

从而可知 $R(\boldsymbol{A})=2<R(\boldsymbol{B})=3$,故原方程组无解.

(2) **MATLAB程序:**

```
>> A=sym([0,1,-3,4;1,0,-2,3;3,2,0,-5;4,3,-5,0]);
>> b=sym([-5,-4,12,5]');
>> B=[A,b];
>> rref(B)
ans =
  [1, 0, 0, 0,  1]
  [0, 1, 0, 0,  2]
  [0, 0, 1, 0,  1]
  [0, 0, 0, 1, -1]
```

由运行结果可知，增广矩阵 $\boldsymbol{B}$ 的行最简形矩阵为

$$\left(\begin{array}{cccc:c}1&0&0&0&1\\0&1&0&0&2\\0&0&1&0&1\\0&0&0&1&-1\end{array}\right),$$

从而可知 $R(\boldsymbol{A})=R(\boldsymbol{B})=4$，故原方程组有唯一解

$$\begin{cases}x_1=1,\\x_2=2,\\x_3=1,\\x_4=-1.\end{cases}$$

(3) **MATLAB 程序：**

```
>> A = sym([1,1,-3,-1;3,-1,-3,4;1,5,-9,-8]);
>> b = sym([1,4,0]');
>> B = [A,b];
>> rref(B)
ans =
  [1, 0, -3/2,  3/4,  5/4]
  [0, 1, -3/2, -7/4, -1/4]
  [0, 0,    0,    0,    0]
```

由运行结果可知，增广矩阵 $\boldsymbol{B}$ 的行最简形矩阵为

$$\left(\begin{array}{cccc:c}1&0&-\frac{3}{2}&\frac{3}{4}&\frac{5}{4}\\0&1&-\frac{3}{2}&-\frac{7}{4}&-\frac{1}{4}\\0&0&0&0&0\end{array}\right),$$

从而可知 $R(\boldsymbol{A})=R(\boldsymbol{B})=2<4$，故原方程组有无穷多解. 此时，原方程组的同解方程组为

$$\begin{cases}x_1-\frac{3}{2}x_3+\frac{3}{4}x_4=\frac{5}{4},\\x_2-\frac{3}{2}x_3-\frac{7}{4}x_4=-\frac{1}{4},\end{cases}$$

令 $x_3=t_1, x_4=t_2(t_1,t_2\in\mathbf{R})$，则原方程组的通解为

$$\begin{cases}x_1=\frac{5}{4}+\frac{3}{2}t_1-\frac{3}{4}t_2,\\x_2=-\frac{1}{4}+\frac{3}{2}t_1+\frac{7}{4}t_2,\\x_3=t_1,\\x_4=t_2.\end{cases}$$

注 先将方程组的增广矩阵 $\boldsymbol{B}$ 用函数 rref(B) 化为行最简形矩阵，然后判断方程组是否有解. 在有解的情况下，写出原方程组的同解方程组并求其通解.

例 2 求解下列齐次线性方程组:

(1) $\begin{cases}2x_1+x_2-x_3+5x_4=0,\\3x_1+x_2+2x_3-7x_4=0,\\4x_1+x_2-3x_3+6x_4=0,\\x_1-2x_2+4x_3-7x_4=0;\end{cases}$　　(2) $\begin{cases}x_1+2x_2+x_3-x_4=0,\\3x_1+6x_2-x_3-3x_4=0,\\5x_1+10x_2+x_3-5x_4=0.\end{cases}$

(1) **MATLAB 程序**:

```
>> A=sym([2,1,-1,5;3,1,2,-7;4,1,-3,6;1,-2,4,-7]);
>> rref(A)
ans =
  [1, 0, 0, 0]
  [0, 1, 0, 0]
  [0, 0, 1, 0]
  [0, 0, 0, 1]
```

由运行结果可知,系数矩阵 **A** 的行最简形矩阵为

$$\begin{pmatrix}1&0&0&0\\0&1&0&0\\0&0&1&0\\0&0&0&1\end{pmatrix},$$

从而可知 $R(\boldsymbol{A})=4=n$,故原方程组只有零解.

(2) **MATLAB 程序**:

```
>> A=sym([1,2,1,-1;3,6,-1,-3;5,10,1,-5]);
>> rref(A)
ans =
  [1, 2, 0, -1]
  [0, 0, 1,  0]
  [0, 0, 0,  0]
```

由运行结果可知,系数矩阵 **A** 的行最简形矩阵为

$$\begin{pmatrix}1&2&0&-1\\0&0&1&0\\0&0&0&0\end{pmatrix},$$

从而可知 $R(\boldsymbol{A})=2<n$,故原方程组有无穷多解.此时,原方程组的同解方程组为

$$\begin{cases}x_1+2x_2\quad-x_4=0,\\x_3\quad=0,\end{cases}$$

令 $x_2=t_1,x_4=t_2(t_1,t_2\in\mathbf{R})$,则原方程组的通解为

$$\begin{cases}x_1=-2t_1+t_2,\\x_2=t_1,\\x_3=0,\\x_4=t_2.\end{cases}$$

注 先将方程组的系数矩阵 **A** 用函数 rref(A) 化为行最简形矩阵,然后判断方程组是否

有非零解.在有非零解的情况下,写出原方程组的同解方程组并求其通解.

例 3 设线性方程组

$$\begin{cases}(2-k)x_1+2x_2-2x_3=1,\\2x_1+(5-k)x_2-4x_3=2,\\-2x_1-4x_2+(5-k)x_3=-k-1,\end{cases}$$

问:k 分别为何值时,此方程组有唯一解、无解或有无穷多解?在有无穷多解时求其通解.

MATLAB 程序:

```
>> syms k real
>> A = sym([2-k,2,-2;2,5-k,-4;-2,-4,5-k]);
>> b = sym([1,2,-k-1]');
>> B = [A,b];
>> simplify(det(A))          %简化 A 的行列式
ans =
  -(k-1)^2*(k-10)
>> rref(B)
ans =
  [1, 0, 0,     -3/(k-10)]
  [0, 1, 0,     -6/(k-10)]
  [0, 0, 1, (k-4)/(k-10)]
```

由运行结果可知,$|\boldsymbol{A}|=-(k-1)^2(k-10)$,增广矩阵 $\boldsymbol{B}$ 的行最简形矩阵为

$$\left(\begin{array}{ccc:c}1&0&0&-\dfrac{3}{k-10}\\0&1&0&-\dfrac{6}{k-10}\\0&0&1&\dfrac{k-4}{k-10}\end{array}\right).$$

当 $|\boldsymbol{A}|\neq 0$,即 $k\neq 1$ 且 $k\neq 10$ 时,原方程组有唯一解

$$\begin{cases}x_1=-\dfrac{3}{k-10},\\x_2=-\dfrac{6}{k-10},\\x_3=\dfrac{k-4}{k-10}.\end{cases}$$

当 $k=10$ 时,原方程组为

$$\begin{cases}-8x_1+2x_2-2x_3=1,\\2x_1-5x_2-4x_3=2,\\-2x_1-4x_2-5x_3=-11.\end{cases}$$

MATLAB 程序:

```
>> B = sym([-8,2,-2,1;2,-5,-4,2;-2,-4,-5,-11]);  %创建增广矩阵 B
>> rref(B)
ans =
```

```
  [1, 0, 1/2, 0]
  [0, 1,   1, 0]
  [0, 0,   0, 1]
```

由运行结果可知，$R(\boldsymbol{A})=2<R(\boldsymbol{B})=3$，故原方程组无解.

当 $k=1$ 时，原方程组为

$$\begin{cases} x_1+2x_2-2x_3=1, \\ 2x_1+4x_2-4x_3=2, \\ -2x_1-4x_2+4x_3=-2. \end{cases}$$

MATLAB 程序：

```
>> B = sym([1,2,-2,1;2,4,-4,2;-2,-4,4,-2]);
>> rref(B)
ans =
  [1, 2, -2, 1]
  [0, 0,  0, 0]
  [0, 0,  0, 0]
```

由运行结果可知，$R(\boldsymbol{A})=R(\boldsymbol{B})=1<3$，故原方程组有无穷多解. 此时，原方程组的同解的方程组为

$$x_1+2x_2-2x_3=1,$$

取 $x_2=t_1, x_3=t_2(t_1,t_2\in\mathbf{R})$，则原方程组的通解为

$$\begin{cases} x_1=1-2t_1+2t_2, \\ x_2=t_1, \\ x_3=t_2. \end{cases}$$

注 函数 simplify(S) 用于化简表达式 S，若 $S=-k^3+12k^2-21k+10$，则

$$\text{simplify(S)}=-(k-1)^2(k-10).$$

例 4 （产品分配问题）某食品厂准备用原料 A_1,A_2,A_3,A_4,A_5 开发一种含脂肪 3%、碳水化合物 12.5%、蛋白质 15% 的新产品 2 000 kg，已知原料含脂肪、碳水化合物和蛋白质的百分比如表 3.1 所示. 问：仅利用这五种原料开发这种新产品是否可能？如果可以，那么有多少种配方可供选择？

表 3.1

原料	A_1	A_2	A_3	A_4	A_5
脂肪(%)	2	2	4	6	8
碳水化合物(%)	10	15	5	25	5
蛋白质(%)	20	10	30	5	15

模型建立：

设配制新产品需要原料 A_1,A_2,A_3,A_4,A_5 分别为 x_1,x_2,x_3,x_4,x_5（单位：kg），根据题意有

$$\begin{cases} x_1+x_2+x_3+x_4+x_5=2\,000, \\ 0.02x_1+0.02x_2+0.04x_3+0.06x_4+0.08x_5=60, \\ 0.1x_1+0.15x_2+0.05x_3+0.25x_4+0.05x_5=250, \\ 0.2x_1+0.1x_2+0.3x_3+0.05x_4+0.15x_5=300. \end{cases}$$

模型求解：

用化增广矩阵为行最简形矩阵的方法求解.

MATLAB 程序：

```
>> B = sym([1,1,1,1,1,2000;0.02,0.02,0.04,0.06,0.08,60;
        0.1,0.15,0.05,0.25,0.05,250;0.2,0.1,0.3,0.05,0.15,300]);
>> rref(B)
ans =
  [1, 0, 0, 0, -10, -1000]
  [0, 1, 0, 0,   7,  2000]
  [0, 0, 1, 0,   5,  1000]
  [0, 0, 0, 1,  -1,     0]
```

由运行结果可知，$R(\boldsymbol{A})=R(\boldsymbol{B})=4<5$，故该方程组有无穷多解. 此时，原方程组的同解方程组为

$$\begin{cases} x_1 \qquad\qquad -10x_5=-1\,000, \\ \quad x_2 \qquad\ +\ 7x_5=2\,000, \\ \qquad x_3 \quad +\ 5x_5=1\,000, \\ \qquad\quad x_4-\ \ x_5=0, \end{cases}$$

取 $x_5=t(t\in\mathbf{R})$，则原方程组的通解为

$$\begin{cases} x_1=-1\,000+10t, \\ x_2=2\,000-7t, \\ x_3=1\,000-5t, \\ x_4=t, \\ x_5=t. \end{cases}$$

由此可知，可以开发符合要求的新产品，且有很多种可供选择的配方，但考虑到 x_1,x_2,x_3,x_4,x_5 均应取非负数，故 t 的取值范围为 $100\leqslant t\leqslant 200$.

本章主要知识结构图

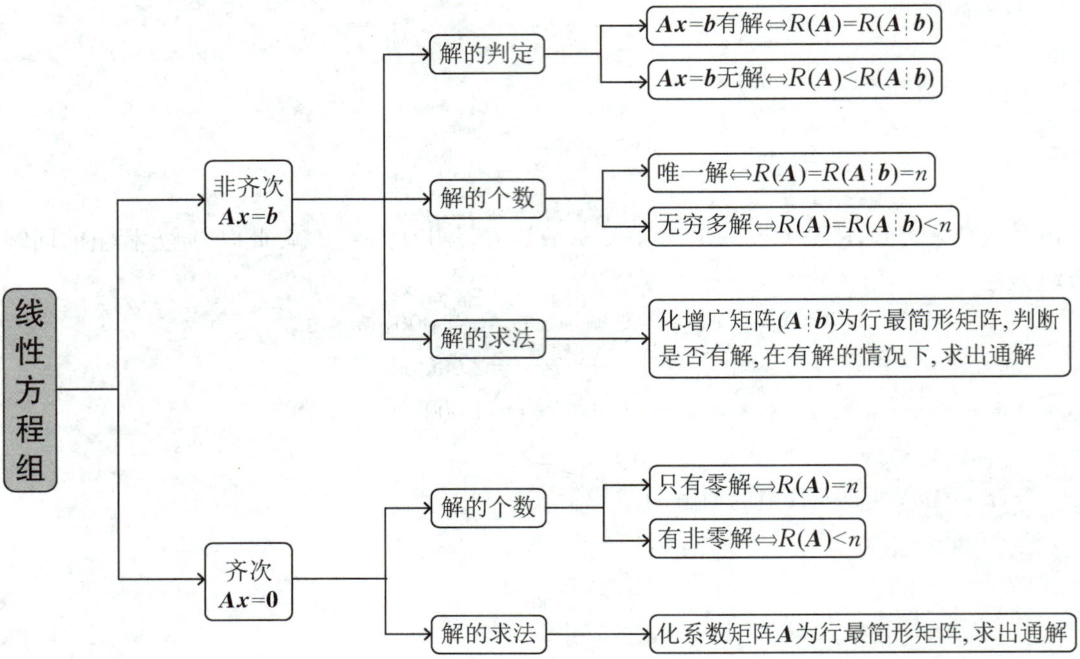
线性方程组
非齐次 $\boldsymbol{Ax}=\boldsymbol{b}$
解的判定
$\boldsymbol{Ax}=\boldsymbol{b}$有解$\Leftrightarrow R(\boldsymbol{A})=R(\boldsymbol{A}\vdots\boldsymbol{b})$
$\boldsymbol{Ax}=\boldsymbol{b}$无解$\Leftrightarrow R(\boldsymbol{A})<R(\boldsymbol{A}\vdots\boldsymbol{b})$
解的个数
唯一解$\Leftrightarrow R(\boldsymbol{A})=R(\boldsymbol{A}\vdots\boldsymbol{b})=n$
无穷多解$\Leftrightarrow R(\boldsymbol{A})=R(\boldsymbol{A}\vdots\boldsymbol{b})<n$
解的求法
化增广矩阵$(\boldsymbol{A}\vdots\boldsymbol{b})$为行最简形矩阵,判断是否有解,在有解的情况下,求出通解
齐次 $\boldsymbol{Ax}=\boldsymbol{0}$
解的个数
只有零解$\Leftrightarrow R(\boldsymbol{A})=n$
有非零解$\Leftrightarrow R(\boldsymbol{A})<n$
解的求法
化系数矩阵$\boldsymbol{A}$为行最简形矩阵,求出通解

本章教材习题全解

1. 如果一个齐次线性方程组的系数矩阵 $\boldsymbol{A}$ 经过一系列初等行变换化为

$$\begin{pmatrix}1 & 2 & 2\\0 & \lambda+2 & 8\\0 & 0 & \lambda-4\end{pmatrix},$$

试问:当 λ 取何值时,方程组(1) 只有零解,(2) 有无穷多解?

解 方程的个数与未知量的个数相等,由

$$|\boldsymbol{A}|=\begin{vmatrix}1 & 2 & 2\\0 & \lambda+2 & 8\\0 & 0 & \lambda-4\end{vmatrix}=(\lambda+2)(\lambda-4)$$

可得:

(1) 当 $\lambda\neq-2$ 且 $\lambda\neq4$ 时,原方程组只有零解.

(2) 当 $\lambda=-2$ 或 $\lambda=4$ 时,原方程组有无穷多解.

2. 求解下列非齐次线性方程组:

(1) $\begin{cases}x_1+4x_2-3x_3+2x_4=2,\\2x_1+x_2+x_3-3x_4=-3,\\-3x_1-2x_2-x_3+4x_4=4;\end{cases}$ (2) $\begin{cases}3x_1-x_2+x_3=4,\\x_1+3x_2-3x_3=-2,\\-2x_1+3x_2-2x_3=-3.\end{cases}$

解 (1) 对原方程组的增广矩阵 $(\boldsymbol{A}\mid\boldsymbol{b})$ 做初等行变换:

$$(\boldsymbol{A}\mid\boldsymbol{b})=\left(\begin{array}{cccc|c}1 & 4 & -3 & 2 & 2\\2 & 1 & 1 & -3 & -3\\-3 & -2 & -1 & 4 & 4\end{array}\right)\xrightarrow[r_3+3r_1]{r_2-2r_1}\left(\begin{array}{cccc|c}1 & 4 & -3 & 2 & 2\\0 & -7 & 7 & -7 & -7\\0 & 10 & -10 & 10 & 10\end{array}\right)$$

$$\xrightarrow[\frac{1}{10}r_3]{-\frac{1}{7}r_2}\left(\begin{array}{cccc|c}1 & 4 & -3 & 2 & 2\\0 & 1 & -1 & 1 & 1\\0 & 1 & -1 & 1 & 1\end{array}\right)\xrightarrow[r_3-r_2]{r_1-4r_2}\left(\begin{array}{cccc|c}1 & 0 & 1 & -2 & -2\\0 & 1 & -1 & 1 & 1\\0 & 0 & 0 & 0 & 0\end{array}\right).$$

由此可得 $R(\boldsymbol{A})=R(\boldsymbol{A}\mid\boldsymbol{b})=2<4$,故原方程组有无穷多解. 此时,其同解方程组为

$$\begin{cases}x_1+x_3-2x_4=-2,\\x_2-x_3+x_4=1,\end{cases}$$

取 $x_3=t_1, x_4=t_2\ (t_1,t_2\in\mathbf{R})$,则原方程组的通解为

$$\begin{cases}x_1=-2-t_1+2t_2,\\x_2=1+t_1-t_2,\\x_3=t_1,\\x_4=t_2.\end{cases}$$

(2) 对原方程组的增广矩阵 $(\boldsymbol{A}\mid\boldsymbol{b})$ 做初等行变换:

$$(\boldsymbol{A}\mid\boldsymbol{b})=\left(\begin{array}{ccc|c}3&-1&1&4\\1&3&-3&-2\\-2&3&-2&-3\end{array}\right)\xrightarrow{r_1\leftrightarrow r_2}\left(\begin{array}{ccc|c}1&3&-3&-2\\3&-1&1&4\\-2&3&-2&-3\end{array}\right)$$

$$\xrightarrow[r_3+2r_1]{r_2-3r_1}\left(\begin{array}{ccc|c}1&3&-3&-2\\0&-10&10&10\\0&9&-8&-7\end{array}\right)\xrightarrow{-\frac{1}{10}r_2}\left(\begin{array}{ccc|c}1&3&-3&-2\\0&1&-1&-1\\0&9&-8&-7\end{array}\right)$$

$$\xrightarrow[r_3-9r_2]{r_1-3r_2}\left(\begin{array}{ccc|c}1&0&0&1\\0&1&-1&-1\\0&0&1&2\end{array}\right)\xrightarrow{r_2+r_3}\left(\begin{array}{ccc|c}1&0&0&1\\0&1&0&1\\0&0&1&2\end{array}\right).$$

由此可得$R(\boldsymbol{A})=R(\boldsymbol{A}\mid\boldsymbol{b})=3$,故原方程组有唯一解

$$\begin{cases}x_1=1,\\x_2=1,\\x_3=2.\end{cases}$$

3. 求解下列齐次线性方程组:

(1) $\begin{cases}x_1+2x_2+x_3-x_4=0,\\3x_1+6x_2-x_3-3x_4=0,\\5x_1+10x_2+x_3-5x_4=0;\end{cases}$ (2) $\begin{cases}2x_1+3x_2-x_3+5x_4=0,\\3x_1+x_2+2x_3-7x_4=0,\\4x_1+x_2-3x_3+6x_4=0,\\x_1-2x_2+4x_3-7x_4=0.\end{cases}$

解 (1) 对原方程组的系数矩阵$\boldsymbol{A}$做初等行变换:

$$\boldsymbol{A}=\begin{pmatrix}1&2&1&-1\\3&6&-1&-3\\5&10&1&-5\end{pmatrix}\xrightarrow[r_3-5r_1]{r_2-3r_1}\begin{pmatrix}1&2&1&-1\\0&0&-4&0\\0&0&-4&0\end{pmatrix}$$

$$\xrightarrow[r_3-r_2]{r_1+\frac{1}{4}r_2}\begin{pmatrix}1&2&0&-1\\0&0&-4&0\\0&0&0&0\end{pmatrix}\xrightarrow{-\frac{1}{4}r_2}\begin{pmatrix}1&2&0&-1\\0&0&1&0\\0&0&0&0\end{pmatrix}.$$

由此可得$R(\boldsymbol{A})=2<4$,故原方程组有无穷多解.此时,其同解方程组为

$$\begin{cases}x_1+2x_2-x_4=0,\\x_3=0,\end{cases}$$

取$x_2=t_1,x_4=t_2(t_1,t_2\in\mathbf{R})$,则原方程组的通解为

$$\begin{cases}x_1=-2t_1+t_2,\\x_2=t_1,\\x_3=0,\\x_4=t_2.\end{cases}$$

(2) 对原方程组的系数矩阵$\boldsymbol{A}$做初等行变换:

$$\boldsymbol{A}=\begin{pmatrix}2&3&-1&5\\3&1&2&-7\\4&1&-3&6\\1&-2&4&-7\end{pmatrix}\xrightarrow{r_1\leftrightarrow r_4}\begin{pmatrix}1&-2&4&-7\\3&1&2&-7\\4&1&-3&6\\2&3&-1&5\end{pmatrix}$$

$$\xrightarrow[r_4-2r_1]{\substack{r_2-3r_1\\ r_3-4r_1}}\begin{pmatrix}1&-2&4&-7\\0&7&-10&14\\0&9&-19&34\\0&7&-9&19\end{pmatrix}\xrightarrow[r_3-\frac{9}{7}r_4]{r_2-r_4}\begin{pmatrix}1&-2&4&-7\\0&0&-1&-5\\0&0&-\frac{52}{7}&\frac{67}{7}\\0&7&-9&19\end{pmatrix}$$

$$\xrightarrow[-\frac{7}{52}r_3]{r_2\leftrightarrow r_4}\begin{pmatrix}1&-2&4&-7\\0&7&-9&19\\0&0&1&-\frac{67}{52}\\0&0&-1&-5\end{pmatrix}\xrightarrow{r_4+r_3}\begin{pmatrix}1&-2&4&-7\\0&7&-9&19\\0&0&1&-\frac{67}{52}\\0&0&0&-\frac{327}{52}\end{pmatrix}.$$

由此可得 $R(\boldsymbol{A})=4$,故原方程组只有零解.

4. 当 λ 取何值时,方程组

$$\begin{cases}2x_1-x_2+2x_3=\lambda x_1,\\5x_1-3x_2+3x_3=\lambda x_2,\\-x_1-2x_3=\lambda x_3\end{cases}$$

有非零解?

解　原方程组可化为

$$\begin{cases}(2-\lambda)x_1-x_2+2x_3=0,\\5x_1-(3+\lambda)x_2+3x_3=0,\\-x_1-(2+\lambda)x_3=0,\end{cases}$$

它有非零解的充要条件是

$$\begin{vmatrix}2-\lambda&-1&2\\5&-3-\lambda&3\\-1&0&-2-\lambda\end{vmatrix}=-(\lambda+1)^3=0,$$

故当 $\lambda=-1$ 时,原方程组有非零解.

5. 讨论当 a,b 满足什么关系时,方程组

$$\begin{cases}x_1+x_2+x_3=0,\\ax_1+ax_2+bx_3=0,\\a^2x_1+a^2x_2+b^2x_3=0\end{cases}$$

有非零解,并求出通解.

解　对系数矩阵 $\boldsymbol{A}$ 做初等行变换:

$$\boldsymbol{A}=\begin{pmatrix}1&1&1\\a&a&b\\a^2&a^2&b^2\end{pmatrix}\xrightarrow[r_3-a^2r_1]{r_2-ar_1}\begin{pmatrix}1&1&1\\0&0&b-a\\0&0&b^2-a^2\end{pmatrix}\xrightarrow{r_3-(b+a)r_2}\begin{pmatrix}1&1&1\\0&0&b-a\\0&0&0\end{pmatrix}.$$

因为 $R(\boldsymbol{A})\leqslant 2<3$,所以该方程组对于任意 a,b 总有非零解. 下面分情况讨论其通解.

(1) 当 $a\neq b$ 时,

$$\begin{pmatrix}1&1&1\\0&0&b-a\\0&0&0\end{pmatrix}\xrightarrow{\frac{1}{b-a}r_2}\begin{pmatrix}1&1&1\\0&0&1\\0&0&0\end{pmatrix},$$

可得 $R(\mathbf{A})=2$,所以原方程组有 1 个自由未知量. 其同解方程组为

$$\begin{cases} x_1+x_2+x_3=0, \\ x_3=0, \end{cases}$$

取 $x_2=t\,(t\in\mathbf{R})$,则原方程组的通解为

$$\begin{cases} x_1=-t, \\ x_2=t, \\ x_3=0. \end{cases}$$

(2) 当 $a=b$ 时,

$$\begin{pmatrix} 1 & 1 & 1 \\ 0 & 0 & b-a \\ 0 & 0 & 0 \end{pmatrix}=\begin{pmatrix} 1 & 1 & 1 \\ 0 & 0 & 0 \\ 0 & 0 & 0 \end{pmatrix},$$

可得 $R(\mathbf{A})=1$,所以原方程组有 2 个自由未知量. 其同解方程组为

$$x_1+x_2+x_3=0,$$

取 $x_2=t_1, x_3=t_2\,(t_1,t_2\in\mathbf{R})$,则原方程组的通解为

$$\begin{cases} x_1=-t_1-t_2, \\ x_2=t_1, \\ x_3=t_2. \end{cases}$$

6. 证明:线性方程组

$$\begin{cases} x_1-x_2=b_1, \\ x_2-x_3=b_2, \\ x_3-x_4=b_3, \\ x_4-x_5=b_4, \\ -x_1+x_5=b_5 \end{cases}$$

有解的充要条件是 $\sum\limits_{i=1}^{5}b_i=0$.

证 对增广矩阵 $(\mathbf{A}\,\vdots\,\boldsymbol{b})$ 做初等行变换:

$$(\mathbf{A}\,\vdots\,\boldsymbol{b})=\left(\begin{array}{ccccc:c} 1 & -1 & 0 & 0 & 0 & b_1 \\ 0 & 1 & -1 & 0 & 0 & b_2 \\ 0 & 0 & 1 & -1 & 0 & b_3 \\ 0 & 0 & 0 & 1 & -1 & b_4 \\ -1 & 0 & 0 & 0 & 1 & b_5 \end{array}\right)\xrightarrow[(i=1,2,3,4)]{r_5+r_i}\left(\begin{array}{ccccc:c} 1 & -1 & 0 & 0 & 0 & b_1 \\ 0 & 1 & -1 & 0 & 0 & b_2 \\ 0 & 0 & 1 & -1 & 0 & b_3 \\ 0 & 0 & 0 & 1 & -1 & b_4 \\ 0 & 0 & 0 & 0 & 0 & \sum\limits_{i=1}^{5}b_i \end{array}\right).$$

由此可知,当 $\sum\limits_{i=1}^{5}b_i=0$ 时,$R(\mathbf{A})=R(\mathbf{A}\,\vdots\,\boldsymbol{b})=4$,所以原方程组有解的充要条件是 $\sum\limits_{i=1}^{5}b_i=0$.

7. 已知齐次线性方程组

$$\begin{cases} x_1+x_2=0, \\ x_2-x_4=0 \end{cases}$$

与

$$\begin{cases} x_1 - x_2 + x_3 = 0, \\ x_2 - x_3 + x_4 = 0 \end{cases}$$

有公共解,试求其公共解.

解 原两个方程组的公共解就是它们的联立方程组

$$\begin{cases} x_1 + x_2 = 0, \\ x_2 - x_4 = 0, \\ x_1 - x_2 + x_3 = 0, \\ x_2 - x_3 + x_4 = 0 \end{cases}$$

的解,对上述方程组的系数矩阵 **A** 做初等行变换:

$$\boldsymbol{A} = \begin{pmatrix} 1 & 1 & 0 & 0 \\ 0 & 1 & 0 & -1 \\ 1 & -1 & 1 & 0 \\ 0 & 1 & -1 & 1 \end{pmatrix} \xrightarrow[r_4 - r_2]{r_3 - r_1} \begin{pmatrix} 1 & 1 & 0 & 0 \\ 0 & 1 & 0 & -1 \\ 0 & -2 & 1 & 0 \\ 0 & 0 & -1 & 2 \end{pmatrix}$$

$$\xrightarrow{r_3 + 2r_2} \begin{pmatrix} 1 & 1 & 0 & 0 \\ 0 & 1 & 0 & -1 \\ 0 & 0 & 1 & -2 \\ 0 & 0 & -1 & 2 \end{pmatrix} \xrightarrow{r_4 + r_3} \begin{pmatrix} 1 & 1 & 0 & 0 \\ 0 & 1 & 0 & -1 \\ 0 & 0 & 1 & -2 \\ 0 & 0 & 0 & 0 \end{pmatrix}.$$

由此可知,$R(\boldsymbol{A}) = 3 < 4$,故此方程组有非零解.其同解方程组为

$$\begin{cases} x_1 + x_2 = 0, \\ x_2 - x_4 = 0, \\ x_3 - 2x_4 = 0, \end{cases}$$

取 $x_4 = t(t \in \mathbf{R})$,则此方程组的通解为

$$\begin{cases} x_1 = -t, \\ x_2 = t, \\ x_3 = 2t, \\ x_4 = t. \end{cases}$$

上述解即为原两个方程组的公共解.

8. 写出一个以

$$\boldsymbol{x} = t_1 \begin{pmatrix} 2 \\ -3 \\ 1 \\ 0 \end{pmatrix} + t_2 \begin{pmatrix} -2 \\ 4 \\ 0 \\ 1 \end{pmatrix} \quad (t_1, t_2 \in \mathbf{R})$$

为通解的齐次线性方程组.

解 根据题设,可得

$$\begin{pmatrix} x_1 \\ x_2 \\ x_3 \\ x_4 \end{pmatrix} = t_1 \begin{pmatrix} 2 \\ -3 \\ 1 \\ 0 \end{pmatrix} + t_2 \begin{pmatrix} -2 \\ 4 \\ 0 \\ 1 \end{pmatrix},$$

等价地可写成

$$\begin{cases}x_1=2t_1-2t_2,\\x_2=-3t_1+4t_2,\\x_3=t_1,\\x_4=t_2.\end{cases}$$

消去 t_1,t_2，得

$$\begin{cases}x_1\quad\ -2x_3+2x_4=0,\\ \quad x_2+3x_3-4x_4=0.\end{cases}$$

这就是一个满足题目要求的齐次线性方程组.

9. 设 $\boldsymbol{A}$ 为 $m\times n$ 矩阵，证明：方程 $\boldsymbol{AX}=\boldsymbol{E}_m$ 有解的充要条件是 $R(\boldsymbol{A})=m$.

证 由于方程 $\boldsymbol{AX}=\boldsymbol{E}_m$ 有解的充要条件是

$$R(\boldsymbol{A})=R(\boldsymbol{A}\ \vdots\ \boldsymbol{E}_m),$$

而 $|\boldsymbol{E}_m|$ 是矩阵 $(\boldsymbol{A}\ \vdots\ \boldsymbol{E}_m)$ 的最高阶非零子式，则 $R(\boldsymbol{A})=R(\boldsymbol{A}\ \vdots\ \boldsymbol{E}_m)=m$，因此方程 $\boldsymbol{AX}=\boldsymbol{E}_m$ 有解的充要条件是 $R(\boldsymbol{A})=m$.

10. 已知 n 阶行列式 $D_n=|a_{ij}|\neq 0$，证明：方程组

$$\begin{cases}a_{11}x_1+a_{12}x_2+\cdots+a_{1,n-1}x_{n-1}=a_{1n},\\a_{21}x_1+a_{22}x_2+\cdots+a_{2,n-1}x_{n-1}=a_{2n},\\ \qquad\cdots\cdots\\a_{n1}x_1+a_{n2}x_2+\cdots+a_{n,n-1}x_{n-1}=a_{nn}\end{cases}$$

无解.

证 由 $D_n=|a_{ij}|\neq 0$ 可知，$a_{1n},a_{2n},\cdots,a_{nn}$ 不全为零，即所给方程组为非齐次线性方程组. 要证一个非齐次线性方程组无解，只要证明 $R(\boldsymbol{A})<R(\boldsymbol{A}\ \vdots\ \boldsymbol{b})$ 即可.

原方程组的系数矩阵为

$$\boldsymbol{A}=\begin{pmatrix}a_{11}&a_{12}&\cdots&a_{1,n-1}\\a_{21}&a_{22}&\cdots&a_{2,n-1}\\\vdots&\vdots&&\vdots\\a_{n1}&a_{n2}&\cdots&a_{n,n-1}\end{pmatrix},$$

增广矩阵为

$$(\boldsymbol{A}\ \vdots\ \boldsymbol{b})=\left(\begin{array}{cccc:c}a_{11}&a_{12}&\cdots&a_{1,n-1}&a_{1n}\\a_{21}&a_{22}&\cdots&a_{2,n-1}&a_{2n}\\\vdots&\vdots&&\vdots&\vdots\\a_{n1}&a_{n2}&\cdots&a_{n,n-1}&a_{nn}\end{array}\right).$$

因为 $D_n=|a_{ij}|\neq 0$，所以 $R(\boldsymbol{A}\ \vdots\ \boldsymbol{b})=n$. 而 $\boldsymbol{A}$ 为 $n\times(n-1)$ 矩阵，故 $\boldsymbol{A}$ 的最高阶非零子式的阶数不超过 $n-1$，即 $R(\boldsymbol{A})\leqslant n-1$. 于是，$R(\boldsymbol{A})<R(\boldsymbol{A}\ \vdots\ \boldsymbol{b})$. 因此，原方程组无解.

第四章

向量组的线性相关性

本章要点

❖ **向量及向量组的概念** 由n个数$a_1,a_2,\cdots,a_n$组成的有序数组称为n维向量.若干个同维数的列向量(或行向量)所组成的集合叫作向量组.

线性表示、线性组合和向量组等价及向量组的秩是关于向量的重要概念.

❖ **向量组的线性表示与矩阵的秩的关系** 向量$\boldsymbol{\beta}$能由向量组A:$\boldsymbol{\alpha}_1,\boldsymbol{\alpha}_2,\cdots,\boldsymbol{\alpha}_s$线性表示的充要条件是矩阵$\boldsymbol{A}=(\boldsymbol{\alpha}_1,\boldsymbol{\alpha}_2,\cdots,\boldsymbol{\alpha}_s)$的秩等于矩阵$\boldsymbol{B}=(\boldsymbol{\alpha}_1,\boldsymbol{\alpha}_2,\cdots,\boldsymbol{\alpha}_s,\boldsymbol{\beta})$的秩.若$\boldsymbol{\alpha}_1,\boldsymbol{\alpha}_2,\cdots,\boldsymbol{\alpha}_s$线性无关而$\boldsymbol{\alpha}_1,\boldsymbol{\alpha}_2,\cdots,\boldsymbol{\alpha}_s,\boldsymbol{\beta}$线性相关,则$\boldsymbol{\beta}$能由$\boldsymbol{\alpha}_1,\boldsymbol{\alpha}_2,\cdots,\boldsymbol{\alpha}_s$线性表示,且表示式是唯一的.

❖ **判断向量组线性相关性的方法** 对于向量组A:$\boldsymbol{a}_1,\boldsymbol{a}_2,\cdots,\boldsymbol{a}_n$,判断其是否线性相关的主要方法有利用定义、利用矩阵的秩、利用行列式等.

❖ **求向量组的秩的方法** 求向量组的秩通常利用初等变换法、向量组的等价性、向量组秩的定义等.

❖ **齐次线性方程组解的结构** 如果n元齐次线性方程组$\boldsymbol{Ax}=\boldsymbol{0}$的系数矩阵的秩$R(\boldsymbol{A})=r<n$,则方程组的基础解系一定存在,且基础解系中所含解向量的个数为$n-r$.如果$\boldsymbol{\xi}_1,\boldsymbol{\xi}_2,\cdots,\boldsymbol{\xi}_{n-r}$是方程组$\boldsymbol{Ax}=\boldsymbol{0}$的一个基础解系,则它的任一解向量都可由$\boldsymbol{\xi}_1,\boldsymbol{\xi}_2,\cdots,\boldsymbol{\xi}_{n-r}$线性表示,从而$\boldsymbol{Ax}=\boldsymbol{0}$的通解为

$$t_1\boldsymbol{\xi}_1+t_2\boldsymbol{\xi}_2+\cdots+t_{n-r}\boldsymbol{\xi}_{n-r},$$

其中$t_1,t_2,\cdots,t_{n-r}$为任意常数.

❖ **非齐次线性方程组解的结构** 若$\boldsymbol{\eta}^*$是n元非齐次线性方程组$\boldsymbol{Ax}=\boldsymbol{b}$的特解,$\boldsymbol{\xi}_1,\boldsymbol{\xi}_2,\cdots,\boldsymbol{\xi}_{n-r}$是对应的齐次方程组$\boldsymbol{Ax}=\boldsymbol{0}$的基础解系,则方程组$\boldsymbol{Ax}=\boldsymbol{b}$的任一解均可表示为$\boldsymbol{\eta}^*$与$t_1\boldsymbol{\xi}_1+t_2\boldsymbol{\xi}_2+\cdots+t_{n-r}\boldsymbol{\xi}_{n-r}$的和,即方程组$\boldsymbol{Ax}=\boldsymbol{b}$的通解为

$$\boldsymbol{\eta}^*+t_1\boldsymbol{\xi}_1+t_2\boldsymbol{\xi}_2+\cdots+t_{n-r}\boldsymbol{\xi}_{n-r}.$$

§4.1 向量组及其线性组合

基本要求

(1) 理解向量及向量相等的概念.

(2) 掌握向量的线性运算法则.

(3) 理解向量的线性组合、线性表示的概念及其充要条件.

(4) 理解两个向量组等价的概念及其等价的充要条件.

内容简述

1. 向量的概念

由 n 个数 $a_1,a_2,\cdots,a_n$ 组成的有序数组 $(a_1,a_2,\cdots,a_n)$ 称为 n 维向量,简称向量,记作 $\boldsymbol{\alpha}=(a_1,a_2,\cdots,a_n)$,其中 $a_i(i=1,2,\cdots,n)$ 称为向量 $\boldsymbol{\alpha}$ 的第 i 个分量.

n 维列向量可记作 $\boldsymbol{\alpha}=(a_1,a_2,\cdots,a_n)^{\mathrm{T}}$. 若向量 $\boldsymbol{\alpha}=(a_1,a_2,\cdots,a_n)^{\mathrm{T}}$ 与 $\boldsymbol{\beta}=(b_1,b_2,\cdots,b_n)^{\mathrm{T}}$ 的对应分量都相等,即 $a_i=b_i(i=1,2,\cdots,n)$,则称 $\boldsymbol{\alpha}$ 与 $\boldsymbol{\beta}$ 相等,记作 $\boldsymbol{\alpha}=\boldsymbol{\beta}$.

所有分量均为零的向量称为零向量,记作 $\mathbf{0}=(0,0,\cdots,0)^{\mathrm{T}}$. 维数不同的零向量是不相等的.

向量 $(-a_1,-a_2,\cdots,-a_n)^{\mathrm{T}}$ 称为向量 $\boldsymbol{\alpha}=(a_1,a_2,\cdots,a_n)^{\mathrm{T}}$ 的负向量,记作 $-\boldsymbol{\alpha}$.

(1) 向量的加法.

设向量 $\boldsymbol{\alpha}=(a_1,a_2,\cdots,a_n)^{\mathrm{T}}$, $\boldsymbol{\beta}=(b_1,b_2,\cdots,b_n)^{\mathrm{T}}$,则向量 $(a_1+b_1,a_2+b_2,\cdots,a_n+b_n)^{\mathrm{T}}$ 称为向量 $\boldsymbol{\alpha}$ 与 $\boldsymbol{\beta}$ 的和,记作 $\boldsymbol{\alpha}+\boldsymbol{\beta}$,即

$$\boldsymbol{\alpha}+\boldsymbol{\beta}=(a_1+b_1,a_2+b_2,\cdots,a_n+b_n)^{\mathrm{T}}.$$

由负向量即可定义向量的减法:

$$\boldsymbol{\alpha}-\boldsymbol{\beta}=\boldsymbol{\alpha}+(-\boldsymbol{\beta})=(a_1-b_1,a_2-b_2,\cdots,a_n-b_n)^{\mathrm{T}}.$$

(2) 向量的数乘.

设向量 $\boldsymbol{\alpha}=(a_1,a_2,\cdots,a_n)^{\mathrm{T}}$, k 为实数,则向量 $(ka_1,ka_2,\cdots,ka_n)^{\mathrm{T}}$ 称为向量 $\boldsymbol{\alpha}$ 与数 k 的乘积,记作 $k\boldsymbol{\alpha}$,即

$$k\boldsymbol{\alpha}=(ka_1,ka_2,\cdots,ka_n)^{\mathrm{T}}.$$

向量的线性运算满足下列运算规律($\boldsymbol{\alpha},\boldsymbol{\beta},\boldsymbol{\gamma}$ 都是 n 维向量, k,l 为实数):

(1) $\boldsymbol{\alpha}+\boldsymbol{\beta}=\boldsymbol{\beta}+\boldsymbol{\alpha}$.

(2) $\boldsymbol{\alpha}+(\boldsymbol{\beta}+\boldsymbol{\gamma})=(\boldsymbol{\alpha}+\boldsymbol{\beta})+\boldsymbol{\gamma}$.

(3) $\boldsymbol{\alpha}+\mathbf{0}=\boldsymbol{\alpha}$.

(4) $\boldsymbol{\alpha}+(-\boldsymbol{\alpha})=\mathbf{0}$.

(5) $1\cdot\boldsymbol{\alpha}=\boldsymbol{\alpha}$.

(6) $(k+l)\boldsymbol{\alpha}=k\boldsymbol{\alpha}+l\boldsymbol{\alpha}$.

(7) $k(\boldsymbol{\alpha}+\boldsymbol{\beta})=k\boldsymbol{\alpha}+k\boldsymbol{\beta}$.

(8) $(kl)\boldsymbol{\alpha}=k(l\boldsymbol{\alpha})=l(k\boldsymbol{\alpha})$.

2. 向量组的概念

若干个同维数的列向量(或行向量)所组成的集合叫作向量组.

(1) 线性组合.

设有 n 维向量组 A: $\boldsymbol{\alpha}_1,\boldsymbol{\alpha}_2,\cdots,\boldsymbol{\alpha}_s$ 和向量 $\boldsymbol{\beta}$. 如果存在一组数 $k_1,k_2,\cdots,k_s$,使得 $\boldsymbol{\beta}=k_1\boldsymbol{\alpha}_1+k_2\boldsymbol{\alpha}_2+\cdots+k_s\boldsymbol{\alpha}_s$,则称向量 $\boldsymbol{\beta}$ 是向量组 A 的线性组合或称向量 $\boldsymbol{\beta}$ 可由向量组 A 线性表示.

(2) 向量组等价.

设有两个向量组 A: $\boldsymbol{\alpha}_1,\boldsymbol{\alpha}_2,\cdots,\boldsymbol{\alpha}_s$ 及 B: $\boldsymbol{\beta}_1,\boldsymbol{\beta}_2,\cdots,\boldsymbol{\beta}_t$. 若向量组 B 中的每个向量都能由向

量组 A 线性表示，则称向量组 B 能由向量组 A 线性表示. 若向量组 A 与向量组 B 能相互线性表示，则称这两个向量组等价，记作 A ～ B.

定理 1　**向量 $\boldsymbol{\beta}$ 能由向量组 A：$\boldsymbol{\alpha}_1,\boldsymbol{\alpha}_2,\cdots,\boldsymbol{\alpha}_s$ 线性表示的充要条件是 $R(\boldsymbol{A})=R(\boldsymbol{A},\boldsymbol{\beta})$，其中 $\boldsymbol{A}$ 是由向量组 A 构成的矩阵.**

定理 2　**向量组 B：$\boldsymbol{\beta}_1,\boldsymbol{\beta}_2,\cdots,\boldsymbol{\beta}_t$ 能由向量组 A：$\boldsymbol{\alpha}_1,\boldsymbol{\alpha}_2,\cdots,\boldsymbol{\alpha}_s$ 线性表示的充要条件是 $R(\boldsymbol{A})=R(\boldsymbol{A},\boldsymbol{B})$，其中 $\boldsymbol{A},\boldsymbol{B}$ 分别是由向量组 A 和 B 构成的矩阵.**

推论　向量组 A：$\boldsymbol{\alpha}_1,\boldsymbol{\alpha}_2,\cdots,\boldsymbol{\alpha}_s$ 与向量组 B：$\boldsymbol{\beta}_1,\boldsymbol{\beta}_2,\cdots,\boldsymbol{\beta}_t$ 等价的充要条件是 $R(\boldsymbol{A})=R(\boldsymbol{B})=R(\boldsymbol{A},\boldsymbol{B})$，其中 $\boldsymbol{A},\boldsymbol{B}$ 分别是由向量组 A 和 B 构成的矩阵.

疑难评注

(1) 两个向量相等或做加减法的必要条件是这两个向量都是行向量或都是列向量，并且维数相等. 特别容易犯的错误是认为零向量都是相等的.

(2) 注意区别两种向量乘法. 例如，设 $\boldsymbol{\alpha}=(a_1,a_2,\cdots,a_n)$ 是 n 维行向量，$\boldsymbol{\beta}=(b_1,b_2,\cdots,b_n)^{\mathrm{T}}$ 是 n 维列向量，则 $\boldsymbol{\alpha\beta}=\sum\limits_{i=1}^{n}a_ib_i$ 是一个数，而

$$\boldsymbol{\beta\alpha}=\begin{pmatrix} b_1a_1 & b_1a_2 & \cdots & b_1a_n \\ b_2a_1 & b_2a_2 & \cdots & b_2a_n \\ \vdots & \vdots & & \vdots \\ b_na_1 & b_na_2 & \cdots & b_na_n \end{pmatrix}$$

是一个 n 阶方阵.

(3) n 维零向量是任一 n 维向量组 $\boldsymbol{\alpha}_1,\boldsymbol{\alpha}_2,\cdots,\boldsymbol{\alpha}_n$ 的线性组合. 显然只要取 $k_1=k_2=\cdots=k_n=0$，则有 $k_1\boldsymbol{\alpha}_1+k_2\boldsymbol{\alpha}_2+\cdots+k_n\boldsymbol{\alpha}_n=\boldsymbol{0}$.

(4) 任何一个 n 维向量 $\boldsymbol{\alpha}=(a_1,a_2,\cdots,a_n)^{\mathrm{T}}$ 都能由 n 维单位向量组 $\boldsymbol{e}_1=(1,0,\cdots,0)^{\mathrm{T}}$，$\boldsymbol{e}_2=(0,1,\cdots,0)^{\mathrm{T}},\cdots,\boldsymbol{e}_n=(0,0,\cdots,1)^{\mathrm{T}}$ 线性表示. 显然有 $\boldsymbol{\alpha}=a_1\boldsymbol{e}_1+a_2\boldsymbol{e}_2+\cdots+a_n\boldsymbol{e}_n$.

例题精解

例 1　向量 $\boldsymbol{\beta}=(-5,9,-1)^{\mathrm{T}}$ 能否由向量组 $\boldsymbol{\alpha}_1=(1,2,0)^{\mathrm{T}},\boldsymbol{\alpha}_2=(-3,2,1)^{\mathrm{T}},\boldsymbol{\alpha}_3=(0,1,-1)^{\mathrm{T}}$ 线性表示？如果能够表示，试给出一种表示.

分析　判断向量 $\boldsymbol{\beta}$ 能否由向量组 $\boldsymbol{\alpha}_1,\boldsymbol{\alpha}_2,\cdots,\boldsymbol{\alpha}_s$ 线性表示及如何表示通常有两种方法：(1) 如果线性方程组 $x_1\boldsymbol{\alpha}_1+x_2\boldsymbol{\alpha}_2+\cdots+x_s\boldsymbol{\alpha}_s=\boldsymbol{\beta}$ 有解，则向量 $\boldsymbol{\beta}$ 能由向量组 $\boldsymbol{\alpha}_1,\boldsymbol{\alpha}_2,\cdots,\boldsymbol{\alpha}_s$ 线性表示，且组合系数就是方程组的解 $x_1,x_2,\cdots,x_s$，否则向量 $\boldsymbol{\beta}$ 不能由向量组 $\boldsymbol{\alpha}_1,\boldsymbol{\alpha}_2,\cdots,\boldsymbol{\alpha}_s$ 线性表示；(2) 构造矩阵 $\boldsymbol{A}=(\boldsymbol{\alpha}_1,\boldsymbol{\alpha}_2,\cdots,\boldsymbol{\alpha}_s)$，$\boldsymbol{B}=(\boldsymbol{\alpha}_1,\boldsymbol{\alpha}_2,\cdots,\boldsymbol{\alpha}_s,\boldsymbol{\beta})$，判断 $R(\boldsymbol{A})$ 和 $R(\boldsymbol{B})$ 是否相等. 如果 $R(\boldsymbol{A})=R(\boldsymbol{B})$，则向量 $\boldsymbol{\beta}$ 能由向量组 $\boldsymbol{\alpha}_1,\boldsymbol{\alpha}_2,\cdots,\boldsymbol{\alpha}_s$ 线性表示，此时用初等行变换把矩阵 $\boldsymbol{B}=(\boldsymbol{\alpha}_1,\boldsymbol{\alpha}_2,\cdots,\boldsymbol{\alpha}_s,\boldsymbol{\beta})$ 化为行最简形矩阵即可求出组合系数 $x_1,x_2,\cdots,x_s$.

解　**方法 1**　设 $x_1\boldsymbol{\alpha}_1+x_2\boldsymbol{\alpha}_2+x_3\boldsymbol{\alpha}_3=\boldsymbol{\beta}$，得线性方程组

$$\begin{cases} x_1-3x_2 \qquad =-5, \\ 2x_1+2x_2+x_3=9, \\ \qquad x_2-x_3=-1, \end{cases}$$

解方程组得 $x_1=1,x_2=2,x_3=3$. 因此，向量 $\boldsymbol{\beta}$ 能由向量组 $\boldsymbol{\alpha}_1,\boldsymbol{\alpha}_2,\boldsymbol{\alpha}_3$ 线性表示，且

$$\boldsymbol{\beta}=\boldsymbol{\alpha}_1+2\boldsymbol{\alpha}_2+3\boldsymbol{\alpha}_3.$$

方法 2 构造矩阵 $\boldsymbol{A}=(\boldsymbol{\alpha}_1,\boldsymbol{\alpha}_2,\boldsymbol{\alpha}_3)$ 和 $\boldsymbol{B}=(\boldsymbol{\alpha}_1,\boldsymbol{\alpha}_2,\boldsymbol{\alpha}_s,\boldsymbol{\beta})$，再将矩阵 $\boldsymbol{B}$ 化为行最简形矩阵，有

$$\boldsymbol{B}=\left(\begin{array}{ccc:c} 1 & -3 & 0 & -5 \\ 2 & 2 & 1 & 9 \\ 0 & 1 & -1 & -1 \end{array}\right) \xrightarrow{r} \left(\begin{array}{ccc:c} 1 & 0 & 0 & 1 \\ 0 & 1 & 0 & 2 \\ 0 & 0 & 1 & 3 \end{array}\right) \triangleq \boldsymbol{C}.$$

由 $\boldsymbol{C}$ 可以看出 $R(\boldsymbol{A})=R(\boldsymbol{B})$，所以向量 $\boldsymbol{\beta}$ 能由向量组 $\boldsymbol{\alpha}_1,\boldsymbol{\alpha}_2,\boldsymbol{\alpha}_3$ 线性表示，且

$$\boldsymbol{\beta}=\boldsymbol{\alpha}_1+2\boldsymbol{\alpha}_2+3\boldsymbol{\alpha}_3.$$

点评 因为求解线性方程组通常要用矩阵的初等行变换法，所以判断向量 $\boldsymbol{\beta}$ 能否由向量组 $\boldsymbol{\alpha}_1,\boldsymbol{\alpha}_2,\cdots,\boldsymbol{\alpha}_s$ 线性表示及如何表示可以直接使用方法 2.

例 2 设向量 $\boldsymbol{\beta}=(0,\lambda,\lambda^2)^{\mathrm{T}}$ 和向量组 $\boldsymbol{\alpha}_1=(1+\lambda,1,1)^{\mathrm{T}},\boldsymbol{\alpha}_2=(1,1+\lambda,1)^{\mathrm{T}},\boldsymbol{\alpha}_3=(1,1,1+\lambda)^{\mathrm{T}}$，问：当 λ 为何值时，

(1) $\boldsymbol{\beta}$ 可由向量组 $\boldsymbol{\alpha}_1,\boldsymbol{\alpha}_2,\boldsymbol{\alpha}_3$ 线性表示，且表示式唯一？

(2) $\boldsymbol{\beta}$ 可由向量组 $\boldsymbol{\alpha}_1,\boldsymbol{\alpha}_2,\boldsymbol{\alpha}_3$ 线性表示，且表示式不唯一？

(3) $\boldsymbol{\beta}$ 不能由向量组 $\boldsymbol{\alpha}_1,\boldsymbol{\alpha}_2,\boldsymbol{\alpha}_3$ 线性表示？

分析 判断 $\boldsymbol{\beta}$ 能否由向量组 $\boldsymbol{\alpha}_1,\boldsymbol{\alpha}_2,\boldsymbol{\alpha}_3$ 线性表示，即判断是否存在一组数 k_1,k_2,k_3，使得 $\boldsymbol{\beta}=k_1\boldsymbol{\alpha}_1+k_2\boldsymbol{\alpha}_2+k_3\boldsymbol{\alpha}_3$ 成立，亦即判断以 k_1,k_2,k_3 为未知量的方程组 $\boldsymbol{Ax}=\boldsymbol{\beta}$ 是否有解，其中

$$\boldsymbol{A}=(\boldsymbol{\alpha}_1,\boldsymbol{\alpha}_2,\boldsymbol{\alpha}_3),\quad \boldsymbol{x}=(k_1,k_2,k_3)^{\mathrm{T}}.$$

解 设 $\boldsymbol{\beta}=k_1\boldsymbol{\alpha}_1+k_2\boldsymbol{\alpha}_2+k_3\boldsymbol{\alpha}_3$，得线性方程组

$$\begin{cases} (1+\lambda)k_1+k_2+k_3=0, \\ k_1+(1+\lambda)k_2+k_3=\lambda, \\ k_1+k_2+(1+\lambda)k_3=\lambda^2, \end{cases}$$

其系数行列式

$$\begin{vmatrix} 1+\lambda & 1 & 1 \\ 1 & 1+\lambda & 1 \\ 1 & 1 & 1+\lambda \end{vmatrix}=\lambda^2(\lambda+3).$$

(1) 当 $\lambda\neq 0$ 且 $\lambda\neq -3$ 时，方程组有唯一解，此时 $\boldsymbol{\beta}$ 可由 $\boldsymbol{\alpha}_1,\boldsymbol{\alpha}_2,\boldsymbol{\alpha}_3$ 唯一地线性表示.

(2) 当 $\lambda=0$ 时，方程组是齐次线性方程组，由系数行列式等于零得方程组有无穷多解，$\boldsymbol{\beta}$ 可由 $\boldsymbol{\alpha}_1,\boldsymbol{\alpha}_2,\boldsymbol{\alpha}_3$ 线性表示，但表示式不唯一.

(3) 当 $\lambda=-3$ 时，对方程组的增广矩阵做初等行变换：

$$\left(\begin{array}{ccc:c} -2 & 1 & 1 & 0 \\ 1 & -2 & 1 & -3 \\ 1 & 1 & -2 & 9 \end{array}\right) \xrightarrow{r} \left(\begin{array}{ccc:c} 1 & 0 & -1 & 0 \\ 0 & 1 & -1 & 0 \\ 0 & 0 & 0 & 1 \end{array}\right).$$

显然，系数矩阵的秩为 2，增广矩阵的秩为 3，所以方程组无解. 因此，$\lambda=-3$ 时，$\boldsymbol{\beta}$ 不能由 $\boldsymbol{\alpha}_1,\boldsymbol{\alpha}_2,\boldsymbol{\alpha}_3$ 线性表示.

点评　对于这一类问题，通常先由线性表示及向量相等的定义将其转化为对应的线性方程组是否有解，有唯一解还是有无穷多解的问题，再按解含有参数方程组的方法进行求解. 当系数矩阵不是方阵时，则需要按一般方法对增广矩阵进行初等行变换化为行最简形或标准形矩阵，再分别讨论参数取不同值时方程组的解的情况.

例 3　证明：向量组 B：$\boldsymbol{\beta}_1=(1,0,1)$，$\boldsymbol{\beta}_2=(0,1,1)$，$\boldsymbol{\beta}_3=(1,3,5)$ 不能由向量组 A：$\boldsymbol{\alpha}_1=(1,1,1)$，$\boldsymbol{\alpha}_2=(1,2,3)$，$\boldsymbol{\alpha}_3=(3,4,5)$ 线性表示.

分析　由定理 2 可知，向量组 B 不能由向量组 A 线性表示，则 $R(\boldsymbol{A})$ 一定不等于 $R(\boldsymbol{A},\boldsymbol{B})$.

证　记矩阵 $\boldsymbol{A}=(\boldsymbol{\alpha}_1,\boldsymbol{\alpha}_2,\boldsymbol{\alpha}_3)$，$\boldsymbol{B}=(\boldsymbol{\beta}_1,\boldsymbol{\beta}_2,\boldsymbol{\beta}_3)$，对矩阵 $(\boldsymbol{A},\boldsymbol{B})$ 做初等行变换：

$$(\boldsymbol{A},\boldsymbol{B})=\left(\begin{array}{ccc:ccc}1&1&3&1&0&1\\1&2&4&0&1&3\\1&3&5&1&1&5\end{array}\right)\xrightarrow[r_3-r_1]{r_2-r_1}\left(\begin{array}{ccc:ccc}1&1&3&1&0&1\\0&1&1&-1&1&2\\0&2&2&0&1&4\end{array}\right)$$

$$\xrightarrow{r_3-2r_2}\left(\begin{array}{ccc:ccc}1&1&3&1&0&1\\0&1&1&-1&1&2\\0&0&0&2&-1&0\end{array}\right).$$

可见，$R(\boldsymbol{A})=2\neq R(\boldsymbol{A},\boldsymbol{B})=3$，所以向量组 B 不能由向量组 A 线性表示.

点评　定理 2 表明 $R(\boldsymbol{A})=R(\boldsymbol{A},\boldsymbol{B})$ 是向量组 B 能由向量组 A 线性表示的充要条件，故只要将矩阵 $(\boldsymbol{A},\boldsymbol{B})$ 通过初等行变换化为行阶梯形矩阵，即可判断出 $R(\boldsymbol{A})$ 与 $R(\boldsymbol{A},\boldsymbol{B})$ 是否相等. 需要特别注意在合并矩阵 $\boldsymbol{A}$ 与 $\boldsymbol{B}$ 时，不能把 $(\boldsymbol{A},\boldsymbol{B})$ 误写成 $(\boldsymbol{B},\boldsymbol{A})$. 如在本题中，因为

$$(\boldsymbol{B},\boldsymbol{A})=\left(\begin{array}{ccc:ccc}1&0&1&1&1&3\\0&1&3&1&2&4\\1&1&5&1&3&5\end{array}\right)\xrightarrow{r_3-r_1}\left(\begin{array}{ccc:ccc}1&0&1&1&1&3\\0&1&3&1&2&4\\0&1&4&0&2&2\end{array}\right)$$

$$\xrightarrow{r_3-r_2}\left(\begin{array}{ccc:ccc}1&0&1&1&1&3\\0&1&3&1&2&4\\0&0&1&-1&0&-2\end{array}\right),$$

显然，$R(\boldsymbol{B})=R(\boldsymbol{B},\boldsymbol{A})$，所以向量组 A 能由向量组 B 线性表示.

§4.2　向量组的线性相关性

基本要求

(1) 理解向量组线性相关与线性无关的概念及其性质.

(2) 掌握向量组线性相关的充要条件.

(3) 熟练掌握判断向量组线性相关的方法.

内容简述

1. 线性相关与线性无关的概念

对于向量组 A:$\boldsymbol{\alpha}_1,\boldsymbol{\alpha}_2,\cdots,\boldsymbol{\alpha}_s$，若存在一组不全为零的数 $k_1,k_2,\cdots,k_s$，使得 $k_1\boldsymbol{\alpha}_1+k_2\boldsymbol{\alpha}_2+\cdots+k_s\boldsymbol{\alpha}_s=\mathbf{0}$,则称向量组 A 是线性相关的,否则称它是线性无关的.

由定义可得到常用的几个性质:

(1) 零向量是线性相关的.

(2) 任一非零向量线性无关.

(3) 包含零向量的向量组是线性相关的.

(4) 两个向量线性相关的充要条件是它们的对应分量成比例.

(5) 向量组 A:$\boldsymbol{\alpha}_1,\boldsymbol{\alpha}_2,\cdots,\boldsymbol{\alpha}_s$ 线性无关的充要条件是当且仅当 $k_1=k_2=\cdots=k_s=0$ 时，$k_1\boldsymbol{\alpha}_1+k_2\boldsymbol{\alpha}_2+\cdots+k_s\boldsymbol{\alpha}_s=\mathbf{0}$ 成立.

2. 线性相关性的判定

(1) 向量组 A:$\boldsymbol{\alpha}_1,\boldsymbol{\alpha}_2,\cdots,\boldsymbol{\alpha}_s(s\geqslant 2)$ 线性相关的充要条件是向量组 A 中至少有一个向量能由其余向量线性表示.

(2) 向量组 A:$\boldsymbol{\alpha}_1,\boldsymbol{\alpha}_2,\cdots,\boldsymbol{\alpha}_s$ 线性相关的充要条件是$R(\boldsymbol{A})<s$;线性无关的充要条件是$R(\boldsymbol{A})=s$,其中 $\boldsymbol{A}$ 为由向量组 A 构成的矩阵.

(3) 若向量组A:$\boldsymbol{\alpha}_1,\boldsymbol{\alpha}_2,\cdots,\boldsymbol{\alpha}_s$ 线性相关,则向量组B:$\boldsymbol{\alpha}_1,\boldsymbol{\alpha}_2,\cdots,\boldsymbol{\alpha}_s,\boldsymbol{\alpha}_{s+1},\cdots,\boldsymbol{\alpha}_t$ 也线性相关. 反之,若向量组 B 线性无关,则向量组 A 也线性无关.

(4) 设向量$\boldsymbol{\alpha}_j=\begin{pmatrix}a_{1j}\\a_{2j}\\\vdots\\a_{rj}\end{pmatrix},\boldsymbol{\beta}_j=\begin{pmatrix}a_{1j}\\a_{2j}\\\vdots\\a_{rj}\\a_{r+1,j}\end{pmatrix}(j=1,2,\cdots,s)$. 若向量组 A:$\boldsymbol{\alpha}_1,\boldsymbol{\alpha}_2,\cdots,\boldsymbol{\alpha}_s$ 线性无关,则向量组 B:$\boldsymbol{\beta}_1,\boldsymbol{\beta}_2,\cdots,\boldsymbol{\beta}_s$ 也线性无关. 反之,若向量组 B 线性相关,则向量组 A 也线性相关.

(5) 对于 s 个 n 维向量组成的向量组,当维数 n 小于向量个数 s 时,它一定线性相关. 特别地,$n+1$ 个 n 维向量一定线性相关.

(6) 设向量组 A:$\boldsymbol{\alpha}_1,\boldsymbol{\alpha}_2,\cdots,\boldsymbol{\alpha}_s$ 线性无关,而向量组 B:$\boldsymbol{\alpha}_1,\boldsymbol{\alpha}_2,\cdots,\boldsymbol{\alpha}_s,\boldsymbol{\beta}$ 线性相关,则向量 $\boldsymbol{\beta}$ 一定可由向量组 A 线性表示,且表示式是唯一的.

疑难评注

(1) 根据向量组线性相关的定义,向量组 $\boldsymbol{\alpha}_1,\boldsymbol{\alpha}_2,\cdots,\boldsymbol{\alpha}_s$ 线性相关是指存在s个不全为零的数 $k_1,k_2,\cdots,k_s$,使得 $k_1\boldsymbol{\alpha}_1+k_2\boldsymbol{\alpha}_2+\cdots+k_s\boldsymbol{\alpha}_s=\mathbf{0}$,而并不是任意不全为零的数 $k_1,k_2,\cdots,k_s$ 都能使得等式成立(除非 $\boldsymbol{\alpha}_1=\boldsymbol{\alpha}_2=\cdots=\boldsymbol{\alpha}_s=\mathbf{0}$).

例如,设向量 $\boldsymbol{\alpha}_1=(1,0,0)^{\mathrm{T}},\boldsymbol{\alpha}_2=(0,1,0)^{\mathrm{T}},\boldsymbol{\alpha}_3=(2,-3,0)^{\mathrm{T}}$,有 $2\boldsymbol{\alpha}_1-3\boldsymbol{\alpha}_2-\boldsymbol{\alpha}_3=\mathbf{0}$,因而 $\boldsymbol{\alpha}_1,\boldsymbol{\alpha}_2,\boldsymbol{\alpha}_3$ 线性相关,这里存在 3 个数 $k_1=2,k_2=-3,k_3=-1$. 如果任取一组数 $k_1=2,k_2=1,k_3=-2$,可以算出 $2\boldsymbol{\alpha}_1+\boldsymbol{\alpha}_2-2\boldsymbol{\alpha}_3\neq\mathbf{0}$.

(2) 向量组 $\boldsymbol{\alpha}_1,\boldsymbol{\alpha}_2,\cdots,\boldsymbol{\alpha}_s$ 线性无关是指当且仅当 $k_1=k_2=\cdots=k_s=0$ 时，有 $k_1\boldsymbol{\alpha}_1+k_2\boldsymbol{\alpha}_2+\cdots+k_s\boldsymbol{\alpha}_s=\mathbf{0}$ 成立. 对于任何向量组 $\boldsymbol{\alpha}_1,\boldsymbol{\alpha}_2,\cdots,\boldsymbol{\alpha}_s$ 和数 $k_1=k_2=\cdots=k_s=0$，都有 $k_1\boldsymbol{\alpha}_1+k_2\boldsymbol{\alpha}_2+\cdots+k_s\boldsymbol{\alpha}_s=\mathbf{0}$，这并不能判断向量组 $\boldsymbol{\alpha}_1,\boldsymbol{\alpha}_2,\cdots,\boldsymbol{\alpha}_s$ 是线性相关的还是线性无关的.

(3) 若向量 $\boldsymbol{\alpha}_3$ 不能由 $\boldsymbol{\alpha}_1,\boldsymbol{\alpha}_2$ 线性表示，向量组 $\boldsymbol{\alpha}_1,\boldsymbol{\alpha}_2,\boldsymbol{\alpha}_3$ 不一定线性无关. 例如，向量 $\boldsymbol{\alpha}_3=(0,1)^{\mathrm{T}}$ 不能由 $\boldsymbol{\alpha}_1=(1,0)^{\mathrm{T}},\boldsymbol{\alpha}_2=(2,0)^{\mathrm{T}}$ 线性表示，但 $\boldsymbol{\alpha}_1,\boldsymbol{\alpha}_2,\boldsymbol{\alpha}_3$ 是线性相关的($\boldsymbol{\alpha}_1,\boldsymbol{\alpha}_2$ 线性相关). 当且仅当 $\boldsymbol{\alpha}_1,\boldsymbol{\alpha}_2,\boldsymbol{\alpha}_3$ 中任一向量都不能由其余向量线性表示时，向量组 $\boldsymbol{\alpha}_1,\boldsymbol{\alpha}_2,\boldsymbol{\alpha}_3$ 才线性无关.

(4) 如果向量组 A:$\boldsymbol{\alpha}_1,\boldsymbol{\alpha}_2,\cdots,\boldsymbol{\alpha}_s$ 是线性相关的，只要求向量组 A 中至少有一个向量能由其余向量线性表示，并不要求向量组 A 中每个向量都能表示为其余向量的线性组合. 例如，向量组 A:$\boldsymbol{\alpha}_1=(0,0,0)^{\mathrm{T}},\boldsymbol{\alpha}_2=(1,2,3)^{\mathrm{T}}$ 是线性相关的，但 $\boldsymbol{\alpha}_2$ 不能由 $\boldsymbol{\alpha}_1$ 线性表示.

例题精解

例 1　设向量组 A:$\boldsymbol{\alpha}_1=(1,1,1)^{\mathrm{T}},\boldsymbol{\alpha}_2=(1,2,3)^{\mathrm{T}},\boldsymbol{\alpha}_3=(1,3,t)^{\mathrm{T}}$，问：当 t 为何值时，(1) 向量组 A 线性相关？(2) 向量组 A 线性无关？

分析　向量组 A 由 3 个三维向量构成，则向量组 A 的线性相关性可由其构成的矩阵 $\boldsymbol{A}$ 对应行列式 $|\boldsymbol{A}|$ 是否等于零进行判断.

解　记矩阵 $\boldsymbol{A}=(\boldsymbol{\alpha}_1,\boldsymbol{\alpha}_2,\boldsymbol{\alpha}_3)$，因为

$$|\boldsymbol{A}|=\begin{vmatrix}1&1&1\\1&2&3\\1&3&t\end{vmatrix}=t-5,$$

所以可以推断，

(1) 当 $t=5$ 时，向量组 A 线性相关.

(2) 当 $t\neq 5$ 时，向量组 A 线性无关.

点评　*在向量组可组成方阵的时候，判断向量组的线性相关性可转化为判断方阵的行列式是否为零.*

例 2　判断向量组 A:$\boldsymbol{\alpha}_1=(1,-2,0,3)^{\mathrm{T}},\boldsymbol{\alpha}_2=(2,5,-1,0)^{\mathrm{T}},\boldsymbol{\alpha}_3=(3,4,1,2)^{\mathrm{T}}$ 是否线性相关.

分析　讨论向量组线性相关性有多种方法，通常利用线性相关性的定义或定理进行判别.

解　**方法 1**　设 $k_1\boldsymbol{\alpha}_1+k_2\boldsymbol{\alpha}_2+k_3\boldsymbol{\alpha}_3=\mathbf{0}$，得线性方程组

$$\begin{cases}k_1+2k_2+3k_3=0,\\-2k_1+5k_2+4k_3=0,\\-k_2+k_3=0,\\3k_1+2k_3=0.\end{cases}$$

解方程组可得 $k_1=k_2=k_3=0$，所以 $\boldsymbol{\alpha}_1,\boldsymbol{\alpha}_2,\boldsymbol{\alpha}_3$ 线性无关.

方法 2　记矩阵 $\boldsymbol{A}=(\boldsymbol{\alpha}_1,\boldsymbol{\alpha}_2,\boldsymbol{\alpha}_3)$，对 $\boldsymbol{A}$ 做初等行变换：

$$\boldsymbol{A}=\begin{pmatrix}1&2&3\\-2&5&4\\0&-1&1\\3&0&2\end{pmatrix}\xrightarrow{r}\begin{pmatrix}1&0&0\\0&1&0\\0&0&1\\0&0&0\end{pmatrix},$$

易得 $R(\boldsymbol{A})=3$. 于是,由线性相关性的判定定理可知 $\boldsymbol{\alpha}_1,\boldsymbol{\alpha}_2,\boldsymbol{\alpha}_3$ 线性无关.

点评 本题的两种解法是判断向量组线性相关性的常用方法.

例 3 设 n 维向量组 $\boldsymbol{\alpha}_1,\boldsymbol{\alpha}_2,\cdots,\boldsymbol{\alpha}_n$ 线性无关,令

$$\begin{cases}\boldsymbol{\beta}_1=a_{11}\boldsymbol{\alpha}_1+a_{12}\boldsymbol{\alpha}_2+\cdots+a_{1n}\boldsymbol{\alpha}_n,\\ \boldsymbol{\beta}_2=a_{21}\boldsymbol{\alpha}_1+a_{22}\boldsymbol{\alpha}_2+\cdots+a_{2n}\boldsymbol{\alpha}_n,\\ \cdots\cdots\\ \boldsymbol{\beta}_n=a_{n1}\boldsymbol{\alpha}_1+a_{n2}\boldsymbol{\alpha}_2+\cdots+a_{nn}\boldsymbol{\alpha}_n.\end{cases}$$

证明:向量组 $\boldsymbol{\beta}_1,\boldsymbol{\beta}_2,\cdots,\boldsymbol{\beta}_n$ 线性无关的充要条件为

$$\begin{vmatrix}a_{11}&a_{12}&\cdots&a_{1n}\\a_{21}&a_{22}&\cdots&a_{2n}\\\vdots&\vdots&&\vdots\\a_{n1}&a_{n2}&\cdots&a_{nn}\end{vmatrix}\neq 0.$$

分析 利用 $\boldsymbol{\alpha}_1,\boldsymbol{\alpha}_2,\cdots,\boldsymbol{\alpha}_n$ 线性无关及 $\boldsymbol{\alpha}_1,\boldsymbol{\alpha}_2,\cdots,\boldsymbol{\alpha}_n$ 与 $\boldsymbol{\beta}_1,\boldsymbol{\beta}_2,\cdots,\boldsymbol{\beta}_n$ 的关系寻找 $\boldsymbol{\beta}_1,\boldsymbol{\beta}_2,\cdots,\boldsymbol{\beta}_n$ 线性无关的充要条件.

证 设 $k_1\boldsymbol{\beta}_1+k_2\boldsymbol{\beta}_2+\cdots+k_n\boldsymbol{\beta}_n=\boldsymbol{0}$,从而有

$$k_1(a_{11}\boldsymbol{\alpha}_1+a_{12}\boldsymbol{\alpha}_2+\cdots+a_{1n}\boldsymbol{\alpha}_n)+k_2(a_{21}\boldsymbol{\alpha}_1+a_{22}\boldsymbol{\alpha}_2+\cdots+a_{2n}\boldsymbol{\alpha}_n)$$
$$+\cdots+k_n(a_{n1}\boldsymbol{\alpha}_1+a_{n2}\boldsymbol{\alpha}_2+\cdots+a_{nn}\boldsymbol{\alpha}_n)=\boldsymbol{0},$$

整理可得

$$(k_1a_{11}+k_2a_{21}+\cdots+k_na_{n1})\boldsymbol{\alpha}_1+(k_1a_{12}+k_2a_{22}+\cdots+k_na_{n2})\boldsymbol{\alpha}_2$$
$$+\cdots+(k_1a_{1n}+k_2a_{2n}+\cdots+k_na_{nn})\boldsymbol{\alpha}_n=\boldsymbol{0}.$$

因为 $\boldsymbol{\alpha}_1,\boldsymbol{\alpha}_2,\cdots,\boldsymbol{\alpha}_n$ 线性无关,所以有线性方程组

$$\begin{cases}k_1a_{11}+k_2a_{21}+\cdots+k_na_{n1}=0,\\k_1a_{12}+k_2a_{22}+\cdots+k_na_{n2}=0,\\\cdots\cdots\\k_1a_{1n}+k_2a_{2n}+\cdots+k_na_{nn}=0.\end{cases}$$

而齐次线性方程组只有零解,即 $k_1,k_2,\cdots,k_n$ 全为零的充要条件是方程组的系数行列式

$$\begin{vmatrix}a_{11}&a_{21}&\cdots&a_{n1}\\a_{12}&a_{22}&\cdots&a_{n2}\\\vdots&\vdots&&\vdots\\a_{1n}&a_{2n}&\cdots&a_{nn}\end{vmatrix}\neq 0,\quad \text{即}\quad \begin{vmatrix}a_{11}&a_{12}&\cdots&a_{1n}\\a_{21}&a_{22}&\cdots&a_{2n}\\\vdots&\vdots&&\vdots\\a_{n1}&a_{n2}&\cdots&a_{nn}\end{vmatrix}\neq 0.$$

因此,$\boldsymbol{\beta}_1,\boldsymbol{\beta}_2,\cdots,\boldsymbol{\beta}_n$ 线性无关的充要条件为

$$\begin{vmatrix}a_{11}&a_{12}&\cdots&a_{1n}\\a_{21}&a_{22}&\cdots&a_{2n}\\\vdots&\vdots&&\vdots\\a_{n1}&a_{n2}&\cdots&a_{nn}\end{vmatrix}\neq 0.$$

点评 对于抽象向量组通常用其定义进行证明,本题中还利用了两个向量组之间的联系及齐次线性方程组只有零解的充要条件.

§4.3 向量组的秩

基本要求

(1) 理解向量组的极大线性无关组的概念及其性质.

(2) 理解向量组的秩的概念及其性质.

(3) 掌握求向量组的极大线性无关组的方法.

内容简述

1. 极大线性无关组

如果在向量组A中能选出r个线性无关的向量$\boldsymbol{\alpha}_1,\boldsymbol{\alpha}_2,\cdots,\boldsymbol{\alpha}_r$,且A中任意$r+1$个向量(如果有的话)都线性相关,那么称$\boldsymbol{\alpha}_1,\boldsymbol{\alpha}_2,\cdots,\boldsymbol{\alpha}_r$为向量组A的一个极大线性无关向量组,简称极大线性无关组.

极大线性无关组有以下性质:

(1) 线性无关的向量组本身就是它的极大线性无关组.

(2) 向量组与它的极大线性无关组等价.

(3) 向量组的任意两个极大线性无关组必等价,从而它们所含向量的个数相等.

2. 向量组的秩

向量组的极大线性无关组所含向量的个数r称为该向量组A的秩.

等价的向量组有相同的秩.

3. 矩阵的秩和向量组的秩之间的关系

矩阵$\boldsymbol{A}$的秩等于$\boldsymbol{A}$的列向量组的秩,也等于$\boldsymbol{A}$的行向量组的秩.

疑难评注

(1) 等价的向量组有相同的秩,但秩相等的两个向量组不一定等价. 例如,向量组A:$\boldsymbol{\alpha}_1=(1,0)^{\mathrm{T}},\boldsymbol{\alpha}_2=(-2,0)^{\mathrm{T}}$与B:$\boldsymbol{\beta}_1=(0,1)^{\mathrm{T}},\boldsymbol{\beta}_2=(0,0)^{\mathrm{T}}$的秩都为1,但它们不等价.

(2) 任何一个含有非零向量的向量组必有极大线性无关组,并且一般的向量组的极大线性无关组不是唯一的,但其秩是唯一确定的. 例如,向量组A:$\boldsymbol{\alpha}_1=(1,0,0)^{\mathrm{T}},\boldsymbol{\alpha}_2=(0,1,0)^{\mathrm{T}},\boldsymbol{\alpha}_3=(1,1,0)^{\mathrm{T}}$的一个极大线性无关组为$\boldsymbol{\alpha}_1,\boldsymbol{\alpha}_2$,而$\boldsymbol{\alpha}_1,\boldsymbol{\alpha}_3$和$\boldsymbol{\alpha}_2,\boldsymbol{\alpha}_3$也是它的一个极大线性无关组.

(3) 若向量组A:$\boldsymbol{\alpha}_1,\boldsymbol{\alpha}_2,\cdots,\boldsymbol{\alpha}_s$的秩为$r(r\leqslant s)$,则只知A中存在$r$个向量可以构成它的一个极大线性无关组,而不是A中任意r个向量都能构成它的一个极大线性无关组(这r个向量可能线性相关). 例如,设向量组A:$\boldsymbol{\alpha}_1=(2,4,6)^{\mathrm{T}},\boldsymbol{\alpha}_2=(1,2,3)^{\mathrm{T}},\boldsymbol{\alpha}_3=(1,0,1)^{\mathrm{T}}$,显然

$R(\boldsymbol{\alpha}_1,\boldsymbol{\alpha}_2,\boldsymbol{\alpha}_3)=2$,但 $\boldsymbol{\alpha}_1,\boldsymbol{\alpha}_2$ 不能构成它的极大线性无关组.

例题精解

例 1 求向量组 $\boldsymbol{\alpha}_1=(2,1,4,3)^{\mathrm{T}},\boldsymbol{\alpha}_2=(-1,1,-6,6)^{\mathrm{T}},\boldsymbol{\alpha}_3=(-1,-2,2,-9)^{\mathrm{T}}$,$\boldsymbol{\alpha}_4=(1,1,-2,7)^{\mathrm{T}},\boldsymbol{\alpha}_5=(2,4,4,9)^{\mathrm{T}}$ 的一个极大线性无关组和秩.

分析 把向量组 $\boldsymbol{\alpha}_1,\boldsymbol{\alpha}_2,\boldsymbol{\alpha}_3,\boldsymbol{\alpha}_4,\boldsymbol{\alpha}_5$ 排成一个矩阵 $\boldsymbol{A}$,对矩阵 $\boldsymbol{A}$ 做初等行变换求出其秩,即是向量组的秩,从行阶梯形矩阵中可以找出相应的向量组的一个极大线性无关组.

解 记矩阵 $\boldsymbol{A}=(\boldsymbol{\alpha}_1,\boldsymbol{\alpha}_2,\boldsymbol{\alpha}_3,\boldsymbol{\alpha}_4,\boldsymbol{\alpha}_5)$,对 $\boldsymbol{A}$ 做初等行变换:

$$\boldsymbol{A}=\begin{pmatrix}2&-1&-1&1&2\\1&1&-2&1&4\\4&-6&2&-2&4\\3&6&-9&7&9\end{pmatrix}\xrightarrow{r}\begin{pmatrix}1&1&-2&1&4\\0&1&-1&0&3\\0&0&0&1&-3\\0&0&0&0&0\end{pmatrix}.$$

由此可知 $R(\boldsymbol{A})=3$,故向量组 $\boldsymbol{\alpha}_1,\boldsymbol{\alpha}_2,\boldsymbol{\alpha}_3,\boldsymbol{\alpha}_4,\boldsymbol{\alpha}_5$ 的秩为 3,从而极大线性无关组中有三个向量. 由 $R(\boldsymbol{\alpha}_1,\boldsymbol{\alpha}_2,\boldsymbol{\alpha}_4)=3$ 可知,$\boldsymbol{\alpha}_1,\boldsymbol{\alpha}_2,\boldsymbol{\alpha}_4$ 线性无关,故 $\boldsymbol{\alpha}_1,\boldsymbol{\alpha}_2,\boldsymbol{\alpha}_4$ 是向量组的一个极大线性无关组.

显然,$\boldsymbol{\alpha}_1,\boldsymbol{\alpha}_2,\boldsymbol{\alpha}_5$ 和 $\boldsymbol{\alpha}_1,\boldsymbol{\alpha}_3,\boldsymbol{\alpha}_4$ 也是向量组的极大线性无关组.

点评 对这一类分量为具体数字的向量组求秩及极大线性无关组的题型,通常用矩阵的初等行变换来计算. 需要注意的是,向量组的秩 r 是唯一的,但极大线性无关组不唯一,向量组中任意 r 个线性无关的向量都可以构成极大线性无关组.

例 2 讨论向量组 A:$\boldsymbol{\alpha}_1=(1,0,2,3)^{\mathrm{T}},\boldsymbol{\alpha}_2=(1,1,3,5)^{\mathrm{T}},\boldsymbol{\alpha}_3=(1,-1,t,1)^{\mathrm{T}},\boldsymbol{\alpha}_4=(1,3,4,7)^{\mathrm{T}}$ 的秩,其中 t 为参数.

分析 对矩阵 $\boldsymbol{A}=(\boldsymbol{\alpha}_1,\boldsymbol{\alpha}_2,\boldsymbol{\alpha}_3,\boldsymbol{\alpha}_4)$ 做初等行变换化为行阶梯形矩阵,然后通过讨论参数 t 的取值确定向量组的秩.

解 记矩阵 $\boldsymbol{A}=(\boldsymbol{\alpha}_1,\boldsymbol{\alpha}_2,\boldsymbol{\alpha}_3,\boldsymbol{\alpha}_4)$,对 $\boldsymbol{A}$ 做初等行变换:

$$\boldsymbol{A}=\begin{pmatrix}1&1&1&1\\0&1&-1&3\\2&3&t&4\\3&5&1&7\end{pmatrix}\xrightarrow{r}\begin{pmatrix}1&1&1&1\\0&1&-1&3\\0&0&t-1&0\\0&0&0&1\end{pmatrix}.$$

由此可见,当 $t=1$ 时,$R(\boldsymbol{A})=3$,即向量组 A 的秩为 3;当 $t\neq1$ 时,$R(\boldsymbol{A})=4$,即向量组 A 的秩为 4.

点评 本题中向量组构成的矩阵 $\boldsymbol{A}$ 是一个含参数的方阵,对这类题型也可以先求方阵的行列式. 若 $|\boldsymbol{A}|\neq0$,则 A 是满秩的;若 $|\boldsymbol{A}|=0$,则需要对参数特定的值分别讨论.

例 3 设向量组 A:$\boldsymbol{\alpha}_1,\boldsymbol{\alpha}_2,\boldsymbol{\alpha}_3$,B:$\boldsymbol{\alpha}_1,\boldsymbol{\alpha}_2,\boldsymbol{\alpha}_3,\boldsymbol{\alpha}_4$,C:$\boldsymbol{\alpha}_1,\boldsymbol{\alpha}_2,\boldsymbol{\alpha}_3,\boldsymbol{\alpha}_5$,且这三个向量组的秩分别为 3,3,4,证明:向量组 $\boldsymbol{\alpha}_1,\boldsymbol{\alpha}_2,\boldsymbol{\alpha}_3,\boldsymbol{\alpha}_5-\boldsymbol{\alpha}_4$ 的秩为 4.

分析 证 $R(\boldsymbol{\alpha}_1,\boldsymbol{\alpha}_2,\boldsymbol{\alpha}_3,\boldsymbol{\alpha}_5-\boldsymbol{\alpha}_4)=4$ 等价于证向量组 $\boldsymbol{\alpha}_1,\boldsymbol{\alpha}_2,\boldsymbol{\alpha}_3,\boldsymbol{\alpha}_5-\boldsymbol{\alpha}_4$ 线性无关.

证 记 $\boldsymbol{A},\boldsymbol{B},\boldsymbol{C}$ 分别为由向量组 A,B,C 构成的矩阵. 由 $R(\boldsymbol{A})=R(\boldsymbol{B})=3$ 知,$\boldsymbol{\alpha}_1,\boldsymbol{\alpha}_2,\boldsymbol{\alpha}_3$ 线性无关,而 $\boldsymbol{\alpha}_1,\boldsymbol{\alpha}_2,\boldsymbol{\alpha}_3,\boldsymbol{\alpha}_4$ 线性相关,从而 $\boldsymbol{\alpha}_4$ 可由 $\boldsymbol{\alpha}_1,\boldsymbol{\alpha}_2,\boldsymbol{\alpha}_3$ 唯一线性表示,即存在一组数 k_1,

k_2, k_3,使得

$$\boldsymbol{\alpha}_4 = k_1\boldsymbol{\alpha}_1 + k_2\boldsymbol{\alpha}_2 + k_3\boldsymbol{\alpha}_3.$$

若有关系式

$$x_1\boldsymbol{\alpha}_1 + x_2\boldsymbol{\alpha}_2 + x_3\boldsymbol{\alpha}_3 + x_4(\boldsymbol{\alpha}_5 - \boldsymbol{\alpha}_4) = \mathbf{0},$$

则将 $\boldsymbol{\alpha}_4 = k_1\boldsymbol{\alpha}_1 + k_2\boldsymbol{\alpha}_2 + k_3\boldsymbol{\alpha}_3$ 代入上式可得

$$x_1\boldsymbol{\alpha}_1 + x_2\boldsymbol{\alpha}_2 + x_3\boldsymbol{\alpha}_3 + x_4(\boldsymbol{\alpha}_5 - k_1\boldsymbol{\alpha}_1 - k_2\boldsymbol{\alpha}_2 - k_3\boldsymbol{\alpha}_3) = \mathbf{0},$$

整理得

$$(x_1 - k_1x_4)\boldsymbol{\alpha}_1 + (x_2 - k_2x_4)\boldsymbol{\alpha}_2 + (x_3 - k_3x_4)\boldsymbol{\alpha}_3 + x_4\boldsymbol{\alpha}_5 = \mathbf{0}.$$

由 $R(\boldsymbol{C}) = 4$ 知,$\boldsymbol{\alpha}_1, \boldsymbol{\alpha}_2, \boldsymbol{\alpha}_3, \boldsymbol{\alpha}_5$ 线性无关,即上式中系数全为零,则有线性方程组

$$\begin{cases} x_1 - k_1x_4 = 0, \\ x_2 - k_2x_4 = 0, \\ x_3 - k_3x_4 = 0, \\ x_4 = 0, \end{cases}$$

解得 $x_1 = x_2 = x_3 = x_4 = 0$,即 $R(\boldsymbol{\alpha}_1, \boldsymbol{\alpha}_2, \boldsymbol{\alpha}_3, \boldsymbol{\alpha}_5 - \boldsymbol{\alpha}_4) = 4$.

点评　本题利用了向量组的线性相关性与秩的关系及表示式唯一的定理.

§4.4　线性方程组解的结构

基本要求

(1) 理解齐次线性方程组解的性质及结构.

(2) 理解非齐次线性方程组解的性质及结构.

(3) 掌握求齐次线性方程组的基础解系及通解的方法.

(4) 掌握求非齐次线性方程组的通解的方法.

内容简述

1. 齐次线性方程组解的性质及结构

(1) 若 $\boldsymbol{\xi}_1, \boldsymbol{\xi}_2$ 均为方程组 $\boldsymbol{Ax} = \mathbf{0}$ 的解,则 $\boldsymbol{\xi}_1 + \boldsymbol{\xi}_2$ 也是 $\boldsymbol{Ax} = \mathbf{0}$ 的解.

(2) 若 $\boldsymbol{\xi}$ 为方程组 $\boldsymbol{Ax} = \mathbf{0}$ 的解,k 为实数,则 $k\boldsymbol{\xi}$ 也是 $\boldsymbol{Ax} = \mathbf{0}$ 的解.

(3) 齐次线性方程组的解向量的极大线性无关组称为该齐次线性方程组的基础解系.

(4) 若 $\boldsymbol{\xi}_1, \boldsymbol{\xi}_2, \cdots, \boldsymbol{\xi}_{n-r}$ 是 $\boldsymbol{Ax} = \mathbf{0}$ 的基础解系,则方程组 $\boldsymbol{Ax} = \mathbf{0}$ 的任一个解都可由 $\boldsymbol{\xi}_1, \boldsymbol{\xi}_2, \cdots, \boldsymbol{\xi}_{n-r}$ 线性表示,从而 $\boldsymbol{Ax} = \mathbf{0}$ 的通解为 $t_1\boldsymbol{\xi}_1 + t_2\boldsymbol{\xi}_2 + \cdots + t_{n-r}\boldsymbol{\xi}_{n-r}$,其中 $t_1, t_2, \cdots, t_{n-r}$ 为任意常数.

(5) 若 n 元齐次线性方程组 $\boldsymbol{Ax} = \mathbf{0}$ 的系数矩阵 $\boldsymbol{A}$ 的秩 $R(\boldsymbol{A}) = r < n$,则方程组 $\boldsymbol{Ax} = \mathbf{0}$ 的基础解系一定存在,且基础解系中所含解向量的个数为 $n - r$.

2. 非齐次线性方程组解的性质及结构

(1) 若 $\boldsymbol{\eta}_1,\boldsymbol{\eta}_2$ 是非齐次线性方程组 $\boldsymbol{A}\boldsymbol{x}=\boldsymbol{b}$ 的解,则 $\boldsymbol{\eta}_1-\boldsymbol{\eta}_2$ 是其导出组 $\boldsymbol{A}\boldsymbol{x}=\boldsymbol{0}$ 的解.

(2) 若 $\boldsymbol{\eta}$ 是非齐次线性方程组 $\boldsymbol{A}\boldsymbol{x}=\boldsymbol{b}$ 的解,$\boldsymbol{\xi}$ 是其导出组 $\boldsymbol{A}\boldsymbol{x}=\boldsymbol{0}$ 的解,则 $\boldsymbol{\eta}+\boldsymbol{\xi}$ 也是 $\boldsymbol{A}\boldsymbol{x}=\boldsymbol{b}$ 的解.

(3) 若 $\boldsymbol{\eta}^*$ 是非齐次线性方程组 $\boldsymbol{A}\boldsymbol{x}=\boldsymbol{b}$ 的一个特解,$\boldsymbol{\xi}$ 是其导出组 $\boldsymbol{A}\boldsymbol{x}=\boldsymbol{0}$ 的通解,则 $\boldsymbol{A}\boldsymbol{x}=\boldsymbol{b}$ 的通解为 $\boldsymbol{x}=\boldsymbol{\eta}^*+\boldsymbol{\xi}$.

疑难评注

(1) 若 n 元齐次线性方程组 $\boldsymbol{A}\boldsymbol{x}=\boldsymbol{0}$ 的系数矩阵 $\boldsymbol{A}$ 的秩 $R(\boldsymbol{A})=n$,则 $\boldsymbol{A}\boldsymbol{x}=\boldsymbol{0}$ 只有零解,这时它没有基础解系;若 $\boldsymbol{A}\boldsymbol{x}=\boldsymbol{0}$ 的系数矩阵 $\boldsymbol{A}$ 的秩 $R(\boldsymbol{A})=r<n$,则 $\boldsymbol{A}\boldsymbol{x}=\boldsymbol{0}$ 的基础解系一定存在,且基础解系中所含解向量的个数为 $n-r$. 方程组 $\boldsymbol{A}\boldsymbol{x}=\boldsymbol{0}$ 的基础解系不是唯一的,但同一个方程组的不同基础解系是可以相互线性表示的.

(2) 非齐次线性方程组 $\boldsymbol{A}\boldsymbol{x}=\boldsymbol{b}$ 解的线性组合一般不是它的解,除非组合的系数之和等于1. 事实上,设 $\boldsymbol{\eta}_1,\boldsymbol{\eta}_2,\cdots,\boldsymbol{\eta}_s$ 是方程组 $\boldsymbol{A}\boldsymbol{x}=\boldsymbol{b}$ 的 s 个解,$k_1,k_2,\cdots,k_s$ 是数. 因为

$$\begin{aligned}\boldsymbol{A}(k_1\boldsymbol{\eta}_1+k_2\boldsymbol{\eta}_2+\cdots+k_s\boldsymbol{\eta}_s)&=k_1\boldsymbol{A}\boldsymbol{\eta}_1+k_2\boldsymbol{A}\boldsymbol{\eta}_2+\cdots+k_s\boldsymbol{A}\boldsymbol{\eta}_s\\&=k_1\boldsymbol{b}+k_2\boldsymbol{b}+\cdots+k_s\boldsymbol{b}\\&=(k_1+k_2+\cdots+k_s)\boldsymbol{b},\end{aligned}$$

所以当 $k_1+k_2+\cdots+k_s=1$ 时,线性组合 $k_1\boldsymbol{\eta}_1+k_2\boldsymbol{\eta}_2+\cdots+k_s\boldsymbol{\eta}_s$ 是 $\boldsymbol{A}\boldsymbol{x}=\boldsymbol{b}$ 的解;当 $k_1+k_2+\cdots+k_s\neq 1$ 时,线性组合 $k_1\boldsymbol{\eta}_1+k_2\boldsymbol{\eta}_2+\cdots+k_s\boldsymbol{\eta}_s$ 不是 $\boldsymbol{A}\boldsymbol{x}=\boldsymbol{b}$ 的解.

(3) 若非齐次线性方程组 $\boldsymbol{A}\boldsymbol{x}=\boldsymbol{b}$ 有唯一解,则它的导出组 $\boldsymbol{A}\boldsymbol{x}=\boldsymbol{0}$ 只有零解,而在 $\boldsymbol{A}\boldsymbol{x}=\boldsymbol{0}$ 只有零解时,不能推出 $\boldsymbol{A}\boldsymbol{x}=\boldsymbol{b}$ 有唯一解. 若方程组 $\boldsymbol{A}\boldsymbol{x}=\boldsymbol{b}$ 有无穷多解,则它的导出组 $\boldsymbol{A}\boldsymbol{x}=\boldsymbol{0}$ 必有非零解,而在 $\boldsymbol{A}\boldsymbol{x}=\boldsymbol{0}$ 有非零解时,不能推出 $\boldsymbol{A}\boldsymbol{x}=\boldsymbol{b}$ 有无穷多解. 因此,可能出现 $\boldsymbol{A}\boldsymbol{x}=\boldsymbol{0}$ 只有零解(或有非零解),而 $\boldsymbol{A}\boldsymbol{x}=\boldsymbol{b}$ 却没有解的情况.

例题精解

例 1 设方程组

$$\begin{cases}x_1+x_2+x_3+x_4+x_5=0,\\3x_1+2x_2+x_3+x_4-3x_5=0,\\x_2+2x_3+2x_4+6x_5=0,\\5x_1+4x_2+3x_3+3x_4-x_5=0.\end{cases}$$

问:向量组 $\boldsymbol{\alpha}_1=(1,-2,1,0,0)^{\mathrm{T}},\boldsymbol{\alpha}_2=(1,-2,0,1,0)^{\mathrm{T}},\boldsymbol{\alpha}_3=(5,-6,0,0,1)^{\mathrm{T}}$ 是否是方程组的基础解系?

分析 只要验证 $\boldsymbol{\alpha}_1,\boldsymbol{\alpha}_2,\boldsymbol{\alpha}_3$ 均为方程组的解且线性无关,以及方程组的一个基础解系所含向量的个数是3即可.

解 将 $\boldsymbol{\alpha}_1,\boldsymbol{\alpha}_2,\boldsymbol{\alpha}_3$ 代入方程组即可验证都是方程组的解. 由向量组 $(1,0,0)^{\mathrm{T}},(0,1,0)^{\mathrm{T}},(0,0,1)^{\mathrm{T}}$ 线性无关,可知向量组 $\boldsymbol{\alpha}_1,\boldsymbol{\alpha}_2,\boldsymbol{\alpha}_3$ 线性无关(线性无关的向量添加若干个分量仍线性

无关). 对方程组的系数矩阵 $\mathbf{A}$ 做初等行变换：

$$\mathbf{A}=\begin{pmatrix}1&1&1&1&1\\3&2&1&1&-3\\0&1&2&2&6\\5&4&3&3&-1\end{pmatrix}\xrightarrow{r}\begin{pmatrix}1&1&1&1&1\\0&1&2&2&6\\0&0&0&0&0\\0&0&0&0&0\end{pmatrix}.$$

由此可见，$R(\mathbf{A})=2$，从而方程组基础解系所含向量的个数为 3，与所给向量 $\boldsymbol{\alpha}_1,\boldsymbol{\alpha}_2,\boldsymbol{\alpha}_3$ 的个数相同. 因此，$\boldsymbol{\alpha}_1,\boldsymbol{\alpha}_2,\boldsymbol{\alpha}_3$ 是所给方程组的基础解系.

例 2 　求方程组

$$\begin{cases}3x_1-x_2+4x_3+4x_4-4x_5=0,\\ x_1+x_2-3x_4-x_5=0,\\ 4x_1-2x_2+6x_3+3x_4-4x_5=0,\\ 2x_1+4x_2-2x_3+4x_4-7x_5=0\end{cases}$$

的一个基础解系及通解.

分析　化方程组的系数矩阵为行最简形矩阵即可求出方程组的通解及基础解系.

解　对方程组的系数矩阵 $\mathbf{A}$ 做初等行变换：

$$\mathbf{A}=\begin{pmatrix}3&-1&4&4&-4\\1&1&0&-3&-1\\4&-2&6&3&-4\\2&4&-2&4&-7\end{pmatrix}\xrightarrow{r}\begin{pmatrix}1&0&1&0&-\frac{7}{6}\\0&1&-1&0&-\frac{5}{6}\\0&0&0&1&-\frac{1}{3}\\0&0&0&0&0\end{pmatrix}.$$

由此可见，$R(\mathbf{A})=3$，从而方程组有两个自由未知量，可取为 $x_3,x_5(x_3,x_5\in\mathbf{R})$，于是方程组的通解为

$$\begin{cases}x_1=-x_3+\frac{7}{6}x_5,\\ x_2=x_3+\frac{5}{6}x_5,\\ x_3=x_3,\\ x_4=\frac{1}{3}x_5,\\ x_5=x_5.\end{cases}$$

分别取

$$\begin{pmatrix}x_3\\x_5\end{pmatrix}=\begin{pmatrix}1\\0\end{pmatrix},\begin{pmatrix}0\\6\end{pmatrix},$$

可得方程组的一个基础解系为

$$\boldsymbol{\xi}_1=\begin{pmatrix}-1\\1\\1\\0\\0\end{pmatrix},\quad \boldsymbol{\xi}_2=\begin{pmatrix}7\\5\\0\\2\\6\end{pmatrix}.$$

因此,原方程组的通解为

$$x = t_1\xi_1 + t_2\xi_2 \quad (t_1, t_2 \in \mathbf{R}).$$

点评 确定自由未知量的个数,对正确求出齐次线性方程组的通解或基础解系至关重要. 齐次线性方程组的通解与基础解系是两个不同的概念,它们有密切联系,但不能混为一谈.

例 3 求解非齐次线性方程组

$$\begin{cases} x_1 + 2x_2 - x_3 + x_4 = 2, \\ 2x_1 - x_2 + x_3 - 3x_4 = -1, \\ 4x_1 + 3x_2 - x_3 - x_4 = 3. \end{cases}$$

分析 对方程组的增广矩阵做初等行变换化为行最简形矩阵,不仅可以判断其方程组是否有解,而且在有解时能够求出解.

解 对方程组的增广矩阵 $\boldsymbol{B}$ 做初等行变换:

$$\boldsymbol{B} = \left(\begin{array}{cccc|c} 1 & 2 & -1 & 1 & 2 \\ 2 & -1 & 1 & -3 & -1 \\ 4 & 3 & -1 & -1 & 3 \end{array}\right) \xrightarrow{r} \left(\begin{array}{cccc|c} 1 & 0 & \frac{1}{5} & -1 & 0 \\ 0 & 1 & -\frac{3}{5} & 1 & 1 \\ 0 & 0 & 0 & 0 & 0 \end{array}\right),$$

从而得到同解方程组

$$\begin{cases} x_1 \quad + \frac{1}{5}x_3 - x_4 = 0, \\ \quad x_2 - \frac{3}{5}x_3 + x_4 = 1. \end{cases} \qquad ①$$

令 $x_3 = x_4 = 0$,得到原方程组的一个特解

$$\boldsymbol{\eta}^* = \begin{pmatrix} 0 \\ 1 \\ 0 \\ 0 \end{pmatrix}.$$

方程组 ① 的导出组为

$$\begin{cases} x_1 \quad + \frac{1}{5}x_3 - x_4 = 0, \\ \quad x_2 - \frac{3}{5}x_3 + x_4 = 0. \end{cases}$$

分别取 $\begin{pmatrix} x_3 \\ x_4 \end{pmatrix} = \begin{pmatrix} 5 \\ 0 \end{pmatrix}, \begin{pmatrix} 0 \\ 1 \end{pmatrix}$,可得导出组的一个基础解系

$$\boldsymbol{\xi}_1 = \begin{pmatrix} -1 \\ 3 \\ 5 \\ 0 \end{pmatrix}, \quad \boldsymbol{\xi}_2 = \begin{pmatrix} 1 \\ -1 \\ 0 \\ 1 \end{pmatrix}.$$

因此,原方程组的通解为

$$\boldsymbol{x} = \boldsymbol{\eta}^* + t_1\boldsymbol{\xi}_1 + t_2\boldsymbol{\xi}_2 \quad (t_1, t_2 \in \mathbf{R}).$$

点评　求解非齐次线性方程组的一般步骤如下：

(1) 对方程组的增广矩阵做初等行变换化为行最简形矩阵，判断方程组是否有解；

(2) 如果方程组有解，写出对应的同解方程组；

(3) 在同解方程组中，选取自由未知量并令自由未知量均为零得到原方程组的一个特解；

(4) 去掉同解方程组中的常数项得到原方程组的导出组，求出其导出组的一个基础解系；

(5) 写出原方程组的通解.

例 4　设三元非齐次线性方程组 $\boldsymbol{A}\boldsymbol{x}=\boldsymbol{b}$ 的系数矩阵的秩为 2，且它的三个解 $\boldsymbol{\eta}_1,\boldsymbol{\eta}_2,\boldsymbol{\eta}_3$ 满足 $\boldsymbol{\eta}_1+\boldsymbol{\eta}_2=(3,1,-1)^{\mathrm{T}}$，$\boldsymbol{\eta}_1+\boldsymbol{\eta}_3=(2,0,-2)^{\mathrm{T}}$，求其通解.

分析　由 $R(\boldsymbol{A})=2$ 知，原方程组的导出组 $\boldsymbol{A}\boldsymbol{x}=\boldsymbol{0}$ 的基础解系所含向量的个数为 $n-R(\boldsymbol{A})=3-2=1$，因此它的任一非零解向量都可作为基础解系. 只要求出 $\boldsymbol{A}\boldsymbol{x}=\boldsymbol{b}$ 的一个特解，即可求得非齐次线性方程组的通解.

解　记 $\boldsymbol{\xi}=(\boldsymbol{\eta}_1+\boldsymbol{\eta}_2)-(\boldsymbol{\eta}_1+\boldsymbol{\eta}_3)=(1,1,1)^{\mathrm{T}}$，$\boldsymbol{\eta}^*=\dfrac{\boldsymbol{\eta}_1+\boldsymbol{\eta}_3}{2}=(1,0,-1)^{\mathrm{T}}$，容易验证 $\boldsymbol{\xi}$ 是原方程组的导出组 $\boldsymbol{A}\boldsymbol{x}=\boldsymbol{0}$ 的解，$\boldsymbol{\eta}^*$ 是 $\boldsymbol{A}\boldsymbol{x}=\boldsymbol{b}$ 的解. 因此，$\boldsymbol{A}\boldsymbol{x}=\boldsymbol{b}$ 的通解为

$$\boldsymbol{x}=\boldsymbol{\eta}^*+t\boldsymbol{\xi}\quad(t\in\mathbf{R}).$$

点评　对于这类题目，通常可根据方程组的系数矩阵的秩与对应导出组的基础解系所含向量的个数之间的关系，以及非齐次线性方程组的解与导出组的解之间的关系来确定导出组的基础解系，从而求出非齐次线性方程组的解.

§4.5　MATLAB 应用举例

例 1　已知向量 $\boldsymbol{\alpha}_1=(1,2,3,4)^{\mathrm{T}}$，$\boldsymbol{\alpha}_2=(3,-2,1,0)^{\mathrm{T}}$，$\boldsymbol{\alpha}_3=(2,-3,1,-5)^{\mathrm{T}}$，求 $2\boldsymbol{\alpha}_1+3\boldsymbol{\alpha}_2-5\boldsymbol{\alpha}_3$.

MATLAB 程序：

```
>> a1 = [1,2,3,4]';          % 向量 a1
>> a2 = [3,-2,1,0]';         % 向量 a2
>> a3 = [2,-3,1,-5]';        % 向量 a3
>> 2*a1+3*a2-5*a3            % 2a1+3a2-5a3
ans =
     1
    13
     4
    33
```

由运行结果可知，$2\boldsymbol{\alpha}_1+3\boldsymbol{\alpha}_2-5\boldsymbol{\alpha}_3=(1,13,4,33)^{\mathrm{T}}$.

注　向量可以看成矩阵的特例，所以向量的运算与矩阵的运算是相同的.

例 2　求向量 $\boldsymbol{\beta}=(1,2,1)^{\mathrm{T}}$ 由向量组 $\boldsymbol{\alpha}_1=(1,1,1)^{\mathrm{T}}$，$\boldsymbol{\alpha}_2=(1,1,-1)^{\mathrm{T}}$，$\boldsymbol{\alpha}_3=(1,-1,-1)^{\mathrm{T}}$ 线性表示的表示式.

MATLAB 程序：

```
>> b = [1,2,1]';              % 向量 b
>> a1 = [1,1,1]';             % 向量 a1
>> a2 = [1,1,-1]';            % 向量 a2
>> a3 = [1,-1,-1]';           % 向量 a3
>> B = sym([a1,a2,a3,b])      % 生成由向量组构成的矩阵 B = (a1,a2,a3,b)
B =
  [1,  1,  1, 1]
  [1,  1, -1, 2]
  [1, -1, -1, 1]
>> rref(B)                    % 化 B 为行最简形矩阵
ans =
  [1, 0, 0,    1]
  [0, 1, 0,  1/2]
  [0, 0, 1, -1/2]
```

由运行结果可知，$\boldsymbol{\beta}=\boldsymbol{\alpha}_1+\frac{1}{2}\boldsymbol{\alpha}_2-\frac{1}{2}\boldsymbol{\alpha}_3$.

注 设存在一组数 k_1,k_2,k_3，使得 $k_1\boldsymbol{\alpha}_1+k_2\boldsymbol{\alpha}_2+k_3\boldsymbol{\alpha}_3=\boldsymbol{\beta}$，则本题转化为求解方程组

$$\begin{cases}k_1+k_2+k_3=1,\\k_1+k_2-k_3=2,\\k_1-k_2-k_3=1.\end{cases}$$

例 3 设向量组 A：$\boldsymbol{\alpha}_1=(1,0,1)^{\mathrm{T}},\boldsymbol{\alpha}_2=(0,1,1)^{\mathrm{T}},\boldsymbol{\alpha}_3=(1,3,5)^{\mathrm{T}}$，B：$\boldsymbol{\beta}_1=(1,1,1)^{\mathrm{T}}$，$\boldsymbol{\beta}_2=(1,2,3)^{\mathrm{T}},\boldsymbol{\beta}_3=(3,4,5)^{\mathrm{T}}$.

(1) 证明：向量组 A 不能由向量组 B 线性表示.

(2) 将向量组 B 用向量组 A 线性表示.

(1) **MATLAB 程序：**

```
>> a1 = [1,0,1]';             % 向量 a1
>> a2 = [0,1,1]';             % 向量 a2
>> a3 = [1,3,5]';             % 向量 a3
>> A = sym([a1,a2,a3]);       % 生成由向量组构成的矩阵 A = (a1,a2,a3)
>> b1 = [1,1,1]';             % 向量 b1
>> b2 = [1,2,3]';             % 向量 b2
>> b3 = [3,4,5]';             % 向量 b3
>> B = sym([b1,b2,b3]);       % 生成由向量组构成的矩阵 B = (b1,b2,b3)
>> C = [B,A];                 % 生成矩阵 C = (B,A)
>> rref(C)                    % 化 C 为行最简形矩阵
ans =
  [1, 0, 2, 0,    0, -1]
  [0, 1, 1, 0,  1/2,  2]
  [0, 0, 0, 1, -1/2,  0]
```

由运行结果可知，$R(\boldsymbol{B})=2\neq 3=R(\boldsymbol{B},\boldsymbol{A})$，所以向量组 A 不能由向量组 B 线性表示.

(2) **MATLAB 程序**：

```
>> a1 = [1,0,1]';
>> a2 = [0,1,1]';
>> a3 = [1,3,5]';
>> A = sym([a1,a2,a3]);
>> b1 = [1,1,1]';
>> b2 = [1,2,3]';
>> b3 = [3,4,5]';
>> B = sym([b1,b2,b3]);
>> C = [A,B];
>> rref(C)
ans =
  [1, 0, 0,  2, 1,  5]
  [0, 1, 0,  4, 2, 10]
  [0, 0, 1, -1, 0, -2]
```

由运行结果可知，$R(\boldsymbol{A})=R(\boldsymbol{A},\boldsymbol{B})=3$，所以向量组 B 能由向量组 A 线性表示，且有

$$\begin{cases}\boldsymbol{\beta}_1=2\boldsymbol{\alpha}_1+4\boldsymbol{\alpha}_2-\boldsymbol{\alpha}_3,\\ \boldsymbol{\beta}_2=\boldsymbol{\alpha}_1+2\boldsymbol{\alpha}_2,\\ \boldsymbol{\beta}_3=5\boldsymbol{\alpha}_1+10\boldsymbol{\alpha}_2-2\boldsymbol{\alpha}_3.\end{cases}$$

注　向量组B能由向量组A线性表示的充要条件是其对应的矩阵满足$R(\boldsymbol{A})=R(\boldsymbol{A},\boldsymbol{B})$.

例 4　设向量组 A:$\boldsymbol{\alpha}_1=(1,0,2)^{\mathrm{T}}$,$\boldsymbol{\alpha}_2=(1,1,3)^{\mathrm{T}}$,$\boldsymbol{\alpha}_3=(1,-1,4)^{\mathrm{T}}$,B:$\boldsymbol{\beta}_1=(1,2,3)^{\mathrm{T}}$,$\boldsymbol{\beta}_2=(2,1,6)^{\mathrm{T}}$,$\boldsymbol{\beta}_3=(2,1,-4)^{\mathrm{T}}$,证明:向量组 A 与向量组 B 等价.

方法 1　MATLAB 程序：

```
>> a1 = [1,0,2]';
>> a2 = [1,1,3]';
>> a3 = [1,-1,4]';
>> A = sym([a1,a2,a3]);
>> b1 = [1,2,3]';
>> b2 = [2,1,6]';
>> b3 = [2,1,-4]';
>> B = sym([b1,b2,b3]);
>> C = sym([A,B]);
>> rref(C)
ans =
  [1, 0, 0, -1/3, 1/3,  7]
  [0, 1, 0,  5/3, 4/3, -2]
  [0, 0, 1, -1/3, 1/3, -3]
>> rref(B)
ans =
  [1, 0, 0]
  [0, 1, 0]
  [0, 0, 1]
```

由运行结果可知，$R(\boldsymbol{A})=R(\boldsymbol{B})=R(\boldsymbol{A},\boldsymbol{B})=3$，所以向量组 A 与向量组 B 等价.

注 向量组 A 与向量组 B 等价的充要条件是其对应的矩阵满足 $R(\boldsymbol{A})=R(\boldsymbol{B})=R(\boldsymbol{A},\boldsymbol{B})$.

方法 2 MATLAB 程序：

```
>> a1 = [1,0,2]';
>> a2 = [1,1,3]';
>> a3 = [1,-1,4]';
>> A = sym([a1,a2,a3]);
>> b1 = [1,2,3]';
>> b2 = [2,1,6]';
>> b3 = [2,1,-4]';
>> B = sym([b1,b2,b3]);
>> rank(A)                                  %矩阵 A 的秩
ans =
  3
>> rank(B)                                  %矩阵 B 的秩
ans =
  3
>> rank([A,B])                              %矩阵(A,B)的秩
ans =
  3
```

由运行结果可知，$R(\boldsymbol{A})=R(\boldsymbol{B})=R(\boldsymbol{A},\boldsymbol{B})=3$，所以向量组 A 与向量组 B 等价.

注 函数 rank(A) 用于求矩阵 $\boldsymbol{A}$ 的秩.

例 5 判定下列向量组的线性相关性：

(1) A: $\boldsymbol{\alpha}_1=(3,1,0,2)^{\mathrm{T}},\boldsymbol{\alpha}_2=(1,-1,2,-1)^{\mathrm{T}},\boldsymbol{\alpha}_3=(1,3,-4,4)^{\mathrm{T}}$；

(2) B: $\boldsymbol{\beta}_1=(2,4,1,1,0)^{\mathrm{T}},\boldsymbol{\beta}_2=(1,-2,0,1,1)^{\mathrm{T}},\boldsymbol{\beta}_3=(1,3,1,0,1)^{\mathrm{T}}$.

(1) **MATLAB 程序：**

```
>> a1 = [3,1,0,2]';
>> a2 = [1,-1,2,-1]';
>> a3 = [1,3,-4,4]';
>> A = sym([a1,a2,a3]);
>> rank(A)
ans =
  2
```

由运行结果可知，$R(\boldsymbol{\alpha}_1,\boldsymbol{\alpha}_2,\boldsymbol{\alpha}_3)=2<3$，所以向量组 A 线性相关.

注 向量组 A: $\boldsymbol{\alpha}_1,\boldsymbol{\alpha}_2,\cdots,\boldsymbol{\alpha}_s$ 线性相关的充要条件是 $R(\boldsymbol{A})<s$，其中 $\boldsymbol{A}$ 是由向量组 A 构成的矩阵.

(2) **MATLAB 程序：**

```
>> b1 = [2,4,1,1,0]';
>> b2 = [1,-2,0,1,1]';
>> b3 = [1,3,1,0,1]';
>> B = sym([b1,b2,b3]);
```

```
>> rank(B)
ans =
  3
```

由运行结果可知，$R(\boldsymbol{\beta}_1,\boldsymbol{\beta}_2,\boldsymbol{\beta}_3)=3$，所以向量组 B 线性无关.

注 向量组 A:$\boldsymbol{\alpha}_1,\boldsymbol{\alpha}_2,\cdots,\boldsymbol{\alpha}_s$ 线性无关的充要条件是$R(\boldsymbol{A})=s$，其中$\boldsymbol{A}$是由向量组 A 构成的矩阵.

例 6 求下列向量组的极大线性无关组：

(1) A:$\boldsymbol{\alpha}_1=(1,2,-1)^{\mathrm{T}},\boldsymbol{\alpha}_2=(2,-3,1)^{\mathrm{T}},\boldsymbol{\alpha}_3=(4,1,-1)^{\mathrm{T}}$;

(2) B:$\boldsymbol{\beta}_1=(1,4,1,0)^{\mathrm{T}},\boldsymbol{\beta}_2=(2,1,-1,-3)^{\mathrm{T}},\boldsymbol{\beta}_3=(1,0,-3,-1)^{\mathrm{T}},\boldsymbol{\beta}_4=(0,2,-6,3)^{\mathrm{T}}$.

(1) **MATLAB 程序**：

```
>> a1 = [1,2,-1]';
>> a2 = [2,-3,1]';
>> a3 = [4,1,-1]';
>> A = [a1,a2,a3];
>> [R,jb] = rref(A)          %返回 A 的行最简形矩阵及极大线性无关组的列序
R =
  1  0  2
  0  1  1
  0  0  0
jb =
  1  2
```

由运行结果可知，向量组 A 构成的矩阵 $\boldsymbol{A}$ 的行最简形矩阵为

$$\begin{pmatrix}1&0&2\\0&1&1\\0&0&0\end{pmatrix},$$

$\boldsymbol{\alpha}_1,\boldsymbol{\alpha}_2$ 是向量组 A 的一个极大线性无关组.

注 由 $\boldsymbol{A}$ 的行最简形矩阵可以看出，$\boldsymbol{\alpha}_1,\boldsymbol{\alpha}_3$ 及 $\boldsymbol{\alpha}_2,\boldsymbol{\alpha}_3$ 也是向量组 A 的极大线性无关组.

(2) **MATLAB 程序**：

```
>> b1 = [1,4,1,0]';
>> b2 = [2,1,-1,-3]';
>> b3 = [1,0,-3,-1]';
>> b4 = [0,2,-6,3]';
>> B = [b1,b2,b3,b4];
>> [R,jb] = rref(B)
R =
  1  0  0   1
  0  1  0  -2
  0  0  1   3
  0  0  0   0
jb =
  1  2  3
```

由运行结果可知，向量组 B 构成的矩阵 $\boldsymbol{B}$ 的行最简形矩阵为

$$\begin{pmatrix}1&0&0&1\\0&1&0&-2\\0&0&1&3\\0&0&0&0\end{pmatrix},$$

$\boldsymbol{\alpha}_1,\boldsymbol{\alpha}_2,\boldsymbol{\alpha}_3$ 是向量组 B 的一个极大线性无关组.

注 命令[R,jb]=rref(A) 返回矩阵 $\boldsymbol{A}$ 的行最简形矩阵及矩阵 $\boldsymbol{A}$ 对应的向量组的一个极大线性无关组在 $\boldsymbol{A}$ 中的列序.

例 7 求解下列齐次线性方程组：

(1) $\begin{cases}2x_1+x_2+3x_3+5x_4-5x_5=0,\\ x_1+x_2+x_3+4x_4-3x_5=0,\\ x_1-x_2+3x_3-2x_4-x_5=0,\\ 3x_1+x_2+5x_3+6x_4-7x_5=0;\end{cases}$ (2) $\begin{cases}2x_1+5x_2-5x_3=0,\\ x_1+2x_2-3x_3=0,\\ 3x_1+5x_2-7x_3=0.\end{cases}$

(1) **MATLAB 程序：**

```
>> A = sym([2,1,3,5,-5;1,1,1,4,-3;1,-1,3,-2,-1;3,1,5,6,-7]);      %系数矩阵
>> null(A)              %基础解系
ans =
  [-2, -1, 2]
  [ 1, -3, 1]
  [ 1,  0, 0]
  [ 0,  1, 0]
  [ 0,  0, 1]
```

由运行结果可知，方程组的基础解系为

$$\boldsymbol{\xi}_1=(-2,1,1,0,0)^{\mathrm{T}},\quad \boldsymbol{\xi}_2=(-1,-3,0,1,0)^{\mathrm{T}},\quad \boldsymbol{\xi}_3=(2,1,0,0,1)^{\mathrm{T}},$$

所以方程组的通解为

$$\boldsymbol{x}=t_1\boldsymbol{\xi}_1+t_2\boldsymbol{\xi}_2+t_3\boldsymbol{\xi}_3\quad (t_1,t_2,t_3\in\mathbf{R}).$$

注 命令 null(A) 返回一个矩阵，该矩阵的列向量组为方程组 $\boldsymbol{Ax}=\boldsymbol{0}$ 的一个基础解系. 本题也可以用初等变换法求解，即用函数 rref(A) 将系数矩阵化为行最简形矩阵，然后求同解方程组的基础解系.

(2) **MATLAB 程序：**

```
>> A = sym([2,5,- 5;1,2,-3;3,5,-7]);
>> det(A)          %系数矩阵的行列式
ans =
  -3
>> null(A)
ans =
  Empty sym:1-by-0
```

由运行结果可知，$|\boldsymbol{A}|=-3$，所以原方程组只有零解.

注 Empty sym:1 - by - 0 表示方程组只有零解.

例 8 求下列线性方程组的通解：

(1) $\begin{cases} x_1-x_2+2x_3+x_4=1, \\ 2x_1-x_2+x_3+2x_4=3, \\ x_1-x_3+2x_4=5, \\ 3x_1-x_2+3x_4=5; \end{cases}$ (2) $\begin{cases} x_1-x_2+x_3+2x_4-x_5=-1, \\ 2x_1+x_2+2x_3-x_4+x_5=2, \\ 4x_1-x_2+4x_3+3x_4-x_5=0. \end{cases}$

(1) **MATLAB 程序**：

```
>> A=sym([1,-1,2,1;2,-1,1,2;1,0,-1,2;3,-1,0,3]);          %系数矩阵
>> b=sym([1,3,5,5]');                                      %常数项
>> disp('非齐次线性方程组的特解:'),x0=A\b
非齐次线性方程组的特解:
x0 =
 -1
  1
  0
  3
>> disp('对应齐次线性方程组的基础解系:'),x=null(A)
对应齐次线性方程组的基础解系:
x =
 1
 3
 1
 0
```

由运行结果可知，原方程组的一个特解为

$$\boldsymbol{\eta}^*=(-1,1,0,3)^{\mathrm{T}},$$

其导出组的基础解系为

$$\boldsymbol{\xi}=(1,3,1,0)^{\mathrm{T}},$$

故原方程组的通解为

$$\boldsymbol{x}=\boldsymbol{\eta}^*+t\boldsymbol{\xi}\quad(t\in\mathbf{R}).$$

注 命令 A\b 返回方程组 $\boldsymbol{Ax}=\boldsymbol{b}$ 的一个特解.

(2) **MATLAB 程序**：

```
>> A=sym([1,-1,1,2,-1;2,1,2,-1,1;4,-1,4,3,-1]);
>> b=sym([-1,2,0]');
>> disp('非齐次线性方程组的特解:'),x0=A\b
非齐次线性方程组的特解:
x0 =
 1/3
 4/3
   0
   0
   0
>> disp('对应齐次线性方程组的基础解系:'),x=null(A)
```

对应齐次线性方程组的基础解系：

```
x =
  [-1, -1/3,  0]
  [ 0,  5/3, -1]
  [ 1,    0,  0]
  [ 0,    1,  0]
  [ 0,    0,  1]
```

由运行结果可知，原方程组的一个特解为

$$\boldsymbol{\eta}^* = \left(\frac{1}{3}, \frac{4}{3}, 0, 0, 0\right)^{\mathrm{T}},$$

其导出组的基础解系为

$$\boldsymbol{\xi}_1 = (-1, 0, 1, 0, 0)^{\mathrm{T}}, \quad \boldsymbol{\xi}_2 = \left(-\frac{1}{3}, \frac{5}{3}, 0, 1, 0\right)^{\mathrm{T}}, \quad \boldsymbol{\xi}_3 = (0, -1, 0, 0, 1)^{\mathrm{T}},$$

故原方程组的通解为

$$\boldsymbol{x} = \boldsymbol{\eta}^* + t_1\boldsymbol{\xi}_1 + t_2\boldsymbol{\xi}_2 + t_3\boldsymbol{\xi}_3 \quad (t_1, t_2, t_3 \in \mathbf{R}).$$

注 可以用初等变换法进行求解，即用函数 rref(B) 将增广矩阵化为行最简形矩阵，然后求同解方程组的特解及导出组的基础解系.

例 9 （药方配置问题）某中药厂用九种中草药 A ～ I，根据不同的比例配制成了七种成药，各用量成分如表 4.1 所示. 问：

(1) 现在 4 号成药缺药，能否用其他六种成药配出 4 号成药？

(2) 现在需要九种中草药成分（单位：g）分别为 35,40,70,35,67,48,64,29,69 的一种新药，那么能否用七种成药制出新药？若能，七种成药各需要多少？

表 4.1 单位：g

中草药	成药						
	1 号	2 号	3 号	4 号	5 号	6 号	7 号
A	10	20	30	30	40	50	40
B	30	30	40	50	30	40	40
C	80	80	60	50	60	70	50
D	30	30	40	40	30	20	30
E	80	80	50	60	50	50	60
F	50	50	30	40	60	30	40
G	70	70	60	50	60	40	50
H	20	20	40	20	20	30	30
I	80	80	50	60	50	70	60

模型建立：

把一种成药看成一个九维列向量，这七种成药分别记作 $\boldsymbol{\alpha}_1, \boldsymbol{\alpha}_2, \boldsymbol{\alpha}_3, \boldsymbol{\alpha}_4, \boldsymbol{\alpha}_5, \boldsymbol{\alpha}_6, \boldsymbol{\alpha}_7$，分析这七个列向量构成向量组的线性相关性. 若向量组线性无关，则无法配制 4 号成药；若向量组线性相关，且 $\boldsymbol{\alpha}_4$ 能用其余向量线性表示，则可以配置 4 号成药.

模型求解：

(1) **MATLAB 程序：**

```
>> a1 = [10,30,80,30,80,50,70,20,80]';
>> a2 = [20,30,80,30,80,50,70,20,80]';
>> a3 = [30,40,60,40,50,30,60,40,50]';
>> a4 = [30,50,50,40,60,40,50,20,60]';
>> a5 = [40,30,60,30,50,60,60,20,50]';
>> a6 = [50,40,70,20,50,30,40,30,70]';
>> a7 = [40,40,50,30,60,40,50,30,60]';
>> X = sym([a1,a2,a3,a4,a5,a6,a7]);
>> rref(X)
ans =
  [1, 0, 0, 0, 0, 0, 0]
  [0, 1, 0, 0, 0, 0, 0]
  [0, 0, 1, 0, 0, 0, 0]
  [0, 0, 0, 1, 0, 0, 0]
  [0, 0, 0, 0, 1, 0, 0]
  [0, 0, 0, 0, 0, 1, 0]
  [0, 0, 0, 0, 0, 0, 1]
  [0, 0, 0, 0, 0, 0, 0]
  [0, 0, 0, 0, 0, 0, 0]
```

由运行结果可知，向量组 $\boldsymbol{\alpha}_1,\boldsymbol{\alpha}_2,\boldsymbol{\alpha}_3,\boldsymbol{\alpha}_4,\boldsymbol{\alpha}_5,\boldsymbol{\alpha}_6,\boldsymbol{\alpha}_7$ 线性无关，故无法用其他六种成药配制 4 号成药.

(2) 设向量 $\boldsymbol{\beta}=(35,40,70,35,67,48,64,29,69)^{\mathrm{T}}$，再分析向量组 $\boldsymbol{\alpha}_1,\boldsymbol{\alpha}_2,\boldsymbol{\alpha}_3,\boldsymbol{\alpha}_4,\boldsymbol{\alpha}_5,\boldsymbol{\alpha}_6,\boldsymbol{\alpha}_7,\boldsymbol{\beta}$ 的线性相关性.

MATLAB 程序：

```
>> a1 = [10,30,80,30,80,50,70,20,80]';
>> a2 = [20,30,80,30,80,50,70,20,80]';
>> a3 = [30,40,60,40,50,30,60,40,50]';
>> a4 = [30,50,50,40,60,40,50,20,60]';
>> a5 = [40,30,60,30,50,60,60,20,50]';
>> a6 = [50,40,70,20,50,30,40,30,70]';
>> a7 = [40,40,50,30,60,40,50,30,60]';
>> b = [35,40,70,35,67,48,64,29,69]';
>> X = sym([a1,a2,a3,a4,a5,a6,a7,b]);
>> rref(X)
ans =
  [1, 0, 0, 0, 0, 0, 0, 1/10]
  [0, 1, 0, 0, 0, 0, 0,  1/5]
  [0, 0, 1, 0, 0, 0, 0,  1/5]
  [0, 0, 0, 1, 0, 0, 0, 1/10]
  [0, 0, 0, 0, 1, 0, 0,  1/5]
```

```
[0, 0, 0, 0, 0, 1, 0, 1/10]
[0, 0, 0, 0, 0, 0, 1,  1/5]
[0, 0, 0, 0, 0, 0, 0,    0]
[0, 0, 0, 0, 0, 0, 0,    0]
```

由运行结果可知，向量组 $\boldsymbol{\alpha}_1,\boldsymbol{\alpha}_2,\boldsymbol{\alpha}_3,\boldsymbol{\alpha}_4,\boldsymbol{\alpha}_5,\boldsymbol{\alpha}_6,\boldsymbol{\alpha}_7,\boldsymbol{\beta}$ 线性相关，故可以用这七种成药制出这种新药. 而且配制这种新药需要 1 号、4 号和 6 号成药各 10%，需要 2 号、3 号、5 号和 7 号成药各 20%，即需要 1 号成药 45 g，2 号成药 92 g，3 号、5 号和 7 号成药各 80 g，4 号和 6 号成药各 40 g.

本章主要知识结构图

- **向量组的线性相关性**
  - n维向量
    - 向量：n个数组成的有序数组
    - 运算：加法和数乘
    - 向量组：若干个同维数的列(或行)向量所组成的集合
  - 线性表示
    - 概念 → 向量$\boldsymbol{\beta}$能由向量组A：$\boldsymbol{\alpha}_1,\boldsymbol{\alpha}_2,\cdots,\boldsymbol{\alpha}_s$线性表示$\Leftrightarrow$存在$k_1,k_2,\cdots,k_s\in\mathbf{R}$，使得$\boldsymbol{\beta}=k_1\boldsymbol{\alpha}_1+k_2\boldsymbol{\alpha}_2+\cdots+k_s\boldsymbol{\alpha}_s$
    - 判定 → $R(\boldsymbol{\alpha}_1,\boldsymbol{\alpha}_2,\cdots,\boldsymbol{\alpha}_s)=R(\boldsymbol{\alpha}_1,\boldsymbol{\alpha}_2,\cdots,\boldsymbol{\alpha}_s,\boldsymbol{\beta})$
  - 向量组等价
    - 概念 → 向量组A与向量组B能相互线性表示
    - 判定 → $R(\boldsymbol{A})=R(\boldsymbol{B})=R(\boldsymbol{A},\boldsymbol{B})$
  - 线性相关性
    - 线性相关
      - 概念 → $k_1\boldsymbol{\alpha}_1+k_2\boldsymbol{\alpha}_2+\cdots+k_s\boldsymbol{\alpha}_s=\mathbf{0}$($k_i$不全为零，$i=1,2,\cdots,s$)
      - 判定 → 向量组A线性相关$\Leftrightarrow R(\boldsymbol{\alpha}_1,\boldsymbol{\alpha}_2,\cdots,\boldsymbol{\alpha}_s)<s$
    - 线性无关
      - 概念 → $k_1\boldsymbol{\alpha}_1+k_2\boldsymbol{\alpha}_2+\cdots+k_s\boldsymbol{\alpha}_s=\mathbf{0}$($k_i$全为零，$i=1,2,\cdots,s$)
      - 判定 → 向量组A线性无关$\Leftrightarrow R(\boldsymbol{\alpha}_1,\boldsymbol{\alpha}_2,\cdots,\boldsymbol{\alpha}_s)=s$
    - 结论
      - 向量组A线性相关$\Leftrightarrow$A中至少有一个向量可由其余向量线性表示
      - 若$\boldsymbol{\alpha}_1,\boldsymbol{\alpha}_2,\cdots,\boldsymbol{\alpha}_s$线性无关，$\boldsymbol{\alpha}_1,\boldsymbol{\alpha}_2,\cdots,\boldsymbol{\alpha}_s,\boldsymbol{\beta}$线性相关，则$\boldsymbol{\beta}$可由$\boldsymbol{\alpha}_1,\boldsymbol{\alpha}_2,\cdots,\boldsymbol{\alpha}_s$线性表示且表示式唯一
      - 若$\boldsymbol{\alpha}_1,\boldsymbol{\alpha}_2,\cdots,\boldsymbol{\alpha}_s$线性相关，则$\boldsymbol{\alpha}_1,\boldsymbol{\alpha}_2,\cdots,\boldsymbol{\alpha}_s,\boldsymbol{\alpha}_{s+1},\cdots,\boldsymbol{\alpha}_t$线性相关；若$\boldsymbol{\alpha}_1,\boldsymbol{\alpha}_2,\cdots,\boldsymbol{\alpha}_s,\boldsymbol{\alpha}_{s+1},\cdots,\boldsymbol{\alpha}_t$线性无关，则$\boldsymbol{\alpha}_1,\boldsymbol{\alpha}_2,\cdots,\boldsymbol{\alpha}_s$线性无关
      - $\boldsymbol{\alpha}_1,\boldsymbol{\alpha}_2,\cdots,\boldsymbol{\alpha}_s$线性相关$\Leftrightarrow R(\boldsymbol{A})<s$；$\boldsymbol{\alpha}_1,\boldsymbol{\alpha}_2,\cdots,\boldsymbol{\alpha}_s$线性无关$\Leftrightarrow R(\boldsymbol{A})=s$
      - 若向量个数s大于维数n，则n维向量组必线性相关

- **向量组的线性相关性**
  - 极大线性无关组
    - 概念
      - A是一向量组，$\boldsymbol{\alpha}_1,\boldsymbol{\alpha}_2,\cdots,\boldsymbol{\alpha}_r$是A中的$r$个向量，满足(1) $\boldsymbol{\alpha}_1,\boldsymbol{\alpha}_2,\cdots,\boldsymbol{\alpha}_r$线性无关；(2) A中任意$r+1$个向量(如果有的话)线性相关，则$\boldsymbol{\alpha}_1,\boldsymbol{\alpha}_2,\cdots,\boldsymbol{\alpha}_r$是向量组A的一个极大线性无关组
      - 向量组的秩：向量组的极大线性无关组所含向量的个数
    - 结论
      - 等价的向量组有相同的秩
      - 矩阵的秩等于它的列向量的秩，也等于它的行向量的秩
      - 向量组与其极大线性无关组等价
      - 向量组B能由向量组A线性表示$\Rightarrow R(\boldsymbol{B})\leqslant R(\boldsymbol{A})$
  - 方程组解的结构
    - 齐次 $\boldsymbol{Ax}=\boldsymbol{0}$
      - 性质：(1) $\boldsymbol{\xi}_1,\boldsymbol{\xi}_2$是$\boldsymbol{Ax}=\boldsymbol{0}$的解$\Rightarrow$ $\boldsymbol{\xi}_1+\boldsymbol{\xi}_2$亦是$\boldsymbol{Ax}=\boldsymbol{0}$的解；(2) $\boldsymbol{\xi}$是$\boldsymbol{Ax}=\boldsymbol{0}$的解$\Rightarrow k\boldsymbol{\xi}$亦是$\boldsymbol{Ax}=\boldsymbol{0}$的解
      - 通解：$\boldsymbol{x}=t_1\boldsymbol{\xi}_1+t_2\boldsymbol{\xi}_2+\cdots+t_{n-r}\boldsymbol{\xi}_{n-r}$，其中$\boldsymbol{\xi}_1,\boldsymbol{\xi}_2,\cdots,\boldsymbol{\xi}_{n-r}$为一个基础解系
    - 非齐次 $\boldsymbol{Ax}=\boldsymbol{b}$
      - 性质：(1) $\boldsymbol{\eta}_1,\boldsymbol{\eta}_2$是$\boldsymbol{Ax}=\boldsymbol{b}$的解$\Rightarrow$ $\boldsymbol{\eta}_1-\boldsymbol{\eta}_2$是$\boldsymbol{Ax}=\boldsymbol{0}$的解；(2) $\boldsymbol{\eta}$是$\boldsymbol{Ax}=\boldsymbol{b}$的特解，$\boldsymbol{\xi}$是$\boldsymbol{Ax}=\boldsymbol{0}$的解$\Rightarrow \boldsymbol{\eta}+\boldsymbol{\xi}$是$\boldsymbol{Ax}=\boldsymbol{b}$的解
      - 通解：$\boldsymbol{\eta}^*$是$\boldsymbol{Ax}=\boldsymbol{b}$的一个特解，$\boldsymbol{\xi}$是$\boldsymbol{Ax}=\boldsymbol{0}$的通解$\Rightarrow$ $\boldsymbol{\eta}^*+\boldsymbol{\xi}$是$\boldsymbol{Ax}=\boldsymbol{b}$的通解

本章教材习题全解

1. 设向量 $\boldsymbol{\alpha}_1=(1,1,0)^{\mathrm{T}},\boldsymbol{\alpha}_2=(0,1,1)^{\mathrm{T}},\boldsymbol{\alpha}_3=(3,4,0)^{\mathrm{T}}$,求 $\boldsymbol{\alpha}_1-\boldsymbol{\alpha}_2$ 及 $3\boldsymbol{\alpha}_1+2\boldsymbol{\alpha}_2-\boldsymbol{\alpha}_3$.

解　$\boldsymbol{\alpha}_1-\boldsymbol{\alpha}_2=(1,1,0)^{\mathrm{T}}-(0,1,1)^{\mathrm{T}}=(1,0,-1)^{\mathrm{T}}$.

$3\boldsymbol{\alpha}_1+2\boldsymbol{\alpha}_2-\boldsymbol{\alpha}_3=(3,3,0)^{\mathrm{T}}+(0,2,2)^{\mathrm{T}}-(3,4,0)^{\mathrm{T}}=(0,1,2)^{\mathrm{T}}$.

2. 设 $3\boldsymbol{\alpha}+4\boldsymbol{\beta}=(2,1,1,2)^{\mathrm{T}},2\boldsymbol{\alpha}+3\boldsymbol{\beta}=(-1,2,3,1)^{\mathrm{T}}$,求向量 $\boldsymbol{\alpha},\boldsymbol{\beta}$.

解　联立方程,得

$$\begin{cases}3\boldsymbol{\alpha}+4\boldsymbol{\beta}=(2,1,1,2)^{\mathrm{T}}, & ①\\ 2\boldsymbol{\alpha}+3\boldsymbol{\beta}=(-1,2,3,1)^{\mathrm{T}}. & ②\end{cases}$$

3×式①减4×式②,得

$$\begin{aligned}\boldsymbol{\alpha}&=(6,3,3,6)^{\mathrm{T}}-(-4,8,12,4)^{\mathrm{T}}\\&=(10,-5,-9,2)^{\mathrm{T}}.\end{aligned}$$

3×式②减2×式②,得

$$\begin{aligned}\boldsymbol{\beta}&=(-3,6,9,3)^{\mathrm{T}}-(4,2,2,4)^{\mathrm{T}}\\&=(-7,4,7,-1)^{\mathrm{T}}.\end{aligned}$$

3. 设 $2(\boldsymbol{\alpha}_1+\boldsymbol{x})+3(\boldsymbol{\alpha}_2+\boldsymbol{x})+5(\boldsymbol{\alpha}_3+\boldsymbol{x})=\boldsymbol{0}$,其中向量 $\boldsymbol{\alpha}_1=(1,1,1)^{\mathrm{T}},\boldsymbol{\alpha}_2=(1,-4,3)^{\mathrm{T}},\boldsymbol{\alpha}_3=(-2,1,-3)^{\mathrm{T}}$,求向量 $\boldsymbol{x}$.

解　由 $2(\boldsymbol{\alpha}_1+\boldsymbol{x})+3(\boldsymbol{\alpha}_2+\boldsymbol{x})+5(\boldsymbol{\alpha}_3+\boldsymbol{x})=\boldsymbol{0}$,整理得

$$2\boldsymbol{\alpha}_1+3\boldsymbol{\alpha}_2+5\boldsymbol{\alpha}_3+10\boldsymbol{x}=\boldsymbol{0},\quad 即\quad \boldsymbol{x}=-\frac{1}{10}(2\boldsymbol{\alpha}_1+3\boldsymbol{\alpha}_2+5\boldsymbol{\alpha}_3).$$

又

$2\boldsymbol{\alpha}_1+3\boldsymbol{\alpha}_2+5\boldsymbol{\alpha}_3=(2,2,2)^{\mathrm{T}}+(3,-12,9)^{\mathrm{T}}+(-10,5,-15)^{\mathrm{T}}=(-5,-5,-4)^{\mathrm{T}}$,
所以

$$\boldsymbol{x}=-\frac{1}{10}(-5,-5,-4)^{\mathrm{T}}=\left(\frac{1}{2},\frac{1}{2},\frac{2}{5}\right)^{\mathrm{T}}.$$

4. 已知向量 $\boldsymbol{\alpha}_1=(1,1,1,1)^{\mathrm{T}},\boldsymbol{\alpha}_2=(1,1,1,0)^{\mathrm{T}},\boldsymbol{\alpha}_3=(1,1,0,0)^{\mathrm{T}},\boldsymbol{\alpha}_4=(1,0,0,0)^{\mathrm{T}},\boldsymbol{\beta}=(0,2,0,-1)^{\mathrm{T}}$,试将 $\boldsymbol{\beta}$ 表示为向量组 $\boldsymbol{\alpha}_1,\boldsymbol{\alpha}_2,\boldsymbol{\alpha}_3,\boldsymbol{\alpha}_4$ 的线性组合.

解　记矩阵 $\boldsymbol{A}=(\boldsymbol{\alpha}_1,\boldsymbol{\alpha}_2,\boldsymbol{\alpha}_3)$,$\boldsymbol{B}=(\boldsymbol{\alpha}_1,\boldsymbol{\alpha}_2,\boldsymbol{\alpha}_3,\boldsymbol{\alpha}_4,\boldsymbol{\beta})$,对 $\boldsymbol{B}$ 做初等行变换:

$$\boldsymbol{B}=\left(\begin{array}{cccc:c}1&1&1&1&0\\1&1&1&0&2\\1&1&0&0&0\\1&0&0&0&-1\end{array}\right)\xrightarrow{r}\left(\begin{array}{cccc:c}1&0&0&0&-1\\0&1&0&0&1\\0&0&1&0&2\\0&0&0&1&-2\end{array}\right).$$

由此可知,$R(\boldsymbol{A})=R(\boldsymbol{B})=4$,故 $\boldsymbol{\beta}$ 可由向量组 $\boldsymbol{\alpha}_1,\boldsymbol{\alpha}_2,\boldsymbol{\alpha}_3,\boldsymbol{\alpha}_4$ 线性表示,且

$$\boldsymbol{\beta}=-\boldsymbol{\alpha}_1+\boldsymbol{\alpha}_2+2\boldsymbol{\alpha}_3-2\boldsymbol{\alpha}_4.$$

5. 设向量 $\boldsymbol{\beta}=(7,-2,a)^{\mathrm{T}}, \boldsymbol{\alpha}_1=(2,3,5)^{\mathrm{T}}, \boldsymbol{\alpha}_2=(3,7,8)^{\mathrm{T}}, \boldsymbol{\alpha}_3=(1,-6,1)^{\mathrm{T}}$. 问:当 a 为何值时,$\boldsymbol{\beta}$ 可由向量组 $\boldsymbol{\alpha}_1,\boldsymbol{\alpha}_2,\boldsymbol{\alpha}_3$ 线性表示?

解 记矩阵 $\boldsymbol{A}=(\boldsymbol{\alpha}_1,\boldsymbol{\alpha}_2,\boldsymbol{\alpha}_3), \boldsymbol{B}=(\boldsymbol{\alpha}_1,\boldsymbol{\alpha}_2,\boldsymbol{\alpha}_3,\boldsymbol{\beta})$,对 $\boldsymbol{B}$ 做初等行变换:

$$\boldsymbol{B}=\left(\begin{array}{ccc:c}2 & 3 & 1 & 7\\ 3 & 7 & -6 & -2\\ 5 & 8 & 1 & a\end{array}\right)\xrightarrow{r}\left(\begin{array}{ccc:c}1 & 0 & 5 & 11\\ 0 & 1 & -3 & -5\\ 0 & 0 & 0 & a-15\end{array}\right).$$

由此可知,当 $a-15=0$,即 $a=15$ 时,$R(\boldsymbol{A})=R(\boldsymbol{B})=2$. 故当 $a=15$ 时,$\boldsymbol{\beta}$ 可由向量组 $\boldsymbol{\alpha}_1,\boldsymbol{\alpha}_2,\boldsymbol{\alpha}_3$ 线性表示.

6. 设向量组 $\boldsymbol{\beta}_1=\boldsymbol{\alpha}_1,\boldsymbol{\beta}_2=\boldsymbol{\alpha}_1+\boldsymbol{\alpha}_2,\cdots,\boldsymbol{\beta}_r=\boldsymbol{\alpha}_1+\boldsymbol{\alpha}_2+\cdots+\boldsymbol{\alpha}_r$,且向量组 $\boldsymbol{\alpha}_1,\boldsymbol{\alpha}_2,\cdots,\boldsymbol{\alpha}_r$ 线性无关,证明:向量组 $\boldsymbol{\beta}_1,\boldsymbol{\beta}_2,\cdots,\boldsymbol{\beta}_r$ 线性无关.

证 设 $k_1\boldsymbol{\beta}_1+k_2\boldsymbol{\beta}_2+\cdots+k_r\boldsymbol{\beta}_r=\mathbf{0}$,则有

$$(k_1+k_2+\cdots+k_r)\boldsymbol{\alpha}_1+(k_2+k_3+\cdots+k_r)\boldsymbol{\alpha}_2+\cdots+k_r\boldsymbol{\alpha}_r=\mathbf{0}.$$

由题设可知,向量组 $\boldsymbol{\alpha}_1,\boldsymbol{\alpha}_2,\cdots,\boldsymbol{\alpha}_r$ 线性无关,因此有

$$\sum_{i=n}^{r}k_i=0\quad(n=1,2,\cdots,r),$$

解得 $k_1=k_2=\cdots=k_r=0$. 因此,向量组 $\boldsymbol{\beta}_1,\boldsymbol{\beta}_2,\cdots,\boldsymbol{\beta}_r$ 线性无关.

7. 设向量组 $\boldsymbol{\beta}_1=\boldsymbol{\alpha}_1+\boldsymbol{\alpha}_2,\boldsymbol{\beta}_2=\boldsymbol{\alpha}_2+\boldsymbol{\alpha}_3,\boldsymbol{\beta}_3=\boldsymbol{\alpha}_3+\boldsymbol{\alpha}_4,\boldsymbol{\beta}_4=\boldsymbol{\alpha}_4+\boldsymbol{\alpha}_1$,证明:向量组 $\boldsymbol{\beta}_1,\boldsymbol{\beta}_2,\boldsymbol{\beta}_3,\boldsymbol{\beta}_4$ 线性相关.

证 由于

$$\boldsymbol{\beta}_4=\boldsymbol{\alpha}_4+\boldsymbol{\alpha}_1=(\boldsymbol{\alpha}_3+\boldsymbol{\alpha}_4)+(\boldsymbol{\alpha}_1+\boldsymbol{\alpha}_2)-(\boldsymbol{\alpha}_2+\boldsymbol{\alpha}_3)=\boldsymbol{\beta}_3+\boldsymbol{\beta}_1-\boldsymbol{\beta}_2,$$

化简得

$$\boldsymbol{\beta}_1-\boldsymbol{\beta}_2+\boldsymbol{\beta}_3-\boldsymbol{\beta}_4=\mathbf{0},$$

即存在不全为零的数 $k_1=1,k_2=-1,k_3=1,k_4=-1$,使得

$$k_1\boldsymbol{\beta}_1+k_2\boldsymbol{\beta}_2+k_3\boldsymbol{\beta}_3+k_4\boldsymbol{\beta}_4=\mathbf{0},$$

因此向量组 $\boldsymbol{\beta}_1,\boldsymbol{\beta}_2,\boldsymbol{\beta}_3,\boldsymbol{\beta}_4$ 线性相关.

8. 已知向量组 B:$\boldsymbol{\beta}_1,\boldsymbol{\beta}_2,\boldsymbol{\beta}_3$ 由向量组 A:$\boldsymbol{\alpha}_1,\boldsymbol{\alpha}_2,\boldsymbol{\alpha}_3$ 的线性表示式为

$$\boldsymbol{\beta}_1=\boldsymbol{\alpha}_1-\boldsymbol{\alpha}_2+\boldsymbol{\alpha}_3,\quad \boldsymbol{\beta}_2=\boldsymbol{\alpha}_1+\boldsymbol{\alpha}_2-\boldsymbol{\alpha}_3,\quad \boldsymbol{\beta}_3=-\boldsymbol{\alpha}_1+\boldsymbol{\alpha}_2+\boldsymbol{\alpha}_3,$$

试将向量组 A 用向量组 B 线性表示.

解 记矩阵 $\boldsymbol{B}=(\boldsymbol{\beta}_1,\boldsymbol{\beta}_2,\boldsymbol{\beta}_3), \boldsymbol{A}=(\boldsymbol{\alpha}_1,\boldsymbol{\alpha}_2,\boldsymbol{\alpha}_3), \boldsymbol{K}=\begin{pmatrix}1 & 1 & -1\\ -1 & 1 & 1\\ 1 & -1 & 1\end{pmatrix}$,则由题设可得矩阵方程

$$\boldsymbol{B}=\boldsymbol{A}\boldsymbol{K},$$

其系数矩阵的行列式

$$|\boldsymbol{K}|=\begin{vmatrix}1 & 1 & -1\\ -1 & 1 & 1\\ 1 & -1 & 1\end{vmatrix}=4\neq 0,$$

则矩阵 $\boldsymbol{K}$ 可逆. 于是,有 $\boldsymbol{A}=\boldsymbol{B}\boldsymbol{K}^{-1}$,即向量组 A 可由向量组 B 线性表示.

下面求 $\boldsymbol{K}^{-1}$. 对矩阵 $(\boldsymbol{K}\,\vdots\,\boldsymbol{E})$ 做初等行变换:

$$(\boldsymbol{K}\ \vdots\ \boldsymbol{E})=\left(\begin{array}{rrr:rrr}1&1&-1&1&0&0\\-1&1&1&0&1&0\\1&-1&1&0&0&1\end{array}\right)\xrightarrow{r}\left(\begin{array}{ccc:ccc}1&0&0&\frac{1}{2}&0&\frac{1}{2}\\0&1&0&\frac{1}{2}&\frac{1}{2}&0\\0&0&1&0&\frac{1}{2}&\frac{1}{2}\end{array}\right),$$

则

$$\boldsymbol{K}^{-1}=\begin{pmatrix}\frac{1}{2}&0&\frac{1}{2}\\\frac{1}{2}&\frac{1}{2}&0\\0&\frac{1}{2}&\frac{1}{2}\end{pmatrix}.$$

因此，

$$\boldsymbol{\alpha}_1=\frac{1}{2}\boldsymbol{\beta}_1+\frac{1}{2}\boldsymbol{\beta}_2,\quad \boldsymbol{\alpha}_2=\frac{1}{2}\boldsymbol{\beta}_2+\frac{1}{2}\boldsymbol{\beta}_3,\quad \boldsymbol{\alpha}_3=\frac{1}{2}\boldsymbol{\beta}_1+\frac{1}{2}\boldsymbol{\beta}_3.$$

9. 判断下列向量组的线性相关性：

(1) $\boldsymbol{\alpha}_1=(1,2,3,4)^{\mathrm{T}},\boldsymbol{\alpha}_2=(-1,2,2,3)^{\mathrm{T}},\boldsymbol{\alpha}_3=(2,-1,1,1)^{\mathrm{T}}$；

(2) $\boldsymbol{\alpha}_1=(1,2)^{\mathrm{T}},\boldsymbol{\alpha}_2=(3,4)^{\mathrm{T}},\boldsymbol{\alpha}_3=(5,6)^{\mathrm{T}}$.

解　(1) 对矩阵$(\boldsymbol{\alpha}_1,\boldsymbol{\alpha}_2,\boldsymbol{\alpha}_3)$做初等行变换：

$$(\boldsymbol{\alpha}_1,\boldsymbol{\alpha}_2,\boldsymbol{\alpha}_3)=\begin{pmatrix}1&-1&2\\2&2&-1\\3&2&1\\4&3&1\end{pmatrix}\xrightarrow{r}\begin{pmatrix}1&-1&2\\0&1&-1\\0&0&1\\0&0&0\end{pmatrix}.$$

由此可知，$R(\boldsymbol{\alpha}_1,\boldsymbol{\alpha}_2,\boldsymbol{\alpha}_3)=3$，故向量组 $\boldsymbol{\alpha}_1,\boldsymbol{\alpha}_2,\boldsymbol{\alpha}_3$ 线性无关.

(2) 因为向量个数 $s=3>$ 维数 $n=2$，所以 $\boldsymbol{\alpha}_1,\boldsymbol{\alpha}_2,\boldsymbol{\alpha}_3$ 必线性相关.

10. 已知向量 $\boldsymbol{\alpha}_1=(1,2,3)^{\mathrm{T}},\boldsymbol{\alpha}_2=(3,-1,2)^{\mathrm{T}},\boldsymbol{\alpha}_3=(2,3,\lambda)^{\mathrm{T}}$，问：当$\lambda$ 取何值时，向量组 $\boldsymbol{\alpha}_1,\boldsymbol{\alpha}_2,\boldsymbol{\alpha}_3$ 线性相关？并将 $\boldsymbol{\alpha}_3$ 表示为向量组 $\boldsymbol{\alpha}_1,\boldsymbol{\alpha}_2$ 的线性组合.

解　对矩阵$(\boldsymbol{\alpha}_1,\boldsymbol{\alpha}_2,\boldsymbol{\alpha}_3)$做初等行变换：

$$(\boldsymbol{\alpha}_1,\boldsymbol{\alpha}_2,\boldsymbol{\alpha}_3)=\begin{pmatrix}1&3&2\\2&-1&3\\3&2&\lambda\end{pmatrix}\xrightarrow{r}\begin{pmatrix}1&0&\frac{11}{7}\\0&1&\frac{1}{7}\\0&0&\lambda-5\end{pmatrix}.$$

由此可知，当 $\lambda=5$ 时，$R(\boldsymbol{\alpha}_1,\boldsymbol{\alpha}_2,\boldsymbol{\alpha}_3)=2$，从而向量组 $\boldsymbol{\alpha}_1,\boldsymbol{\alpha}_2,\boldsymbol{\alpha}_3$ 线性相关. 此时，

$$\boldsymbol{\alpha}_3=\frac{11}{7}\boldsymbol{\alpha}_1+\frac{1}{7}\boldsymbol{\alpha}_2.$$

11. 设向量组 $\boldsymbol{\alpha}_1,\boldsymbol{\alpha}_2,\boldsymbol{\alpha}_3,\boldsymbol{\alpha}_4$ 线性相关，但其中任意三个向量均线性无关，证明：存在一组全不为零的数 $\lambda_1,\lambda_2,\lambda_3,\lambda_4$，使得 $\lambda_1\boldsymbol{\alpha}_1+\lambda_2\boldsymbol{\alpha}_2+\lambda_3\boldsymbol{\alpha}_3+\lambda_4\boldsymbol{\alpha}_4=\boldsymbol{0}$.

证　因为向量组 $\boldsymbol{\alpha}_1,\boldsymbol{\alpha}_2,\boldsymbol{\alpha}_3,\boldsymbol{\alpha}_4$ 线性相关，所以存在一组不全为零的数 $\lambda_1,\lambda_2,\lambda_3,\lambda_4$，使得

$$\lambda_1\boldsymbol{\alpha}_1+\lambda_2\boldsymbol{\alpha}_2+\lambda_3\boldsymbol{\alpha}_3+\lambda_4\boldsymbol{\alpha}_4=\mathbf{0}.$$

若$\lambda_1,\lambda_2,\lambda_3,\lambda_4$中至少有一个为零，设$\lambda_1=0$，则有$\lambda_2\boldsymbol{\alpha}_2+\lambda_3\boldsymbol{\alpha}_3+\lambda_4\boldsymbol{\alpha}_4=\mathbf{0}$. 由已知$\boldsymbol{\alpha}_1,\boldsymbol{\alpha}_2,\boldsymbol{\alpha}_3,\boldsymbol{\alpha}_4$中任意三个向量均线性无关，所以$\boldsymbol{\alpha}_2,\boldsymbol{\alpha}_3,\boldsymbol{\alpha}_4$线性无关，故$\lambda_2=\lambda_3=\lambda_4=0$. 这与$\lambda_1,\lambda_2,\lambda_3,\lambda_4$不全为零相矛盾，因此$\lambda_1\neq 0$. 同理可证$\lambda_2,\lambda_3,\lambda_4$均不为零.

12. 求下列向量组的秩与一个极大线性无关组，并将其余向量用此极大线性无关组线性表示：

(1) $\boldsymbol{\alpha}_1=(1,1,3,1)^{\mathrm{T}},\boldsymbol{\alpha}_2=(-1,1,-1,3)^{\mathrm{T}},\boldsymbol{\alpha}_3=(5,-2,8,-9)^{\mathrm{T}},\boldsymbol{\alpha}_4=(-1,3,1,7)^{\mathrm{T}}$;

(2) $\boldsymbol{\alpha}_1=(2,1,4,3)^{\mathrm{T}},\boldsymbol{\alpha}_2=(-1,1,-6,6)^{\mathrm{T}},\boldsymbol{\alpha}_3=(-1,-2,2,-9)^{\mathrm{T}},\boldsymbol{\alpha}_4=(1,1,-2,7)^{\mathrm{T}}$, $\boldsymbol{\alpha}_5=(2,4,4,9)^{\mathrm{T}}$.

解 (1) 记矩阵$\boldsymbol{A}=(\boldsymbol{\alpha}_1,\boldsymbol{\alpha}_2,\boldsymbol{\alpha}_3,\boldsymbol{\alpha}_4)$，对$\boldsymbol{A}$做初等行变换：

$$\boldsymbol{A}=\begin{pmatrix}1&-1&5&-1\\1&1&-2&3\\3&-1&8&1\\1&3&-9&7\end{pmatrix}\xrightarrow{r}\begin{pmatrix}1&0&\frac{3}{2}&1\\0&1&-\frac{7}{2}&2\\0&0&0&0\\0&0&0&0\end{pmatrix}.$$

由此可知，$R(\boldsymbol{A})=2$，向量组$\boldsymbol{\alpha}_1,\boldsymbol{\alpha}_2,\boldsymbol{\alpha}_3,\boldsymbol{\alpha}_4$的一个极大线性无关组为$\boldsymbol{\alpha}_1,\boldsymbol{\alpha}_2$，且

$$\boldsymbol{\alpha}_3=\frac{3}{2}\boldsymbol{\alpha}_1-\frac{7}{2}\boldsymbol{\alpha}_2,\quad \boldsymbol{\alpha}_4=\boldsymbol{\alpha}_1+2\boldsymbol{\alpha}_2.$$

(2) 记矩阵$\boldsymbol{A}=(\boldsymbol{\alpha}_1,\boldsymbol{\alpha}_2,\boldsymbol{\alpha}_3,\boldsymbol{\alpha}_4,\boldsymbol{\alpha}_5)$，对$\boldsymbol{A}$做初等行变换：

$$\boldsymbol{A}=\begin{pmatrix}2&-1&-1&1&2\\1&1&-2&1&4\\4&-6&2&-2&4\\3&6&-9&7&9\end{pmatrix}\xrightarrow{r}\begin{pmatrix}1&0&-1&0&4\\0&1&-1&0&3\\0&0&0&1&-3\\0&0&0&0&0\end{pmatrix}.$$

由此可知，$R(\boldsymbol{A})=3$，向量组$\boldsymbol{\alpha}_1,\boldsymbol{\alpha}_2,\boldsymbol{\alpha}_3,\boldsymbol{\alpha}_4,\boldsymbol{\alpha}_5$的一个极大线性无关组为$\boldsymbol{\alpha}_1,\boldsymbol{\alpha}_2,\boldsymbol{\alpha}_4$，且

$$\boldsymbol{\alpha}_3=-\boldsymbol{\alpha}_1-\boldsymbol{\alpha}_2,\quad \boldsymbol{\alpha}_5=4\boldsymbol{\alpha}_1+3\boldsymbol{\alpha}_2-3\boldsymbol{\alpha}_4.$$

13. 设$\boldsymbol{\alpha}_1,\boldsymbol{\alpha}_2,\cdots,\boldsymbol{\alpha}_n$是一个$n$维向量组. 已知$n$维单位向量组$\boldsymbol{e}_1,\boldsymbol{e}_2,\cdots,\boldsymbol{e}_n$可由$\boldsymbol{\alpha}_1,\boldsymbol{\alpha}_2,\cdots,\boldsymbol{\alpha}_n$线性表示，证明：向量组$\boldsymbol{\alpha}_1,\boldsymbol{\alpha}_2,\cdots,\boldsymbol{\alpha}_n$线性无关.

证 记矩阵$\boldsymbol{E}=(\boldsymbol{e}_1,\boldsymbol{e}_2,\cdots,\boldsymbol{e}_n)$，$\boldsymbol{A}=(\boldsymbol{\alpha}_1,\boldsymbol{\alpha}_2,\cdots,\boldsymbol{\alpha}_n)$，则有$R(\boldsymbol{E})=n$，$R(\boldsymbol{A})\leqslant n$. 由题设知向量组$\boldsymbol{e}_1,\boldsymbol{e}_2,\cdots,\boldsymbol{e}_n$能由向量组$\boldsymbol{\alpha}_1,\boldsymbol{\alpha}_2,\cdots,\boldsymbol{\alpha}_n$线性表示，则有$R(\boldsymbol{E})\leqslant R(\boldsymbol{A})$，从而有

$$n=R(\boldsymbol{E})\leqslant R(\boldsymbol{A})\leqslant n,$$

故$R(\boldsymbol{A})=n$.

因为n维向量组$\boldsymbol{\alpha}_1,\boldsymbol{\alpha}_2,\cdots,\boldsymbol{\alpha}_n$的秩为$R(\boldsymbol{A})=n$，所以向量组$\boldsymbol{\alpha}_1,\boldsymbol{\alpha}_2,\cdots,\boldsymbol{\alpha}_n$线性无关.

14. 设$\boldsymbol{\alpha}_1,\boldsymbol{\alpha}_2,\cdots,\boldsymbol{\alpha}_n$是一个$n$维向量组，证明：$\boldsymbol{\alpha}_1,\boldsymbol{\alpha}_2,\cdots,\boldsymbol{\alpha}_n$线性无关的充要条件是任一$n$维向量都可由该向量组线性表示.

证 必要性. 设$\boldsymbol{\alpha}$为任一n维向量且$\boldsymbol{\alpha}_1,\boldsymbol{\alpha}_2,\cdots,\boldsymbol{\alpha}_n$线性无关，而向量组$\boldsymbol{\alpha}_1,\boldsymbol{\alpha}_2,\cdots,\boldsymbol{\alpha}_n,\boldsymbol{\alpha}$含有$n+1$个$n$维向量，故该向量组是线性相关的，因此$\boldsymbol{\alpha}$能由向量组$\boldsymbol{\alpha}_1,\boldsymbol{\alpha}_2,\cdots,\boldsymbol{\alpha}_n$线性表示，且表示式是唯一的.

充分性. 已知任一n维向量都可由向量组$\boldsymbol{\alpha}_1,\boldsymbol{\alpha}_2,\cdots,\boldsymbol{\alpha}_n$线性表示，故单位向量组$\boldsymbol{e}_1,\boldsymbol{e}_2,\cdots,$

$\boldsymbol{e}_n$ 能由向量组 $\boldsymbol{\alpha}_1,\boldsymbol{\alpha}_2,\cdots,\boldsymbol{\alpha}_n$ 线性表示. 于是,有

$$n=R(\boldsymbol{e}_1,\boldsymbol{e}_2,\cdots,\boldsymbol{e}_n)\leqslant R(\boldsymbol{\alpha}_1,\boldsymbol{\alpha}_2,\cdots,\boldsymbol{\alpha}_n)\leqslant n,$$

即 $R(\boldsymbol{\alpha}_1,\boldsymbol{\alpha}_2,\cdots,\boldsymbol{\alpha}_n)=n$,所以向量组 $\boldsymbol{\alpha}_1,\boldsymbol{\alpha}_2,\cdots,\boldsymbol{\alpha}_n$ 线性无关.

15. 设有两个 n 维向量组 A:$\boldsymbol{\alpha}_1,\boldsymbol{\alpha}_2,\cdots,\boldsymbol{\alpha}_m$ 和 B:$\boldsymbol{\beta}_1,\boldsymbol{\beta}_2,\cdots,\boldsymbol{\beta}_m$,且满足

$$\begin{cases}\boldsymbol{\alpha}_1=\boldsymbol{\beta}_2+\boldsymbol{\beta}_3+\cdots+\boldsymbol{\beta}_m,\\ \boldsymbol{\alpha}_2=\boldsymbol{\beta}_1+\boldsymbol{\beta}_3+\cdots+\boldsymbol{\beta}_m,\\ \qquad\cdots\cdots\\ \boldsymbol{\alpha}_m=\boldsymbol{\beta}_1+\boldsymbol{\beta}_2+\cdots+\boldsymbol{\beta}_{m-1}.\end{cases}$$

证明:$R(\boldsymbol{A})=R(\boldsymbol{B})$,其中 $\boldsymbol{A},\boldsymbol{B}$ 分别是由向量组 A 和 B 构成的矩阵.

证 令矩阵

$$\boldsymbol{K}=\begin{pmatrix}0&1&1&\cdots&1\\1&0&1&\cdots&1\\1&1&0&\cdots&1\\\vdots&\vdots&\vdots&&\vdots\\1&1&1&\cdots&0\end{pmatrix}_m,$$

则由题设可得矩阵方程

$$\boldsymbol{A}=\boldsymbol{B}\boldsymbol{K},$$

其系数矩阵的行列式

$$|\boldsymbol{K}|=\begin{vmatrix}0&1&1&\cdots&1\\1&0&1&\cdots&1\\1&1&0&\cdots&1\\\vdots&\vdots&\vdots&&\vdots\\1&1&1&\cdots&0\end{vmatrix}_m=(-1)^{m-1}(m-1)\neq 0,$$

则 $\boldsymbol{K}$ 可逆,故有 $\boldsymbol{B}=\boldsymbol{A}\boldsymbol{K}^{-1}$. 由 $\boldsymbol{A}=\boldsymbol{B}\boldsymbol{K}$ 和 $\boldsymbol{B}=\boldsymbol{A}\boldsymbol{K}^{-1}$ 可知,向量组 $\boldsymbol{\alpha}_1,\boldsymbol{\alpha}_2,\cdots,\boldsymbol{\alpha}_m$ 与 $\boldsymbol{\beta}_1,\boldsymbol{\beta}_2,\cdots,\boldsymbol{\beta}_m$ 可相互线性表示,所以向量组 $\boldsymbol{\alpha}_1,\boldsymbol{\alpha}_2,\cdots,\boldsymbol{\alpha}_m$ 与 $\boldsymbol{\beta}_1,\boldsymbol{\beta}_2,\cdots,\boldsymbol{\beta}_m$ 等价. 由于等价的向量组有相同的秩,因此有 $R(\boldsymbol{A})=R(\boldsymbol{B})$.

16. 设 $\boldsymbol{A}$ 是 $m\times n$ 矩阵,且 $m<n$,证明:$|\boldsymbol{A}^{\mathrm{T}}\boldsymbol{A}|=0$.

证 由 $m<n$ 可得 $R(\boldsymbol{A})=R(\boldsymbol{A}^{\mathrm{T}})\leqslant m$. 又 $R(\boldsymbol{A}^{\mathrm{T}}\boldsymbol{A})\leqslant\min\{R(\boldsymbol{A}^{\mathrm{T}}),R(\boldsymbol{A})\}\leqslant m<n$,故 n 阶方阵 $\boldsymbol{A}^{\mathrm{T}}\boldsymbol{A}$ 是降秩的. 因此,

$$|\boldsymbol{A}^{\mathrm{T}}\boldsymbol{A}|=0.$$

17. 证明:与基础解系等价的线性无关向量组也是基础解系.

证 设 $\boldsymbol{\eta}_1,\boldsymbol{\eta}_2,\cdots,\boldsymbol{\eta}_s$ 是 $\boldsymbol{A}\boldsymbol{x}=\boldsymbol{0}$ 的一个基础解系,而 $\boldsymbol{\xi}_1,\boldsymbol{\xi}_2,\cdots,\boldsymbol{\xi}_t$ 是一个向量组,且 $\boldsymbol{\eta}_1,\boldsymbol{\eta}_2,\cdots,\boldsymbol{\eta}_s$ 与 $\boldsymbol{\xi}_1,\boldsymbol{\xi}_2,\cdots,\boldsymbol{\xi}_t$ 等价. 由向量组的等价性可知,每一个 $\boldsymbol{\xi}_i(i=1,2,\cdots,t)$ 都可由向量组 $\boldsymbol{\eta}_1,\boldsymbol{\eta}_2,\cdots,\boldsymbol{\eta}_s$ 线性表示,从而每一个 $\boldsymbol{\xi}_i$ 都是方程组 $\boldsymbol{A}\boldsymbol{x}=\boldsymbol{0}$ 的解. 因为 $\boldsymbol{\xi}_1,\boldsymbol{\xi}_2,\cdots,\boldsymbol{\xi}_t$ 与 $\boldsymbol{\eta}_1,\boldsymbol{\eta}_2,\cdots,\boldsymbol{\eta}_s$ 等价,所以方程组 $\boldsymbol{A}\boldsymbol{x}=\boldsymbol{0}$ 的任意解均可由向量组 $\boldsymbol{\xi}_1,\boldsymbol{\xi}_2,\cdots,\boldsymbol{\xi}_t$ 线性表示. 又由题设知 $\boldsymbol{\xi}_1,\boldsymbol{\xi}_2,\cdots,\boldsymbol{\xi}_t$ 线性无关,所以必有 $s=t$,从而 $\boldsymbol{\xi}_1,\boldsymbol{\xi}_2,\cdots,\boldsymbol{\xi}_t$ 也是基础解系.

18. 设齐次线性方程组

$$\begin{cases}a_{11}x_1+a_{12}x_2+\cdots+a_{1n}x_n=0,\\ a_{21}x_1+a_{22}x_2+\cdots+a_{2n}x_n=0,\\ \cdots\cdots\\ a_{m1}x_1+a_{m2}x_2+\cdots+a_{mn}x_n=0\end{cases}$$

的解都是方程 $e_1x_1+e_2x_2+\cdots+e_nx_n=0$ 的解，证明：向量 $\boldsymbol{\beta}=(e_1,e_2,\cdots,e_n)$ 可由向量组 $\boldsymbol{\alpha}_1=(a_{11},a_{12},\cdots,a_{1n})$，$\boldsymbol{\alpha}_2=(a_{21},a_{22},\cdots,a_{2n})$，$\cdots$，$\boldsymbol{\alpha}_m=(a_{m1},a_{m2},\cdots,a_{mn})$ 线性表示.

证 由题设可知，方程组

$$\begin{cases}a_{11}x_1+a_{12}x_2+\cdots+a_{1n}x_n=0,\\ a_{21}x_1+a_{22}x_2+\cdots+a_{2n}x_n=0,\\ \cdots\cdots\\ a_{m1}x_1+a_{m2}x_2+\cdots+a_{mn}x_n=0\end{cases}\quad 与 \quad \begin{cases}a_{11}x_1+a_{12}x_2+\cdots+a_{1n}x_n=0,\\ a_{21}x_1+a_{22}x_2+\cdots+a_{2n}x_n=0,\\ \cdots\cdots\\ a_{m1}x_1+a_{m2}x_2+\cdots+a_{mn}x_n=0,\\ e_1x_1+\ e_2x_2+\cdots+\ e_nx_n=0\end{cases}$$

同解，故两个系数矩阵

$$\boldsymbol{A}=\begin{pmatrix}a_{11}&a_{12}&\cdots&a_{1n}\\ a_{21}&a_{22}&\cdots&a_{2n}\\ \vdots&\vdots&&\vdots\\ a_{m1}&a_{m2}&\cdots&a_{mn}\end{pmatrix}\quad 与\quad \boldsymbol{B}=\begin{pmatrix}a_{11}&a_{12}&\cdots&a_{1n}\\ a_{21}&a_{22}&\cdots&a_{2n}\\ \vdots&\vdots&&\vdots\\ a_{m1}&a_{m2}&\cdots&a_{mn}\\ e_1&e_2&\cdots&e_n\end{pmatrix}$$

的秩相等，即 $R(\boldsymbol{A})=R(\boldsymbol{B})$. 因此，向量 $\boldsymbol{\beta}=(e_1,e_2,\cdots,e_n)$ 可由向量组 $\boldsymbol{\alpha}_1=(a_{11},a_{12},\cdots,a_{1n})$，$\boldsymbol{\alpha}_2=(a_{21},a_{22},\cdots,a_{2n})$，$\cdots$，$\boldsymbol{\alpha}_m=(a_{m1},a_{m2},\cdots,a_{mn})$ 线性表示.

19. 求下列齐次线性方程组的一个基础解系，并用基础解系表示方程组的通解：

(1) $\begin{cases}x_1+\ 2x_2+x_3-\ x_4=0,\\ 3x_1+\ 6x_2-x_3-3x_4=0,\\ 5x_1+10x_2+x_3-5x_4=0;\end{cases}$　　(2) $\begin{cases}3x_1+\ 4x_2-\ 5x_3+\ 7x_4=0,\\ 2x_1-\ 3x_2+\ 3x_3-\ 2x_4=0,\\ 4x_1+11x_2-13x_3+16x_4=0,\\ 7x_1-\ 2x_2+\ x_3+\ 3x_4=0.\end{cases}$

解 (1) 对系数矩阵 $\boldsymbol{A}$ 做初等行变换：

$$\boldsymbol{A}=\begin{pmatrix}1&2&1&-1\\ 3&6&-1&-3\\ 5&10&1&-5\end{pmatrix}\xrightarrow{r}\begin{pmatrix}1&2&0&-1\\ 0&0&1&0\\ 0&0&0&0\end{pmatrix}.$$

由此可知，$R(\boldsymbol{A})=2$，故方程组有 $4-2=2$ 个自由未知量. 选取 x_2,x_4 为自由未知量，原方程组化为

$$\begin{cases}x_1=-2x_2+x_4,\\ x_3=0.\end{cases}$$

分别取 $\begin{pmatrix}x_2\\ x_4\end{pmatrix}=\begin{pmatrix}1\\ 0\end{pmatrix},\begin{pmatrix}0\\ 1\end{pmatrix}$，可得原方程组的一个基础解系

$$\boldsymbol{\xi}_1=\begin{pmatrix}-2\\1\\0\\0\end{pmatrix},\quad \boldsymbol{\xi}_2=\begin{pmatrix}1\\0\\0\\1\end{pmatrix}.$$

因此,原方程组的通解为

$$\boldsymbol{x}=t_1\boldsymbol{\xi}_1+t_2\boldsymbol{\xi}_2\quad(t_1,t_2\in\mathbf{R}).$$

(2) 对系数矩阵 $\boldsymbol{A}$ 做初等行变换:

$$\boldsymbol{A}=\begin{pmatrix}3&4&-5&7\\2&-3&3&-2\\4&11&-13&16\\7&-2&1&3\end{pmatrix}\xrightarrow{r}\begin{pmatrix}1&0&-\dfrac{3}{17}&\dfrac{13}{17}\\0&1&-\dfrac{19}{17}&\dfrac{20}{17}\\0&0&0&0\\0&0&0&0\end{pmatrix}.$$

由此可知,$R(\boldsymbol{A})=2$,故方程组有 $4-2=2$ 个自由未知量. 选取 x_3,x_4 为自由未知量,原方程组化为

$$\begin{cases}x_1=\dfrac{3}{17}x_3-\dfrac{13}{17}x_4,\\x_2=\dfrac{19}{17}x_3-\dfrac{20}{17}x_4.\end{cases}$$

分别取 $\begin{pmatrix}x_3\\x_4\end{pmatrix}=\begin{pmatrix}17\\0\end{pmatrix},\begin{pmatrix}0\\17\end{pmatrix}$,可得原方程组的一个基础解系

$$\boldsymbol{\xi}_1=\begin{pmatrix}3\\19\\17\\0\end{pmatrix},\quad \boldsymbol{\xi}_2=\begin{pmatrix}-13\\-20\\0\\17\end{pmatrix}.$$

因此,原方程组的通解为

$$\boldsymbol{x}=t_1\boldsymbol{\xi}_1+t_2\boldsymbol{\xi}_2\quad(t_1,t_2\in\mathbf{R}).$$

20. 求下列非齐次线性方程组的通解(用其导出组的基础解系表示):

(1) $\begin{cases}x_1+x_2-x_3+2x_4=-1,\\2x_1+3x_2-x_3+3x_4=-4,\\3x_1+x_2-5x_3+8x_4=1;\end{cases}$

(2) $\begin{cases}x_1-x_2-x_3-x_4=0,\\x_1-x_2+x_3-3x_4=1,\\x_1-x_2-2x_3+3x_4=-\dfrac{1}{2}.\end{cases}$

解 (1) 对增广矩阵 $\boldsymbol{B}$ 做初等行变换:

$$\boldsymbol{B}=\left(\begin{array}{cccc:c}1&1&-1&2&-1\\2&3&-1&3&-4\\3&1&-5&8&1\end{array}\right)\xrightarrow{r}\left(\begin{array}{cccc:c}1&0&-2&3&1\\0&1&1&-1&-2\\0&0&0&0&0\end{array}\right),$$

从而得到同解方程组

$$\begin{cases}x_1=1+2x_3-3x_4,\\x_2=-2-x_3+x_4.\end{cases}$$

令 $x_3=x_4=0$,得到原方程组的一个特解

$$\boldsymbol{\eta}^*=\begin{pmatrix}1\\-2\\0\\0\end{pmatrix}.$$

原方程组的导出组为

$$\begin{cases}x_1=2x_3-3x_4,\\x_2=-x_3+x_4.\end{cases}$$

分别取 $\begin{pmatrix}x_3\\x_4\end{pmatrix}=\begin{pmatrix}1\\0\end{pmatrix},\begin{pmatrix}0\\1\end{pmatrix}$,可得导出组的一个基础解系

$$\boldsymbol{\xi}_1=\begin{pmatrix}2\\-1\\1\\0\end{pmatrix},\quad \boldsymbol{\xi}_2=\begin{pmatrix}-3\\1\\0\\1\end{pmatrix}.$$

因此,原方程组的通解为

$$\boldsymbol{x}=\boldsymbol{\eta}^*+t_1\boldsymbol{\xi}_1+t_2\boldsymbol{\xi}_2\quad(t_1,t_2\in\mathbf{R}).$$

(2) 对增广矩阵 $\boldsymbol{B}$ 做初等行变换:

$$\boldsymbol{B}=\left(\begin{array}{cccc:c}1&-1&-1&-1&0\\1&-1&1&-3&1\\1&-1&-2&3&-\frac{1}{2}\end{array}\right)\xrightarrow{r}\left(\begin{array}{cccc:c}1&-1&0&0&\frac{1}{2}\\0&0&1&0&\frac{1}{2}\\0&0&0&1&0\end{array}\right),$$

从而得到同解方程组

$$\begin{cases}x_1=\dfrac{1}{2}+x_2,\\x_3=\dfrac{1}{2},\\x_4=0.\end{cases}$$

令 $x_2=0$,得到原方程组的一个特解

$$\boldsymbol{\eta}^*=\begin{pmatrix}\frac{1}{2}\\0\\\frac{1}{2}\\0\end{pmatrix}.$$

原方程组的导出组为

$$\begin{cases}x_1=x_2,\\x_3=0,\\x_4=0.\end{cases}$$

取 $x_2=1$,可得导出组的一个基础解系

$$\boldsymbol{\xi}=\begin{pmatrix}1\\1\\0\\0\end{pmatrix}.$$

因此,原方程组的通解为

$$\boldsymbol{x}=\boldsymbol{\eta}^*+t\boldsymbol{\xi}\quad(t\in\mathbf{R}).$$

21. 设 $\boldsymbol{A}$ 为 $m\times n$ 矩阵,$\boldsymbol{B}$ 为 n 阶方阵. 已知 $R(\boldsymbol{A})=n$,证明:

(1) 若 $\boldsymbol{AB}=\boldsymbol{O}$,则 $\boldsymbol{B}=\boldsymbol{O}$;

(2) 若 $\boldsymbol{AB}=\boldsymbol{A}$,则 $\boldsymbol{B}=\boldsymbol{E}$.

证 (1) 由 $R(\boldsymbol{A})=n$ 知,方程组 $\boldsymbol{Ax}=\boldsymbol{0}$ 只有零解. 又由 $\boldsymbol{AB}=\boldsymbol{O}$ 知,$\boldsymbol{B}$ 的列向量都是 $\boldsymbol{Ax}=\boldsymbol{0}$ 的解,所以 $\boldsymbol{B}=\boldsymbol{O}$.

(2) 由 $\boldsymbol{AB}=\boldsymbol{A}$ 得 $\boldsymbol{A}(\boldsymbol{B}-\boldsymbol{E})=\boldsymbol{O}$. 又由(1) 得 $\boldsymbol{B}-\boldsymbol{E}=\boldsymbol{O}$,所以 $\boldsymbol{B}=\boldsymbol{E}$.

22. 已知 $\boldsymbol{\alpha}_1,\boldsymbol{\alpha}_2$ 是齐次线性方程组 $\boldsymbol{Ax}=\boldsymbol{0}$ 的一个基础解系,$\boldsymbol{\alpha}_3,\boldsymbol{\alpha}_4$ 是非齐次线性方程组 $\boldsymbol{Ax}=\boldsymbol{b}$ 的两个解.

(1) $\boldsymbol{\alpha}_1+\boldsymbol{\alpha}_2,\boldsymbol{\alpha}_1-\boldsymbol{\alpha}_2$ 是不是齐次线性方程组 $\boldsymbol{Ax}=\boldsymbol{0}$ 的一个基础解系?

(2) $\boldsymbol{\alpha}_1,\boldsymbol{\alpha}_2,\boldsymbol{\alpha}_3-\boldsymbol{\alpha}_4$ 是不是齐次线性方程组 $\boldsymbol{Ax}=\boldsymbol{0}$ 的一个基础解系?

(3) 假设 $\boldsymbol{A}$ 为 6×5 矩阵,求 $R(\boldsymbol{A})$.

解 (1) 因为 $\boldsymbol{\alpha}_1,\boldsymbol{\alpha}_2$ 是方程组 $\boldsymbol{Ax}=\boldsymbol{0}$ 的解,所以 $\boldsymbol{A\alpha}_1=\boldsymbol{0},\boldsymbol{A\alpha}_2=\boldsymbol{0}$,从而有

$$\boldsymbol{A}(\boldsymbol{\alpha}_1+\boldsymbol{\alpha}_2)=\boldsymbol{A\alpha}_1+\boldsymbol{A\alpha}_2=\boldsymbol{0},\quad \boldsymbol{A}(\boldsymbol{\alpha}_1-\boldsymbol{\alpha}_2)=\boldsymbol{A\alpha}_1-\boldsymbol{A\alpha}_2=\boldsymbol{0},$$

故 $\boldsymbol{\alpha}_1+\boldsymbol{\alpha}_2,\boldsymbol{\alpha}_1-\boldsymbol{\alpha}_2$ 是方程组 $\boldsymbol{Ax}=\boldsymbol{0}$ 的解.

设存在数 k_1,k_2,使得 $k_1(\boldsymbol{\alpha}_1+\boldsymbol{\alpha}_2)+k_2(\boldsymbol{\alpha}_1-\boldsymbol{\alpha}_2)=\boldsymbol{0}$,整理可得

$$(k_1+k_2)\boldsymbol{\alpha}_1+(k_1-k_2)\boldsymbol{\alpha}_2=\boldsymbol{0},$$

因为 $\boldsymbol{\alpha}_1,\boldsymbol{\alpha}_2$ 线性无关,所以有

$$\begin{cases}k_1+k_2=0,\\k_1-k_2=0,\end{cases}$$

解得 $k_1=k_2=0$,故 $\boldsymbol{\alpha}_1+\boldsymbol{\alpha}_2,\boldsymbol{\alpha}_1-\boldsymbol{\alpha}_2$ 线性无关. 又由 $\boldsymbol{\alpha}_1,\boldsymbol{\alpha}_2$ 是方程组的基础解系可知,基础解系所含向量的个数为 2,所以 $\boldsymbol{\alpha}_1+\boldsymbol{\alpha}_2,\boldsymbol{\alpha}_1-\boldsymbol{\alpha}_2$ 也是方程组 $\boldsymbol{Ax}=\boldsymbol{0}$ 的基础解系.

(2) 因为 $\boldsymbol{\alpha}_3,\boldsymbol{\alpha}_4$ 是方程组 $\boldsymbol{Ax}=\boldsymbol{b}$ 的解,所以 $\boldsymbol{\alpha}_3-\boldsymbol{\alpha}_4$ 也是 $\boldsymbol{Ax}=\boldsymbol{0}$ 的解. 但由题设知 $\boldsymbol{Ax}=\boldsymbol{0}$ 的基础解系只含两个解,所以 $\boldsymbol{\alpha}_1,\boldsymbol{\alpha}_2,\boldsymbol{\alpha}_3-\boldsymbol{\alpha}_4$ 必定线性相关,故 $\boldsymbol{\alpha}_1,\boldsymbol{\alpha}_2,\boldsymbol{\alpha}_3-\boldsymbol{\alpha}_4$ 不是齐次线性方程组 $\boldsymbol{Ax}=\boldsymbol{0}$ 的基础解系.

(3) 由于 $\boldsymbol{A}$ 为 6×5 矩阵,则 $\boldsymbol{Ax}=\boldsymbol{0}$ 为五元齐次线性方程组,而 $\boldsymbol{Ax}=\boldsymbol{0}$ 的基础解系含有两个解,故有 $5-R(\boldsymbol{A})=2$,即 $R(\boldsymbol{A})=3$.

23. 设矩阵 $\boldsymbol{A}=(\boldsymbol{\alpha}_1,\boldsymbol{\alpha}_2,\boldsymbol{\alpha}_3,\boldsymbol{\alpha}_4)$,其中 $\boldsymbol{\alpha}_1=2\boldsymbol{\alpha}_2-\boldsymbol{\alpha}_3$,并且向量组 $\boldsymbol{\alpha}_2,\boldsymbol{\alpha}_3,\boldsymbol{\alpha}_4$ 线性无关,向量 $\boldsymbol{b}=\boldsymbol{\alpha}_1+\boldsymbol{\alpha}_2+\boldsymbol{\alpha}_3+\boldsymbol{\alpha}_4$,求非齐次线性方程组 $\boldsymbol{Ax}=\boldsymbol{b}$ 的通解.

解 设 $\boldsymbol{x}=(x_1,x_2,x_3,x_4)^{\mathrm{T}}$,则由 $\boldsymbol{b}=\boldsymbol{\alpha}_1+\boldsymbol{\alpha}_2+\boldsymbol{\alpha}_3+\boldsymbol{\alpha}_4$ 可知,

$$\boldsymbol{\alpha}_1x_1+\boldsymbol{\alpha}_2x_2+\boldsymbol{\alpha}_3x_3+\boldsymbol{\alpha}_4x_4=\boldsymbol{\alpha}_1+\boldsymbol{\alpha}_2+\boldsymbol{\alpha}_3+\boldsymbol{\alpha}_4,$$

所以

$$\boldsymbol{\eta}^*=(1,1,1,1)^{\mathrm{T}}$$

是方程组 $\boldsymbol{Ax}=\boldsymbol{b}$ 的一个特解.

由 $\boldsymbol{\alpha}_1=2\boldsymbol{\alpha}_2-\boldsymbol{\alpha}_3$ 得 $\boldsymbol{\alpha}_1-2\boldsymbol{\alpha}_2+\boldsymbol{\alpha}_3=0$,可知

$$\boldsymbol{\xi}=(1,-2,1,0)^{\mathrm{T}}$$

是 $\boldsymbol{Ax}=\boldsymbol{0}$ 的一个解.

由 $\boldsymbol{\alpha}_2,\boldsymbol{\alpha}_3,\boldsymbol{\alpha}_4$ 线性无关可知 $R(\boldsymbol{A})=3$,故导出组 $\boldsymbol{Ax}=\boldsymbol{0}$ 的基础解系含 $4-3=1$ 个解. 因此,$\boldsymbol{\xi}=(1,-2,1,0)^{\mathrm{T}}$ 是导出组 $\boldsymbol{Ax}=\boldsymbol{0}$ 的一个基础解系.

综上,方程组 $\boldsymbol{Ax}=\boldsymbol{b}$ 的通解为

$$\boldsymbol{x}=\boldsymbol{\eta}^*+t\boldsymbol{\xi}\quad(t\in\mathbf{R}).$$

24. 设 $\boldsymbol{\eta}_1,\boldsymbol{\eta}_2,\cdots,\boldsymbol{\eta}_s$ 是非齐次线性方程组 $\boldsymbol{Ax}=\boldsymbol{b}$ 的 s 个解,$k_1,k_2,\cdots,k_s$ 是一组常数,且 $k_1+k_2+\cdots+k_s=1$,证明:$k_1\boldsymbol{\eta}_1+k_2\boldsymbol{\eta}_2+\cdots+k_s\boldsymbol{\eta}_s$ 也是方程组 $\boldsymbol{Ax}=\boldsymbol{b}$ 的解.

证 因为 $\boldsymbol{\eta}_1,\boldsymbol{\eta}_2,\cdots,\boldsymbol{\eta}_s$ 是方程组 $\boldsymbol{Ax}=\boldsymbol{b}$ 的解,所以

$$\boldsymbol{A\eta}_i=\boldsymbol{b}\quad(i=1,2,\cdots,s).$$

于是,有

$$\begin{aligned}\boldsymbol{A}(k_1\boldsymbol{\eta}_1+k_2\boldsymbol{\eta}_2+\cdots+k_s\boldsymbol{\eta}_s)&=k_1\boldsymbol{A\eta}_1+k_2\boldsymbol{A\eta}_2+\cdots+k_s\boldsymbol{A\eta}_s\\&=(k_1+k_2+\cdots+k_s)\boldsymbol{b}=\boldsymbol{b}.\end{aligned}$$

故 $k_1\boldsymbol{\eta}_1+k_2\boldsymbol{\eta}_2+\cdots+k_s\boldsymbol{\eta}_s$ 也是方程组 $\boldsymbol{Ax}=\boldsymbol{b}$ 的解.

25. 设 $\boldsymbol{\eta}^*$ 是非齐次线性方程组 $\boldsymbol{Ax}=\boldsymbol{b}$ 的一个解,$\boldsymbol{\xi}_1,\boldsymbol{\xi}_2,\cdots,\boldsymbol{\xi}_{n-r}$ 是其导出组的一个基础解系,证明:

(1) $\boldsymbol{\eta}^*,\boldsymbol{\xi}_1,\boldsymbol{\xi}_2,\cdots,\boldsymbol{\xi}_{n-r}$ 线性无关;

(2) $\boldsymbol{\eta}^*,\boldsymbol{\eta}^*+\boldsymbol{\xi}_1,\boldsymbol{\eta}^*+\boldsymbol{\xi}_2,\cdots,\boldsymbol{\eta}^*+\boldsymbol{\xi}_{n-r}$ 线性无关.

证 (1) 利用反证法,假设 $\boldsymbol{\eta}^*,\boldsymbol{\xi}_1,\boldsymbol{\xi}_2,\cdots,\boldsymbol{\xi}_{n-r}$ 线性相关. 因为 $\boldsymbol{\xi}_1,\boldsymbol{\xi}_2,\cdots,\boldsymbol{\xi}_{n-r}$ 线性无关,所以 $\boldsymbol{\eta}^*$ 可由 $\boldsymbol{\xi}_1,\boldsymbol{\xi}_2,\cdots,\boldsymbol{\xi}_{n-r}$ 线性表示,且表示式是唯一的,这说明 $\boldsymbol{\eta}^*$ 也是导出组的解,与题设矛盾.

(2) 显然,向量组 $\boldsymbol{\eta}^*,\boldsymbol{\eta}^*+\boldsymbol{\xi}_1,\boldsymbol{\eta}^*+\boldsymbol{\xi}_2,\cdots,\boldsymbol{\eta}^*+\boldsymbol{\xi}_{n-r}$ 与向量组 $\boldsymbol{\eta}^*,\boldsymbol{\xi}_1,\boldsymbol{\xi}_2,\cdots,\boldsymbol{\xi}_{n-r}$ 可以相互线性表示,故这两个向量组等价. 而由(1) 可知,向量组 $\boldsymbol{\eta}^*,\boldsymbol{\xi}_1,\boldsymbol{\xi}_2,\cdots,\boldsymbol{\xi}_{n-r}$ 线性无关,所以向量组 $\boldsymbol{\eta}^*,\boldsymbol{\eta}^*+\boldsymbol{\xi}_1,\boldsymbol{\eta}^*+\boldsymbol{\xi}_2,\cdots,\boldsymbol{\eta}^*+\boldsymbol{\xi}_{n-r}$ 也线性无关.

第五章

特征值与特征向量

本章要点

❖ **向量的内积** 设有向量 $\boldsymbol{x}=(x_1,x_2,\cdots,x_n)^{\mathrm{T}}$，$\boldsymbol{y}=(y_1,y_2,\cdots,y_n)^{\mathrm{T}}$，称

$$[x,y]=x_1y_1+x_2y_2+\cdots+x_ny_n=\boldsymbol{x}^{\mathrm{T}}\boldsymbol{y}$$

为向量 $\boldsymbol{x}$ 与 $\boldsymbol{y}$ 的内积. 当$[x,y]=0$ 时，称向量 $\boldsymbol{x}$ 与 $\boldsymbol{y}$ 正交.

一组两两正交的非零向量构成的向量组称为正交向量组. 若正交向量组中的向量都是单位向量，则称该向量组为规范(标准)正交向量组. 若n维向量组$\boldsymbol{\alpha}_1,\boldsymbol{\alpha}_2,\cdots,\boldsymbol{\alpha}_r$是一个正交向量组，则向量组$\boldsymbol{\alpha}_1,\boldsymbol{\alpha}_2,\cdots,\boldsymbol{\alpha}_r$ 线性无关.

施密特正交化方法在化矩阵为正交矩阵及化矩阵为对角矩阵中有广泛的应用.

❖ **特征值与特征向量** 设$\boldsymbol{A}$为n阶方阵. 若存在数λ和n维非零列向量$\boldsymbol{x}$使得$\boldsymbol{A}\boldsymbol{x}=\lambda\boldsymbol{x}$，则称数$\lambda$为方阵$\boldsymbol{A}$的特征值，非零向量$\boldsymbol{x}$为$\boldsymbol{A}$的对应于特征值$\lambda$的特征向量.

一个特征向量只能属于一个特征值，不同特征值对应的特征向量线性无关.

求n阶方阵$\boldsymbol{A}$的特征值与特征向量是本章重点内容之一.

❖ **相似矩阵** 设$\boldsymbol{A},\boldsymbol{B}$都是$n$阶方阵. 若存在可逆矩阵$\boldsymbol{P}$，使得$\boldsymbol{P}^{-1}\boldsymbol{A}\boldsymbol{P}=\boldsymbol{B}$，则称矩阵$\boldsymbol{A}$与$\boldsymbol{B}$相似，运算$\boldsymbol{P}^{-1}\boldsymbol{A}\boldsymbol{P}$称为对矩阵$\boldsymbol{A}$做相似变换，可逆矩阵$\boldsymbol{P}$称为把$\boldsymbol{A}$变成$\boldsymbol{B}$的相似变换矩阵.

相似矩阵具有相同的特征值与特征向量.

若n阶方阵$\boldsymbol{A}$与对角矩阵$\boldsymbol{\Lambda}=\mathrm{diag}(\lambda_1,\lambda_2,\cdots,\lambda_n)$相似，则称$\boldsymbol{A}$可对角化.

n阶方阵$\boldsymbol{A}$可对角化的充要条件是$\boldsymbol{A}$有n个线性无关的特征向量.

❖ **实对称矩阵** 若n阶方阵$\boldsymbol{A}=(a_{ij})$满足：(1) $\boldsymbol{A}^{\mathrm{T}}=\boldsymbol{A}$，(2) a_{ij}都是实数，则称$\boldsymbol{A}=(a_{ij})$为实对称矩阵. 实对称矩阵对应于不同特征值的特征向量必正交.

若$\boldsymbol{A}$为n阶实对称矩阵，则必有正交矩阵$\boldsymbol{P}$，使得

$$\boldsymbol{P}^{-1}\boldsymbol{A}\boldsymbol{P}=\boldsymbol{P}^{\mathrm{T}}\boldsymbol{A}\boldsymbol{P}=\boldsymbol{\Lambda},$$

其中$\boldsymbol{\Lambda}$是以$\boldsymbol{A}$的n个特征值为主对角线上元素的对角矩阵.

§5.1 向量的内积

基本要求

(1) 理解向量的内积和向量长度的概念及性质.
(2) 掌握向量内积的运算法则.
(3) 理解正交向量组和规范正交向量组的概念及性质.
(4) 掌握施密特正交化方法.
(5) 理解正交矩阵的概念及性质.

内容简述

1. 向量的内积

设有向量 $\boldsymbol{x}=(x_1,x_2,\cdots,x_n)^{\mathrm{T}}$，$\boldsymbol{y}=(y_1,y_2,\cdots,y_n)^{\mathrm{T}}$，则称数 $\sum_{i=1}^{n}x_iy_i$ 为向量 $\boldsymbol{x}$ 与 $\boldsymbol{y}$ 的内积，记作 $[\boldsymbol{x},\boldsymbol{y}]$，即

$$[\boldsymbol{x},\boldsymbol{y}]=x_1y_1+x_2y_2+\cdots+x_ny_n=\boldsymbol{x}^{\mathrm{T}}\boldsymbol{y}.$$

内积具有以下运算规律($\boldsymbol{x},\boldsymbol{y},\boldsymbol{z}$ 为 n 维向量，λ 为实数)：

(1) $[\boldsymbol{x},\boldsymbol{y}]=[\boldsymbol{y},\boldsymbol{x}]$.
(2) $[\lambda\boldsymbol{x},\boldsymbol{y}]=\lambda[\boldsymbol{x},\boldsymbol{y}]$.
(3) $[\boldsymbol{x}+\boldsymbol{y},\boldsymbol{z}]=[\boldsymbol{x},\boldsymbol{z}]+[\boldsymbol{y},\boldsymbol{z}]$.
(4) $[\boldsymbol{x},\boldsymbol{x}]\geqslant 0$，当且仅当 $\boldsymbol{x}=\boldsymbol{0}$ 时，$[\boldsymbol{x},\boldsymbol{x}]=0$.

2. 向量的长度

设有 n 维向量 $\boldsymbol{x}=(x_1,x_2,\cdots,x_n)^{\mathrm{T}}$，称

$$\|\boldsymbol{x}\|=\sqrt{[\boldsymbol{x},\boldsymbol{x}]}=\sqrt{x_1^2+x_2^2+\cdots+x_n^2}$$

为 $\boldsymbol{x}$ 的长度(或范数).

向量的长度具有以下性质($\boldsymbol{x},\boldsymbol{y}$ 为 n 维向量，λ 为实数).

(1) 非负性：当 $\boldsymbol{x}\neq\boldsymbol{0}$ 时，$\|\boldsymbol{x}\|>0$；当 $\boldsymbol{x}=\boldsymbol{0}$ 时，$\|\boldsymbol{x}\|=0$.
(2) 齐次性：$\|\lambda\boldsymbol{x}\|=|\lambda|\,\|\boldsymbol{x}\|$.
(3) 三角不等式：$\|\boldsymbol{x}+\boldsymbol{y}\|\leqslant\|\boldsymbol{x}\|+\|\boldsymbol{y}\|$.

当 $\|\boldsymbol{x}\|=1$ 时，称 $\boldsymbol{x}$ 为单位向量. 显然，当 $\boldsymbol{x}\neq\boldsymbol{0}$ 时，$\dfrac{\boldsymbol{x}}{\|\boldsymbol{x}\|}$ 是单位向量，这一运算称为把向量 $\boldsymbol{x}$ 单位化.

3. 正交向量组

当 $[\boldsymbol{x},\boldsymbol{y}]=0$ 时，称向量 $\boldsymbol{x}$ 与 $\boldsymbol{y}$ 正交.

一组两两正交的非零向量构成的向量组称为正交向量组. 若正交向量组中的向量都是单位向量，则称该向量组为规范正交向量组.

若 n 维向量组 $\boldsymbol{\alpha}_1,\boldsymbol{\alpha}_2,\cdots,\boldsymbol{\alpha}_r$ 是一个正交向量组，则向量组 $\boldsymbol{\alpha}_1,\boldsymbol{\alpha}_2,\cdots,\boldsymbol{\alpha}_r$ 线性无关.

4. 施密特正交化方法

设向量组 $\boldsymbol{\alpha}_1,\boldsymbol{\alpha}_2,\cdots,\boldsymbol{\alpha}_r$ 线性无关.

(1) 正交化. 取

$$\boldsymbol{\beta}_1=\boldsymbol{\alpha}_1,$$

$$\boldsymbol{\beta}_2=\boldsymbol{\alpha}_2-\frac{[\boldsymbol{\beta}_1,\boldsymbol{\alpha}_2]}{[\boldsymbol{\beta}_1,\boldsymbol{\beta}_1]}\boldsymbol{\beta}_1,$$

$$\cdots\cdots$$

$$\boldsymbol{\beta}_r=\boldsymbol{\alpha}_r-\frac{[\boldsymbol{\beta}_1,\boldsymbol{\alpha}_r]}{[\boldsymbol{\beta}_1,\boldsymbol{\beta}_1]}\boldsymbol{\beta}_1-\frac{[\boldsymbol{\beta}_2,\boldsymbol{\alpha}_r]}{[\boldsymbol{\beta}_2,\boldsymbol{\beta}_2]}\boldsymbol{\beta}_2-\cdots-\frac{[\boldsymbol{\beta}_{r-1},\boldsymbol{\alpha}_r]}{[\boldsymbol{\beta}_{r-1},\boldsymbol{\beta}_{r-1}]}\boldsymbol{\beta}_{r-1},$$

则向量组 $\boldsymbol{\beta}_1,\boldsymbol{\beta}_2,\cdots,\boldsymbol{\beta}_r$ 是一个正交向量组，且 $\boldsymbol{\beta}_1,\boldsymbol{\beta}_2,\cdots,\boldsymbol{\beta}_r$ 与 $\boldsymbol{\alpha}_1,\boldsymbol{\alpha}_2,\cdots,\boldsymbol{\alpha}_r$ 等价.

(2) 单位化. 取

$$\boldsymbol{e}_1=\frac{\boldsymbol{\beta}_1}{\|\boldsymbol{\beta}_1\|},\quad \boldsymbol{e}_2=\frac{\boldsymbol{\beta}_2}{\|\boldsymbol{\beta}_2\|},\quad \cdots,\quad \boldsymbol{e}_r=\frac{\boldsymbol{\beta}_r}{\|\boldsymbol{\beta}_r\|},$$

则 $\boldsymbol{e}_1,\boldsymbol{e}_2,\cdots,\boldsymbol{e}_r$ 就是一个规范正交向量组.

5. 正交矩阵

如果 n 阶方阵 $\boldsymbol{A}$ 满足 $\boldsymbol{A}^{\mathrm{T}}\boldsymbol{A}=\boldsymbol{E}$，即 $\boldsymbol{A}^{-1}=\boldsymbol{A}^{\mathrm{T}}$，则称 $\boldsymbol{A}$ 为正交矩阵.

正交矩阵具有以下性质：

(1) 若 $\boldsymbol{A}$ 为正交矩阵，则 $\boldsymbol{A}^{-1}=\boldsymbol{A}^{\mathrm{T}}$ 也为正交矩阵，且 $|\boldsymbol{A}|=\pm1$.

(2) 若 $\boldsymbol{A}$ 为正交矩阵，则 $\boldsymbol{A}$ 的列(行) 向量组是两两正交的单位向量.

(3) 若 $\boldsymbol{A}$ 和 $\boldsymbol{B}$ 为正交矩阵，则 $\boldsymbol{AB}$ 也为正交矩阵.

6. 正交变换

若 $\boldsymbol{P}$ 为正交矩阵，则称线性变换 $\boldsymbol{y}=\boldsymbol{Px}$ 为正交变换. 正交变换保持长度不变，即有

$$\|\boldsymbol{y}\|=\|\boldsymbol{x}\|.$$

疑难评注

(1) 由正交向量组的定义可知，一个正交向量组所含向量的个数不一定等于其向量的维数，即一个正交向量组不一定能构成一个方阵，但正交矩阵一定是方阵.

(2) 判断一个矩阵是否为正交矩阵，通常用定义 $\boldsymbol{A}^{\mathrm{T}}\boldsymbol{A}=\boldsymbol{E}(\boldsymbol{A}^{-1}=\boldsymbol{A}^{\mathrm{T}})$ 去验证. 但对于具体给出的一个矩阵，也可以运用充要条件或必要条件(必要条件只用于否定) 进行判断. 例如，可考察矩阵 $\boldsymbol{A}$ 的列(行) 向量组是否是两两正交的单位向量，这里"两两正交"和"单位向量"两条都满足的矩阵就是正交矩阵，有一条不满足就不是. 特别地，若矩阵中有某列(行) 是零向量，某列(行) 的长度不为 1，有两列(行) 不正交或行列式 $|\boldsymbol{A}|\neq\pm1$，都能判断出它不是正交矩阵.

(3) 向量组 $\boldsymbol{\alpha}_1,\boldsymbol{\alpha}_2,\cdots,\boldsymbol{\alpha}_r$ 线性无关是 $\boldsymbol{\alpha}_1,\boldsymbol{\alpha}_2,\cdots,\boldsymbol{\alpha}_r$ 为正交向量组的必要条件，所以利用施密特正交化方法化一个向量组为正交向量组或规范正交向量组的前提是给定的向量组必须线性无关.

例题精解

例 1 求一个单位向量与 $\boldsymbol{\alpha}_1=(2,4,-2,1)^{\mathrm{T}},\boldsymbol{\alpha}_2=(0,0,0,1)^{\mathrm{T}},\boldsymbol{\alpha}_3=(2,3,4,3)^{\mathrm{T}}$ 都正交.

分析 用正交向量的定义计算.

解 设向量 $\boldsymbol{\beta}=(x_1,x_2,x_3,x_4)^{\mathrm{T}}$ 与 $\boldsymbol{\alpha}_1,\boldsymbol{\alpha}_2,\boldsymbol{\alpha}_3$ 都正交,则

$$\begin{cases}[\boldsymbol{\beta},\boldsymbol{\alpha}_1]=2x_1+4x_2-2x_3+x_4=0,\\ [\boldsymbol{\beta},\boldsymbol{\alpha}_2]=x_4=0,\\ [\boldsymbol{\beta},\boldsymbol{\alpha}_3]=2x_1+3x_2+4x_3+3x_4=0.\end{cases}$$

解上述方程组,得基础解系 $\boldsymbol{\xi}=(11,-6,-1,0)^{\mathrm{T}}$,再将 $\boldsymbol{\xi}$ 单位化,得

$$\boldsymbol{\xi}_0=\frac{\boldsymbol{\xi}}{\|\boldsymbol{\xi}\|}=\frac{1}{\sqrt{158}}(11,-6,-1,0)^{\mathrm{T}}.$$

取 $\boldsymbol{\beta}=\boldsymbol{\xi}_0=\dfrac{1}{\sqrt{158}}(11,-6,-1,0)^{\mathrm{T}}$ 即为所求.

点评 求与已知向量正交的向量,通常采用设未知量,解线性方程组的方法解决.

例 2 把向量组 $\boldsymbol{\alpha}_1=(1,0,1,1)^{\mathrm{T}},\boldsymbol{\alpha}_2=(1,-1,0,1)^{\mathrm{T}},\boldsymbol{\alpha}_3=(-1,1,1,0)^{\mathrm{T}}$ 规范正交化.

分析 按照施密特正交化方法计算即可.

解 容易验证 $\boldsymbol{\alpha}_1,\boldsymbol{\alpha}_2,\boldsymbol{\alpha}_3$ 线性无关,将 $\boldsymbol{\alpha}_1,\boldsymbol{\alpha}_2,\boldsymbol{\alpha}_3$ 正交化,得

$$\boldsymbol{\beta}_1=\boldsymbol{\alpha}_1=(1,0,1,1)^{\mathrm{T}},$$

$$\boldsymbol{\beta}_2=\boldsymbol{\alpha}_2-\frac{[\boldsymbol{\beta}_1,\boldsymbol{\alpha}_2]}{[\boldsymbol{\beta}_1,\boldsymbol{\beta}_1]}\boldsymbol{\beta}_1=\frac{1}{3}(1,-3,-2,1)^{\mathrm{T}},$$

$$\boldsymbol{\beta}_3=\boldsymbol{\alpha}_3-\frac{[\boldsymbol{\beta}_1,\boldsymbol{\alpha}_3]}{[\boldsymbol{\beta}_1,\boldsymbol{\beta}_1]}\boldsymbol{\beta}_1-\frac{[\boldsymbol{\beta}_2,\boldsymbol{\alpha}_3]}{[\boldsymbol{\beta}_2,\boldsymbol{\beta}_2]}\boldsymbol{\beta}_2=\frac{1}{5}(-3,-1,1,2)^{\mathrm{T}}.$$

再单位化,得

$$\boldsymbol{e}_1=\frac{\boldsymbol{\beta}_1}{\|\boldsymbol{\beta}_1\|}=\frac{1}{\sqrt{3}}(1,0,1,1)^{\mathrm{T}},$$

$$\boldsymbol{e}_2=\frac{\boldsymbol{\beta}_2}{\|\boldsymbol{\beta}_2\|}=\frac{1}{\sqrt{15}}(1,-3,-2,1)^{\mathrm{T}},$$

$$\boldsymbol{e}_3=\frac{\boldsymbol{\beta}_3}{\|\boldsymbol{\beta}_3\|}=\frac{1}{\sqrt{15}}(-3,-1,1,2)^{\mathrm{T}}.$$

点评 施密特正交化方法给出了把任意一个线性无关的向量组化为一个正交向量组或正交规范向量组的方法.

例 3 设向量组 A:$\boldsymbol{\alpha}_1=(1,1,-1)^{\mathrm{T}},\boldsymbol{\alpha}_2=(-1,1,3)^{\mathrm{T}},\boldsymbol{\alpha}_3=(1,3,1)^{\mathrm{T}}$,求与它等价的一个规范正交向量组.

分析 欲求与向量组 A 等价的规范正交向量组,首先需要寻找一个与向量组 A 等价的线

性无关的向量组B，然后对向量组B应用施密特正交化方法即可.

解 记矩阵 $\boldsymbol{A}=(\boldsymbol{\alpha}_1,\boldsymbol{\alpha}_2,\boldsymbol{\alpha}_3)$，则由

$$\boldsymbol{A}=\begin{pmatrix}1&-1&1\\1&1&3\\-1&3&1\end{pmatrix}\xrightarrow{r}\begin{pmatrix}1&-1&1\\0&1&1\\0&0&0\end{pmatrix}$$

可知，向量组A线性相关. 又易得 $\boldsymbol{\alpha}_1,\boldsymbol{\alpha}_2$ 线性无关，$\boldsymbol{\alpha}_3=2\boldsymbol{\alpha}_1+\boldsymbol{\alpha}_2$，故 $\boldsymbol{\alpha}_1,\boldsymbol{\alpha}_2$ 是一个极大线性无关组，它与原向量组A等价，即向量组B：$\boldsymbol{\alpha}_1,\boldsymbol{\alpha}_2$ 为所求的等价向量组.

对向量组B：$\boldsymbol{\alpha}_1,\boldsymbol{\alpha}_2$ 应用施密特正交化方法，有

$$\boldsymbol{\beta}_1=\boldsymbol{\alpha}_1=(1,1,-1)^{\mathrm{T}},$$

$$\boldsymbol{\beta}_2=\boldsymbol{\alpha}_2-\frac{[\boldsymbol{\beta}_1,\boldsymbol{\alpha}_2]}{[\boldsymbol{\beta}_1,\boldsymbol{\beta}_1]}\boldsymbol{\beta}_1=(0,2,2)^{\mathrm{T}}.$$

再将 $\boldsymbol{\beta}_1,\boldsymbol{\beta}_2$ 单位化，得

$$\boldsymbol{e}_1=\frac{\boldsymbol{\beta}_1}{\|\boldsymbol{\beta}_1\|}=\frac{1}{\sqrt{3}}(1,1,-1)^{\mathrm{T}},\quad \boldsymbol{e}_2=\frac{\boldsymbol{\beta}_2}{\|\boldsymbol{\beta}_2\|}=\frac{1}{\sqrt{2}}(0,1,1)^{\mathrm{T}}.$$

$\boldsymbol{e}_1,\boldsymbol{e}_2$ 就是所求的与向量组A等价的一个规范正交向量组.

点评 本题易犯的错误是直接应用施密特正交化方法进行计算. 事实上，如果不用极大线性无关组来代替原向量组，用施密特正交化方法将得到 $\boldsymbol{\beta}_3=\mathbf{0}$，这样 $\boldsymbol{\beta}_1,\boldsymbol{\beta}_2,\boldsymbol{\beta}_3$ 就不是正交向量组. 错误的根源在于忽略了向量组A是线性相关的.

例 4 设 $\boldsymbol{A}$ 是正交矩阵，$|\boldsymbol{A}|<0$，求 $|\boldsymbol{A}+\boldsymbol{E}|$.

分析 $\boldsymbol{A}$ 是正交矩阵，$|\boldsymbol{A}+\boldsymbol{E}|$ 中又有 $\boldsymbol{E}$，自然会想到将 $\boldsymbol{E}=\boldsymbol{A}^{\mathrm{T}}\boldsymbol{A}$ 代入，通过恒等变形求解.

解 由题设知，

$$\begin{aligned}|\boldsymbol{A}+\boldsymbol{E}|&=|\boldsymbol{A}+\boldsymbol{A}^{\mathrm{T}}\boldsymbol{A}|=|(\boldsymbol{E}+\boldsymbol{A}^{\mathrm{T}})\boldsymbol{A}|=|(\boldsymbol{E}+\boldsymbol{A})^{\mathrm{T}}\boldsymbol{A}|\\&=|(\boldsymbol{E}+\boldsymbol{A})^{\mathrm{T}}||\boldsymbol{A}|=|\boldsymbol{A}||\boldsymbol{E}+\boldsymbol{A}|.\end{aligned}$$

又因 $\boldsymbol{A}^{\mathrm{T}}\boldsymbol{A}=\boldsymbol{E}$，$|\boldsymbol{A}|<0$，故 $|\boldsymbol{A}|=-1$. 代入上式，得

$$|\boldsymbol{A}+\boldsymbol{E}|=-|\boldsymbol{A}+\boldsymbol{E}|.$$

于是

$$|\boldsymbol{A}+\boldsymbol{E}|=0.$$

点评 本题应用了正交矩阵的定义和 $|\boldsymbol{AB}|=|\boldsymbol{A}||\boldsymbol{B}|$ 及 $|\boldsymbol{A}^{\mathrm{T}}|=|\boldsymbol{A}|$.

例 5 判断矩阵 $\boldsymbol{A}=\begin{pmatrix}1&1&0\\1&0&1\\1&-1&0\end{pmatrix}$ 是否为正交矩阵.

分析 通常用定义 $\boldsymbol{A}^{\mathrm{T}}\boldsymbol{A}=\boldsymbol{E}$ 来判断所给矩阵是否为正交矩阵，但对本题来说，易于看出矩阵 $\boldsymbol{A}$ 的第1列和第2列都不是单位向量，不符合正交矩阵的必要条件.

解 因为矩阵 $\boldsymbol{A}$ 的第1列不是单位向量，所以矩阵 $\boldsymbol{A}$ 不是正交矩阵.

点评 要否定一个结论，举出一种不满足的情况即可.

§5.2 特征值与特征向量

基本要求

(1) 理解特征值与特征向量的概念.
(2) 理解特征值与特征向量的性质.
(3) 掌握特征值与特征向量的计算方法.

内容简述

1. 特征值与特征向量的概念

设 $\boldsymbol{A}$ 为 n 阶方阵. 若存在数 λ 和 n 维非零列向量 $\boldsymbol{x}$，使得 $\boldsymbol{A}\boldsymbol{x}=\lambda\boldsymbol{x}$，则称数 λ 为方阵 $\boldsymbol{A}$ 的特征值，非零向量 $\boldsymbol{x}$ 为 $\boldsymbol{A}$ 的对应于特征值 λ 的特征向量.

2. 特征值与特征向量的性质

(1) n 阶方阵 $\boldsymbol{A}$ 在复数范围内有 n 个特征值(k 重根算 k 个特征值).

(2) 一个特征向量只能属于一个特征值.

(3) 若 $\boldsymbol{x}$ 是 $\boldsymbol{A}$ 的对应于特征值 λ 的特征向量，则 $k\boldsymbol{x}(k\neq 0)$ 亦是 $\boldsymbol{A}$ 的对应于特征值 λ 的特征向量.

(4) $\sum\limits_{i=1}^{n}a_{ii}=\sum\limits_{i=1}^{n}\lambda_i$，其中 a_{ii} 是矩阵 $\boldsymbol{A}$ 主对角线上的元素.

(5) $|\boldsymbol{A}|=\lambda_1\lambda_2\cdots\lambda_n$.

(6) $\boldsymbol{A}$ 对应于不同特征值的特征向量之间都线性无关.

3. 特征值与特征向量的计算

求 n 阶方阵 $\boldsymbol{A}$ 的特征值与特征向量的一般步骤如下：

(1) 求方阵 $\boldsymbol{A}$ 的特征方程 $|\boldsymbol{A}-\lambda\boldsymbol{E}|=0$ 的全部根 $\lambda_1,\lambda_2,\cdots,\lambda_n$；

(2) 将 $\lambda=\lambda_i(i=1,2,\cdots,n)$ 分别代入齐次线性方程组 $(\boldsymbol{A}-\lambda\boldsymbol{E})\boldsymbol{x}=\boldsymbol{0}$，得方程组

$$(\boldsymbol{A}-\lambda_i\boldsymbol{E})\boldsymbol{x}=\boldsymbol{0}.$$

(3) 求方程组 $(\boldsymbol{A}-\lambda_i\boldsymbol{E})\boldsymbol{x}=\boldsymbol{0}$ 的基础解系，基础解系的非零线性组合就是 $\boldsymbol{A}$ 的对应于特征值 $\lambda=\lambda_i$ 的全部特征向量.

设有 n 阶方阵 $\boldsymbol{A}$ 的全部特征值为 $\lambda_1,\lambda_2,\cdots,\lambda_n$，则与其相关的矩阵特征值存在以下关系：

(1) 其逆矩阵 $\boldsymbol{A}^{-1}$ 的全部特征值为

$$\frac{1}{\lambda_1},\quad \frac{1}{\lambda_2},\quad \cdots,\quad \frac{1}{\lambda_n}.$$

(2) 设一元多项式 $f(x)=C_0+C_1x+C_2x^2+\cdots+C_mx^m$，则它所对应的 n 阶方阵 $\boldsymbol{A}$ 的矩阵多项式

$$f(\boldsymbol{A})=C_0\boldsymbol{E}+C_1\boldsymbol{A}+C_2\boldsymbol{A}^2+\cdots+C_m\boldsymbol{A}^m$$

的全部特征值为

$$f(\lambda_1),\quad f(\lambda_2),\quad \cdots,\quad f(\lambda_n).$$

疑难评注

(1) n 阶方阵$\boldsymbol{A}$ 不一定有 n 个线性无关的特征向量，这是因为方阵 $\boldsymbol{A}$ 的特征值的重数与特征向量的个数不一定相同. 例如，矩阵 $\boldsymbol{A}=\begin{pmatrix}-1&1&0\\-4&3&0\\1&0&2\end{pmatrix}$ 的特征值为 $\lambda_1=\lambda_2=1,\lambda_3=2$. $\lambda_1=\lambda_2=1$ 是 $\boldsymbol{A}$ 的二重特征值，但与之对应的 $\boldsymbol{A}$ 的线性无关的特征向量只有一个

$$\boldsymbol{\alpha}=(-1,-2,1)^{\mathrm{T}}.$$

(2) 由于矩阵 $\boldsymbol{A}$ 的特征向量是满足 $\boldsymbol{Ax}=\lambda\boldsymbol{x}$ 的非零向量，因此虽然 $\boldsymbol{x}=\boldsymbol{0}$ 也是方程组 $(\boldsymbol{A}-\lambda_i\boldsymbol{E})\boldsymbol{x}=\boldsymbol{0}$ 的解，但零向量不是特征向量.

例题精解

例 1 求矩阵 $\boldsymbol{A}=\begin{pmatrix}1&1&1&1\\1&1&-1&-1\\1&-1&1&-1\\1&-1&-1&1\end{pmatrix}$ 的特征值和特征向量.

分析 本题按求特征值和特征向量的三个步骤进行计算.

解 因 $\boldsymbol{A}$ 的特征方程为

$$|\boldsymbol{A}-\lambda\boldsymbol{E}|=\begin{vmatrix}1-\lambda&1&1&1\\1&1-\lambda&-1&-1\\1&-1&1-\lambda&-1\\1&-1&-1&1-\lambda\end{vmatrix}=(\lambda-2)^3(\lambda+2)=0,$$

故 $\boldsymbol{A}$ 的特征值为 $\lambda_1=\lambda_2=\lambda_3=2,\lambda_4=-2$.

当 $\lambda_1=\lambda_2=\lambda_3=2$ 时，解方程组 $(\boldsymbol{A}-2\boldsymbol{E})\boldsymbol{x}=\boldsymbol{0}$，由

$$\boldsymbol{A}-2\boldsymbol{E}=\begin{pmatrix}-1&1&1&1\\1&-1&-1&-1\\1&-1&-1&-1\\1&-1&-1&-1\end{pmatrix}\xrightarrow{r}\begin{pmatrix}1&-1&-1&-1\\0&0&0&0\\0&0&0&0\\0&0&0&0\end{pmatrix},$$

得基础解系 $\boldsymbol{\xi}_1=(1,1,0,0)^{\mathrm{T}},\boldsymbol{\xi}_2=(1,0,1,0)^{\mathrm{T}},\boldsymbol{\xi}_3=(1,0,0,1)^{\mathrm{T}}$，所以 $\boldsymbol{A}$ 的对应于 $\lambda_1=\lambda_2=\lambda_3=2$ 的全部特征向量为

$$k_1\boldsymbol{\xi}_1+k_2\boldsymbol{\xi}_2+k_3\boldsymbol{\xi}_3\quad (k_1,k_2,k_3 \text{ 不全为零}).$$

当 $\lambda_4=-2$ 时，解方程组 $(\boldsymbol{A}+2\boldsymbol{E})\boldsymbol{x}=\boldsymbol{0}$，由

$$\boldsymbol{A}+2\boldsymbol{E}=\begin{pmatrix}3&1&1&1\\1&3&-1&-1\\1&-1&3&-1\\1&-1&-1&3\end{pmatrix}\xrightarrow{r}\begin{pmatrix}1&0&0&1\\0&1&0&-1\\0&0&1&-1\\0&0&0&0\end{pmatrix},$$

得基础解系 $\boldsymbol{\xi}_4=(-1,1,1,1)^{\mathrm{T}}$，所以 $\boldsymbol{A}$ 的对应于 $\lambda_4=-2$ 的全部特征向量为

$$k_4\boldsymbol{\xi}_4 \quad (k_4\neq 0).$$

点评 当矩阵 $\boldsymbol{A}$ 的元素为具体数字时，求特征值和特征向量一般就是这个步骤，需要注意的是特征向量不为零向量，所以对应的 k 不能全为零.

例 2 已知向量 $\boldsymbol{\alpha}=(1,k,1)^{\mathrm{T}}$ 是矩阵 $\boldsymbol{A}=\begin{pmatrix}2&1&1\\1&2&1\\1&1&2\end{pmatrix}$ 的逆矩阵 $\boldsymbol{A}^{-1}$ 的特征向量，求常数 k 的值.

分析 若设 λ_0 是对应于特征向量 $\boldsymbol{\alpha}=(1,k,1)^{\mathrm{T}}$ 的特征值，则由特征值和特征向量的定义可得到关于 λ_0 和 k 的方程组 $\boldsymbol{A}^{-1}\boldsymbol{\alpha}=\lambda_0\boldsymbol{\alpha}$，从中解出 λ_0 和 k 即可.

解 设 λ_0 是对应于特征向量 $\boldsymbol{\alpha}=(1,k,1)^{\mathrm{T}}$ 的特征值，则由题意知

$$\boldsymbol{A}^{-1}\boldsymbol{\alpha}=\lambda_0\boldsymbol{\alpha}, \quad 即 \quad \boldsymbol{\alpha}=\lambda_0\boldsymbol{A}\boldsymbol{\alpha},$$

亦即

$$\begin{pmatrix}1\\k\\1\end{pmatrix}=\lambda_0\begin{pmatrix}2&1&1\\1&2&1\\1&1&2\end{pmatrix}\begin{pmatrix}1\\k\\1\end{pmatrix},$$

整理得

$$\begin{cases}\lambda_0(2+k+1)=1,\\ \lambda_0(1+2k+1)=k,\\ \lambda_0(1+k+2)=1.\end{cases}$$

解上述方程组，得

$$\begin{cases}\lambda_0=1,\\ k=-2\end{cases} \quad 或 \quad \begin{cases}\lambda_0=\dfrac{1}{4},\\ k=1.\end{cases}$$

所以常数 k 可取 1 或 -2.

点评 带待定常数的题型，可以通过题意列出线性方程组，解之可得待定常数.

例 3 设三阶方阵 $\boldsymbol{A}$ 的特征值为 $\lambda_1=-1,\lambda_2=1,\lambda_3=3$，对应的特征向量依次为 $\boldsymbol{\alpha}_1=(1,-1,0)^{\mathrm{T}},\boldsymbol{\alpha}_2=(1,-1,1)^{\mathrm{T}},\boldsymbol{\alpha}_3=(0,1,-1)^{\mathrm{T}}$，求 $\boldsymbol{A}$.

分析 这是一个逆向计算题，即已知矩阵 $\boldsymbol{A}$ 的特征值和特征向量，求矩阵 $\boldsymbol{A}$，可以考虑用特征值和特征向量的定义构造出关于矩阵 $\boldsymbol{A}$ 的方程，然后解之.

解 由特征值和特征向量的定义，有

$$\boldsymbol{A}\boldsymbol{\alpha}_1=\lambda_1\boldsymbol{\alpha}_1, \quad \boldsymbol{A}\boldsymbol{\alpha}_2=\lambda_2\boldsymbol{\alpha}_2, \quad \boldsymbol{A}\boldsymbol{\alpha}_3=\lambda_3\boldsymbol{\alpha}_3,$$

从而有

$$\boldsymbol{A}(\boldsymbol{\alpha}_1,\boldsymbol{\alpha}_2,\boldsymbol{\alpha}_3)=(\boldsymbol{A}\boldsymbol{\alpha}_1,\boldsymbol{A}\boldsymbol{\alpha}_2,\boldsymbol{A}\boldsymbol{\alpha}_3)=(\lambda_1\boldsymbol{\alpha}_1,\lambda_2\boldsymbol{\alpha}_2,\lambda_3\boldsymbol{\alpha}_3),$$

即

$$\boldsymbol{A}\begin{pmatrix}1&1&0\\-1&-1&1\\0&1&-1\end{pmatrix}=\begin{pmatrix}-1&1&0\\1&-1&3\\0&1&-3\end{pmatrix},$$

故得所求矩阵

$$\boldsymbol{A}=\begin{pmatrix}-1&1&0\\1&-1&3\\0&1&-3\end{pmatrix}\begin{pmatrix}1&1&0\\-1&-1&1\\0&1&-1\end{pmatrix}^{-1}=\begin{pmatrix}1&2&2\\2&1&-2\\-2&-2&1\end{pmatrix}.$$

点评 从定义入手,再用矩阵的运算法则构造出 $\boldsymbol{A}$ 的矩阵方程,然后求解矩阵方程.

例 4 设 n 阶方阵 $\boldsymbol{A}$ 的各行元素之和均为 a. 证明:$\lambda=a$ 是 $\boldsymbol{A}$ 的一个特征值,且 $\boldsymbol{x}=(1,1,\cdots,1)^{\mathrm{T}}$ 是 $\boldsymbol{A}$ 的对应于 $\lambda=a$ 的特征向量.

分析 欲证 $\lambda=a$ 是矩阵 $\boldsymbol{A}$ 的一个特征值,则只要证明 $\lambda=a$ 是特征方程 $|\boldsymbol{A}-\lambda\boldsymbol{E}|=0$ 的一个根即可;要证明 $\boldsymbol{x}$ 是 $\boldsymbol{A}$ 的对应于 $\lambda=a$ 的特征向量,就需要证明 $\boldsymbol{Ax}=a\boldsymbol{x}$.

证 设矩阵 $\boldsymbol{A}=(a_{ij})_{n\times n}$,由题设知 $a_{i1}+a_{i2}+\cdots+a_{in}=a\ (i=1,2,\cdots,n)$,$\boldsymbol{A}$ 的特征方程为

$$|\boldsymbol{A}-\lambda\boldsymbol{E}|=\begin{vmatrix}a_{11}-\lambda&a_{12}&\cdots&a_{1n}\\a_{21}&a_{22}-\lambda&\cdots&a_{2n}\\\vdots&\vdots&&\vdots\\a_{n1}&a_{n2}&\cdots&a_{nn}-\lambda\end{vmatrix}$$

$$=(a-\lambda)\begin{vmatrix}1&a_{12}&\cdots&a_{1n}\\1&a_{22}-\lambda&\cdots&a_{2n}\\\vdots&\vdots&&\vdots\\1&a_{n2}&\cdots&a_{nn}-\lambda\end{vmatrix}=0.$$

易看出 $\lambda=a$ 是矩阵 $\boldsymbol{A}$ 的一个特征值.

又

$$\begin{pmatrix}a_{11}&a_{12}&\cdots&a_{1n}\\a_{21}&a_{22}&\cdots&a_{2n}\\\vdots&\vdots&&\vdots\\a_{n1}&a_{n2}&\cdots&a_{nn}\end{pmatrix}\begin{pmatrix}1\\1\\\vdots\\1\end{pmatrix}=a\begin{pmatrix}1\\1\\\vdots\\1\end{pmatrix},$$

故根据定义,$\boldsymbol{x}=(1,1,\cdots,1)^{\mathrm{T}}$ 是 $\boldsymbol{A}$ 的对应于 $\lambda=a$ 的特征向量.

点评 本题巧妙地把矩阵的各行元素之和与特征向量联系了起来.

§5.3 相似矩阵

基本要求

(1) 理解相似矩阵的概念及性质.

(2) 理解方阵可对角化的概念及条件.

(3) 掌握方阵对角化的方法.

内容简述

1. 相似矩阵的概念

设 $\boldsymbol{A},\boldsymbol{B}$ 都是 n 阶方阵. 若存在可逆矩阵 $\boldsymbol{P}$，使得 $\boldsymbol{P}^{-1}\boldsymbol{A}\boldsymbol{P}=\boldsymbol{B}$，则称矩阵 $\boldsymbol{A}$ 与 $\boldsymbol{B}$ 相似. 运算 $\boldsymbol{P}^{-1}\boldsymbol{A}\boldsymbol{P}$ 称为对矩阵 $\boldsymbol{A}$ 做相似变换，可逆矩阵 $\boldsymbol{P}$ 称为把 $\boldsymbol{A}$ 变成 $\boldsymbol{B}$ 的相似变换矩阵.

相似矩阵具有以下性质(设 $\boldsymbol{A},\boldsymbol{B},\boldsymbol{C}$ 都是 n 阶方阵，k 为正整数)：

(1) 自反性：$\boldsymbol{A}$ 与 $\boldsymbol{A}$ 相似；

对称性：若 $\boldsymbol{A}$ 与 $\boldsymbol{B}$ 相似，则 $\boldsymbol{B}$ 与 $\boldsymbol{A}$ 相似；

传递性：若 $\boldsymbol{A}$ 与 $\boldsymbol{B}$ 相似，$\boldsymbol{B}$ 与 $\boldsymbol{C}$ 相似，则 $\boldsymbol{A}$ 与 $\boldsymbol{C}$ 相似.

(2) 若 $\boldsymbol{A}$ 与 $\boldsymbol{B}$ 相似，则 $\boldsymbol{A}^{\mathrm{T}}$ 与 $\boldsymbol{B}^{\mathrm{T}}$ 相似，$\boldsymbol{A}^{-1}$ 与 $\boldsymbol{B}^{-1}$ 相似，$\boldsymbol{A}^{k}$ 与 $\boldsymbol{B}^{k}$ 相似.

(3) 若 $\boldsymbol{A}$ 与 $\boldsymbol{B}$ 相似，则 $\boldsymbol{A}$ 与 $\boldsymbol{B}$ 等价.

(4) 若 $\boldsymbol{A}$ 与 $\boldsymbol{B}$ 相似，则

(ⅰ) $|\boldsymbol{A}|=|\boldsymbol{B}|$；

(ⅱ) $R(\boldsymbol{A})=R(\boldsymbol{B})$；

(ⅲ) $\sum\limits_{i=1}^{n}a_{ii}=\sum\limits_{i=1}^{n}b_{ii}$，其中 a_{ii},b_{ii} 分别为 $\boldsymbol{A},\boldsymbol{B}$ 主对角线上的元素.

(5) 若 $\boldsymbol{A}$ 与 $\boldsymbol{B}$ 相似，则 $\boldsymbol{A}$ 与 $\boldsymbol{B}$ 具有相同的特征多项式及特征值.

2. 方阵的对角化

若 n 阶方阵 $\boldsymbol{A}$ 与对角矩阵 $\boldsymbol{\Lambda}=\mathrm{diag}(\lambda_1,\lambda_2,\cdots,\lambda_n)$ 相似，则称 $\boldsymbol{A}$ 可对角化.

n 阶方阵 $\boldsymbol{A}$ 可对角化的条件如下：

(1) n 阶方阵 $\boldsymbol{A}$ 可对角化的充要条件是 $\boldsymbol{A}$ 有 n 个线性无关的特征向量.

(2) 若 n 阶方阵 $\boldsymbol{A}$ 的 n 个特征值互不相同，则 $\boldsymbol{A}$ 可对角化.

(3) 若对 n 阶方阵 $\boldsymbol{A}$ 的任一 k 重特征值 λ，都有 $R(\boldsymbol{A}-\lambda\boldsymbol{E})=n-k$，则 $\boldsymbol{A}$ 可对角化.

n 阶方阵 $\boldsymbol{A}$ 对角化的一般步骤如下：

(1) 解特征方程 $|\boldsymbol{A}-\lambda\boldsymbol{E}|=0$，求出全部特征值 $\lambda_1,\lambda_2,\cdots,\lambda_m$，其重数分别为 $r_1,r_2,\cdots,r_m$，有 $r_1+r_2+\cdots+r_m=n$；

(2) 对于不同的特征值 $\lambda_i(i=1,2,\cdots,m)$，解方程组 $(\boldsymbol{A}-\lambda_i\boldsymbol{E})\boldsymbol{x}=\boldsymbol{0}$，求出基础解系，则基础解系中的每个向量都是 $\boldsymbol{A}$ 的对应于 λ_i 的特征向量；

(3) 判断：若 $\lambda_i(i=1,2,\cdots,m)$ 的重数 r_i 等于基础解系中向量的个数，则 $\boldsymbol{A}$ 可对角化，否则 $\boldsymbol{A}$ 不可对角化；

(4) 若 $\boldsymbol{A}$ 可对角化，设全部特征向量为 $\boldsymbol{p}_1,\boldsymbol{p}_2,\cdots,\boldsymbol{p}_n$，则所求的可逆矩阵为 $\boldsymbol{P}=(\boldsymbol{p}_1,\boldsymbol{p}_2,\cdots,\boldsymbol{p}_n)$，且有

$$\boldsymbol{P}^{-1}\boldsymbol{A}\boldsymbol{P}=\boldsymbol{\Lambda}=\mathrm{diag}(\lambda_1,\lambda_2,\cdots,\lambda_n).$$

疑难评注

(1) 方阵 $\boldsymbol{A}$ 的对角化过程主要是通过解特征方程 $|\boldsymbol{A}-\lambda\boldsymbol{E}|=0$ 与方程组 $(\boldsymbol{A}-\lambda_i\boldsymbol{E})\boldsymbol{x}=\boldsymbol{0}$，求出 $\boldsymbol{A}$ 的特征值与对应的特征向量，故可将矩阵的对角化与 §5.2 求矩阵的特征值与对应的

特征向量的步骤结合记忆.

（2）要判断两个矩阵相似，通常用其定义进行判断. 若要判断两个矩阵不相似，可根据矩阵相似的必要条件进行判断. 例如，若$|\boldsymbol{A}-\lambda\boldsymbol{E}|\neq|\boldsymbol{B}-\lambda\boldsymbol{E}|$，$|\boldsymbol{A}|\neq|\boldsymbol{B}|$，$R(\boldsymbol{A})\neq R(\boldsymbol{B})$，或$\sum_{i=1}^{n}a_{ii}\neq\sum_{i=1}^{n}b_{ii}$（$a_{ii}$，$b_{ii}$ 分别为n 阶方阵$\boldsymbol{A}$，$\boldsymbol{B}$ 主对角线上的元素），则$\boldsymbol{A}$ 与$\boldsymbol{B}$ 不相似.

（3）如果矩阵$\boldsymbol{A}$ 与$\boldsymbol{B}$ 相似，向量$\boldsymbol{\alpha}$ 是$\boldsymbol{A}$ 的对应于λ_0 的特征向量，但$\boldsymbol{\alpha}$ 不一定是$\boldsymbol{B}$ 的对应于λ_0 的特征向量. 例如，设矩阵

$$\boldsymbol{A}=\begin{pmatrix}2&-3\\0&-1\end{pmatrix},\quad \boldsymbol{B}=\begin{pmatrix}2&0\\0&-1\end{pmatrix},\quad \boldsymbol{\alpha}=\begin{pmatrix}1\\1\end{pmatrix},$$

易知矩阵$\boldsymbol{A}$ 与$\boldsymbol{B}$ 相似，向量$\boldsymbol{\alpha}$ 是$\boldsymbol{A}$ 的对应于$\lambda_0=-1$ 的特征向量，但$\boldsymbol{\alpha}$ 不是$\boldsymbol{B}$ 的对应于$\lambda_0=-1$ 的特征向量. 事实上，

$$\boldsymbol{A\alpha}=\begin{pmatrix}2&-3\\0&-1\end{pmatrix}\begin{pmatrix}1\\1\end{pmatrix}=\begin{pmatrix}-1\\-1\end{pmatrix}=(-1)\boldsymbol{\alpha},$$

$$\boldsymbol{B\alpha}=\begin{pmatrix}2&0\\0&-1\end{pmatrix}\begin{pmatrix}1\\1\end{pmatrix}=\begin{pmatrix}2\\-1\end{pmatrix}\neq(-1)\boldsymbol{\alpha}.$$

例题精解

例 1 设矩阵$\boldsymbol{A}=\begin{pmatrix}2&0&0\\0&0&1\\0&1&0\end{pmatrix}$，$\boldsymbol{B}=\begin{pmatrix}1&0&0\\0&-1&0\\0&-6&2\end{pmatrix}$，判断$\boldsymbol{A}$ 与$\boldsymbol{B}$ 是否相似.

分析 用相似矩阵的性质判断.

解 由

$$|\boldsymbol{A}-\lambda\boldsymbol{E}|=\begin{vmatrix}2-\lambda&0&0\\0&-\lambda&1\\0&1&-\lambda\end{vmatrix}=(2-\lambda)(\lambda^2-1)=0,$$

解得特征值$\lambda_1=2$，$\lambda_2=1$，$\lambda_3=-1$. 因为三个特征值互不相同，且$\boldsymbol{A}$ 是三阶矩阵，所以$\boldsymbol{A}$ 与$\begin{pmatrix}2&&\\&1&\\&&-1\end{pmatrix}$相似.

又由

$$|\boldsymbol{B}-\lambda\boldsymbol{E}|=\begin{vmatrix}1-\lambda&0&0\\0&-1-\lambda&0\\0&-6&2-\lambda\end{vmatrix}=(1-\lambda)(\lambda+1)(\lambda-2)=0,$$

解得特征值$\lambda_1=2$，$\lambda_2=1$，$\lambda_3=-1$. 因为三个特征值互不相同，且$\boldsymbol{B}$ 是三阶矩阵，所以$\boldsymbol{B}$ 与$\begin{pmatrix}2&&\\&1&\\&&-1\end{pmatrix}$相似.

因为矩阵 $\boldsymbol{A}$,$\boldsymbol{B}$ 都与矩阵 $\begin{pmatrix}2 & & \\ & 1 & \\ & & -1\end{pmatrix}$ 相似,所以 $\boldsymbol{A}$ 与 $\boldsymbol{B}$ 相似.

点评 本题运用了相似矩阵的传递性,$\boldsymbol{A}$ 与 $\boldsymbol{B}$ 相似,$\boldsymbol{B}$ 与 $\boldsymbol{C}$ 相似,则 $\boldsymbol{A}$ 与 $\boldsymbol{C}$ 相似. 这里需要注意:一般来说,矩阵 $\boldsymbol{A}$ 与 $\boldsymbol{B}$ 的特征值相同时,不能得出 $\boldsymbol{A}$ 与 $\boldsymbol{B}$ 一定相似的结论.

例 2 判断下列矩阵能否对角化,若能,求可逆矩阵 $\boldsymbol{P}$,使得 $\boldsymbol{P}^{-1}\boldsymbol{AP}=\boldsymbol{\Lambda}$:

(1) $\boldsymbol{A}=\begin{pmatrix}1 & 4 & 2\\ 0 & -3 & 4\\ 0 & 4 & 3\end{pmatrix}$;　　(2) $\boldsymbol{B}=\begin{pmatrix}-1 & 1 & 0\\ -4 & 3 & 0\\ 1 & 0 & 2\end{pmatrix}$.

分析 对于数字矩阵,可先求出其特征值,若它有三个互不相同的特征值,或有相同的特征值但有三个线性无关的特征向量,则可对角化,否则不能对角化.

解 (1) 因为

$$|\boldsymbol{A}-\lambda\boldsymbol{E}|=\begin{vmatrix}1-\lambda & 4 & 2\\ 0 & -3-\lambda & 4\\ 0 & 4 & 3-\lambda\end{vmatrix}=(1-\lambda)(\lambda-5)(\lambda+5)=0,$$

所以 $\boldsymbol{A}$ 的特征值为 $\lambda_1=1,\lambda_2=5,\lambda_3=-5$.

因为三阶矩阵 $\boldsymbol{A}$ 有三个互不相同的特征值,所以 $\boldsymbol{A}$ 可对角化. 下面求其对应的可逆矩阵 $\boldsymbol{P}$,即求出特征值对应的特征向量.

对应于 $\lambda_1=1$,有

$$\boldsymbol{A}-\boldsymbol{E}=\begin{pmatrix}0 & 4 & 2\\ 0 & -4 & 4\\ 0 & 4 & 2\end{pmatrix}\xrightarrow{r}\begin{pmatrix}0 & 1 & 0\\ 0 & 0 & 1\\ 0 & 0 & 0\end{pmatrix},$$

可得对应于 λ_1 的特征向量为

$$\boldsymbol{p}_1=(1,0,0)^{\mathrm{T}}.$$

对应于 $\lambda_2=5$,有

$$\boldsymbol{A}-5\boldsymbol{E}=\begin{pmatrix}-4 & 4 & 2\\ 0 & -8 & 4\\ 0 & 4 & -2\end{pmatrix}\xrightarrow{r}\begin{pmatrix}1 & 0 & -1\\ 0 & 2 & -1\\ 0 & 0 & 0\end{pmatrix},$$

可得对应于 λ_2 的特征向量为

$$\boldsymbol{p}_2=(2,1,2)^{\mathrm{T}}.$$

对应于 $\lambda_3=-5$,有

$$\boldsymbol{A}+5\boldsymbol{E}=\begin{pmatrix}6 & 4 & 2\\ 0 & 2 & 4\\ 0 & 4 & 8\end{pmatrix}\xrightarrow{r}\begin{pmatrix}1 & 0 & -1\\ 0 & 1 & 2\\ 0 & 0 & 0\end{pmatrix},$$

可得对应于 λ_3 的特征向量为

$$\boldsymbol{p}_3=(1,-2,1)^{\mathrm{T}}.$$

取可逆矩阵

$$P=(p_1,p_2,p_3)=\begin{pmatrix}1&2&1\\0&1&-2\\0&2&1\end{pmatrix},$$

则

$$P^{-1}=\frac{1}{5}\begin{pmatrix}5&0&-5\\0&1&2\\0&-2&1\end{pmatrix}.$$

可以验证

$$P^{-1}AP=\begin{pmatrix}1&&\\&5&\\&&-5\end{pmatrix}.$$

(2) 因为

$$|B-\lambda E|=\begin{vmatrix}-1-\lambda&1&0\\-4&3-\lambda&0\\1&0&2-\lambda\end{vmatrix}=(2-\lambda)(\lambda-1)^2=0,$$

所以 B 的特征值为 $\lambda_1=\lambda_2=1,\lambda_3=2$.

对应于 $\lambda_1=\lambda_2=1$，有

$$B-E=\begin{pmatrix}-2&1&0\\-4&2&0\\1&0&1\end{pmatrix}\xrightarrow{r}\begin{pmatrix}1&0&1\\0&1&2\\0&0&0\end{pmatrix},$$

可得对应于 λ_1 与 λ_2 的特征向量为

$$p_1=(1,2,-1)^{\mathrm{T}}.$$

由于矩阵 B 对应于二重根 $\lambda_1=\lambda_2=1$ 只有一个线性无关的特征向量，因此 B 不能对角化.

点评　判断矩阵能否对角化及求其对应的可逆矩阵 P 可按本节提供的步骤进行，但在特征方程有重根时，一般先求重根所对应的特征向量. 当根的重数不等于特征向量的个数时，即可做出该矩阵不能对角化的判断.

例 3　设矩阵 $A=\begin{pmatrix}1&2&-3\\-1&4&-3\\1&k&5\end{pmatrix}$ 的特征值有一个二重根，求参数 k 的值，并讨论 A 能否对角化.

分析　从特征方程有二重根这个条件出发，确定参数 k 的取值，进而讨论 A 能否对角化.

解　从

$$|A-\lambda E|=\begin{vmatrix}1-\lambda&2&-3\\-1&4-\lambda&-3\\1&k&5-\lambda\end{vmatrix}=(2-\lambda)(\lambda^2-8\lambda+3k+18)=0$$

可以看出，$\lambda_1=2$ 必定为矩阵 A 的一个特征值. 下面分情况进行讨论.

(1) 若 $\lambda_1=\lambda_2=2$ 是二重根，则有 $2^2-8\times2+3k+18=0$，解得 $k=-2$，由此可得 $\lambda_3=6$.

对应于二重根 $\lambda_1=\lambda_2=2$，因为 $R(A-2E)=1$，所以对应于特征值 2 有两个线性无关的特征向量，故 A 可对角化.

(2) 若 $\lambda_1=2$ 不是二重根，则 $\lambda^2-8\lambda+3k+18$ 一定是完全平方式，从而有 $3k+18=16$，解得 $k=-\dfrac{2}{3}$，由此可得 $\lambda_2=\lambda_3=4$.

对应于二重根 $\lambda_2=\lambda_3=4$，因为 $R(\boldsymbol{A}-4\boldsymbol{E})=2$，所以对应于特征值 4 只有一个线性无关的特征向量，故 $\boldsymbol{A}$ 不能对角化.

点评 本题综合运用了特征值求法及参数各种情况讨论，最后都要归结到矩阵可对角化的充要条件.

例 4 设矩阵 $\boldsymbol{A}=\begin{pmatrix}-2&0&0\\2&x&2\\3&1&1\end{pmatrix}$ 与 $\boldsymbol{B}=\begin{pmatrix}-1&0&0\\0&-2&0\\0&0&y\end{pmatrix}$ 相似，求参数 x,y 的值.

分析 由矩阵 $\boldsymbol{A}$ 与 $\boldsymbol{B}$ 相似，求矩阵 $\boldsymbol{A}$ 和 $\boldsymbol{B}$ 中的参数 x,y，用相似矩阵的性质可以有多种求解方法.

解 方法 1 因为 $\boldsymbol{A}$ 与 $\boldsymbol{B}$ 相似，所以 $\boldsymbol{A}$ 与 $\boldsymbol{B}$ 的特征值相等，且有 $|\boldsymbol{A}|=|\boldsymbol{B}|$. 由

$$|\boldsymbol{A}|=\begin{vmatrix}-2&0&0\\2&x&2\\3&1&1\end{vmatrix}=-2(x-2)=|\boldsymbol{B}|=2y$$

可得 $y=2-x$.

又 $\boldsymbol{A}$ 的相似矩阵 $\boldsymbol{B}$ 为对角矩阵，易得 -1 是 $\boldsymbol{A}$ 的特征值，即

$$|\boldsymbol{A}+\boldsymbol{E}|=\begin{vmatrix}-1&0&0\\2&x+1&2\\3&1&2\end{vmatrix}=-2x=0,$$

可得 $x=0$. 代入 $y=2-x$，得 $y=2$.

方法 2 因为 $\boldsymbol{A}$ 与 $\boldsymbol{B}$ 相似，所以 $\boldsymbol{A}$ 与 $\boldsymbol{B}$ 主对角线上元素之和相等，且有 $|\boldsymbol{A}|=|\boldsymbol{B}|$. 由

$$|\boldsymbol{A}|=\begin{vmatrix}-2&0&0\\2&x&2\\3&1&1\end{vmatrix}=-2(x-2)=|\boldsymbol{B}|=2y$$

可得 $y=2-x$.

又由

$$a_{11}+a_{22}+a_{33}=-2+x+1=b_{11}+b_{22}+b_{33}=-1+(-2)+y$$

可得 $y=x+2$.

联立方程，得

$$\begin{cases}y=2-x,\\y=x+2,\end{cases}$$

解得 $x=0,y=2$.

点评 两种方法中用到了相似矩阵的性质：行列式相等、特征值相等、主对角线上元素之和相等.

例 5 已知矩阵 $\boldsymbol{A}=\begin{pmatrix}1&2&0\\0&2&0\\-2&-1&-1\end{pmatrix}$，求 $\boldsymbol{A}^k$（k 为正整数）.

分析 若矩阵 $\boldsymbol{A}$ 可对角化，则求 $\boldsymbol{A}^k$ 的问题就可转化为求 $(\boldsymbol{P\Lambda P}^{-1})^k$.

解 首先考察矩阵 $\boldsymbol{A}$ 能否对角化.

因为

$$|\boldsymbol{A}-\lambda\boldsymbol{E}|=\begin{vmatrix}1-\lambda & 2 & 0\\ 0 & 2-\lambda & 0\\ -2 & -1 & -1-\lambda\end{vmatrix}=(\lambda+1)(\lambda-1)(2-\lambda)=0,$$

所以 $\boldsymbol{A}$ 的三个互不相同的特征值为 $\lambda_1=-1,\lambda_2=1,\lambda_3=2$，故 $\boldsymbol{A}$ 可对角化，且

$$\boldsymbol{\Lambda}=\begin{pmatrix}-1 & & \\ & 1 & \\ & & 2\end{pmatrix}.$$

再求可逆矩阵 $\boldsymbol{P}$.

对应于 $\lambda_1=-1$，有

$$\boldsymbol{A}+\boldsymbol{E}=\begin{pmatrix}2 & 2 & 0\\ 0 & 3 & 0\\ -2 & -1 & 0\end{pmatrix}\xrightarrow{r}\begin{pmatrix}1 & 0 & 0\\ 0 & 1 & 0\\ 0 & 0 & 0\end{pmatrix},$$

可得对应于 λ_1 的特征向量为

$$\boldsymbol{p}_1=(0,0,1)^{\mathrm{T}}.$$

对应于 $\lambda_2=1$，有

$$\boldsymbol{A}-\boldsymbol{E}=\begin{pmatrix}0 & 2 & 0\\ 0 & 1 & 0\\ -2 & -1 & -2\end{pmatrix}\xrightarrow{r}\begin{pmatrix}1 & 0 & 1\\ 0 & 1 & 0\\ 0 & 0 & 0\end{pmatrix},$$

可得对应于 λ_2 的特征向量为

$$\boldsymbol{p}_2=(1,0,-1)^{\mathrm{T}}.$$

对应于 $\lambda_3=2$，有

$$\boldsymbol{A}-2\boldsymbol{E}=\begin{pmatrix}-1 & 2 & 0\\ 0 & 0 & 0\\ -2 & -1 & -3\end{pmatrix}\xrightarrow{r}\begin{pmatrix}1 & -2 & 0\\ 0 & 1 & \dfrac{3}{5}\\ 0 & 0 & 0\end{pmatrix},$$

可得对应于 λ_3 的特征向量为

$$\boldsymbol{p}_3=\left(2,1,-\frac{5}{3}\right)^{\mathrm{T}}.$$

取可逆矩阵

$$\boldsymbol{P}=(\boldsymbol{p}_1,\boldsymbol{p}_2,\boldsymbol{p}_3)=\begin{pmatrix}0 & 1 & 2\\ 0 & 0 & 1\\ 1 & -1 & -\dfrac{5}{3}\end{pmatrix},$$

则

$$\boldsymbol{P}^{-1}=\begin{pmatrix}1 & -\dfrac{1}{3} & 1\\ 1 & -2 & 0\\ 0 & 1 & 0\end{pmatrix}.$$

由 $\boldsymbol{P}^{-1}\boldsymbol{AP}=\boldsymbol{\Lambda}$，则 $\boldsymbol{A}=\boldsymbol{P\Lambda P}^{-1}$，所以

$$\boldsymbol{A}^k=\boldsymbol{P\Lambda}^k\boldsymbol{P}^{-1}=\begin{pmatrix}0&1&2\\0&0&1\\1&-1&-\frac{5}{3}\end{pmatrix}\begin{pmatrix}-1&&\\&1&\\&&2\end{pmatrix}^k\begin{pmatrix}1&-\frac{1}{3}&1\\1&-2&0\\0&1&0\end{pmatrix}$$

$$=\begin{pmatrix}1&2^{k+1}-2&0\\0&2^k&0\\(-1)^k-1&2+\frac{(-1)^{k+1}}{3}-\frac{5\cdot 2^k}{3}&(-1)^k\end{pmatrix}.$$

点评 若 $\boldsymbol{A}$ 可对角化，则存在可逆矩阵 $\boldsymbol{P}$，使 $\boldsymbol{P}^{-1}\boldsymbol{AP}=\boldsymbol{\Lambda}$，则 $\boldsymbol{A}=\boldsymbol{P\Lambda P}^{-1}$.

§5.4 实对称矩阵的对角化

基本要求

(1) 理解实对称矩阵的概念及性质.

(2) 掌握实对称矩阵对角化的方法.

内容简述

1. 实对称矩阵

若 n 阶方阵 $\boldsymbol{A}=(a_{ij})$ 满足：

(1) $\boldsymbol{A}^{\mathrm{T}}=\boldsymbol{A}$；

(2) a_{ij} 都是实数，

则称 $\boldsymbol{A}$ 为实对称矩阵.

实对称矩阵具有以下性质：

(1) 实对称矩阵的特征值为实数，且在实数范围内，n 阶实对称矩阵有 n 个特征值(重根按重数计).

(2) 若 λ 是实对称矩阵 $\boldsymbol{A}$ 的 k 重特征值，则 $\boldsymbol{A}$ 对应于特征值 λ 恰有 k 个线性无关的特征向量.

(3) 实对称矩阵对应于不同特征值的特征向量必正交.

设 $\boldsymbol{A}$ 为 n 阶实对称矩阵，则必有正交矩阵 $\boldsymbol{P}$，使得 $\boldsymbol{P}^{-1}\boldsymbol{AP}=\boldsymbol{P}^{\mathrm{T}}\boldsymbol{AP}=\boldsymbol{\Lambda}$，其中 $\boldsymbol{\Lambda}$ 是以 $\boldsymbol{A}$ 的 n 个特征值为主对角线上元素的对角矩阵.

2. 实对称矩阵的对角化

实对称矩阵 $\boldsymbol{A}$ 对角化的步骤如下：

(1) 求出实对称矩阵 $\boldsymbol{A}$ 的全部特征值 $\lambda_1,\lambda_2,\cdots,\lambda_m$，它们的重数依次为 $k_1,k_2,\cdots,k_m$

$(k_1+k_2+\cdots+k_m=n)$；

(2) 对每个 $k_i(i=1,2,\cdots,m)$ 重特征值 λ_i，求方程组 $(\boldsymbol{A}-\lambda_i\boldsymbol{E})\boldsymbol{x}=\boldsymbol{0}$ 的基础解系；

(3) 将基础解系规范正交化，总共可得 n 个两两正交的单位特征向量；

(4) 将这 n 个两两正交的单位特征向量构成正交矩阵 $\boldsymbol{P}$，则有 $\boldsymbol{P}^{-1}\boldsymbol{A}\boldsymbol{P}=\boldsymbol{P}^{\mathrm{T}}\boldsymbol{A}\boldsymbol{P}=\boldsymbol{\Lambda}$.

疑难评注

(1) 对于一般的 n 阶矩阵 $\boldsymbol{A}$，只有在它有 n 个互不相同的特征值或有 n 个线性无关的特征向量时，才可对角化，否则不能对角化，但 n 阶实对称矩阵 $\boldsymbol{A}$ 一定可对角化.

(2) 实对称矩阵对角化的过程与一般的 n 阶矩阵 $\boldsymbol{A}$ 对角化的方法基本一致，所不同的是一般的 n 阶矩阵 $\boldsymbol{A}$ 对角化时，最后要求写出的矩阵 $\boldsymbol{P}$ 为可逆矩阵，而实对称矩阵对角化时，要求写出的矩阵 $\boldsymbol{P}$ 为正交矩阵.

例题精解

例 1 设矩阵 $\boldsymbol{A}=\begin{pmatrix}1&0&2\\0&2&0\\2&0&-2\end{pmatrix}$，求正交矩阵 $\boldsymbol{P}$，使得 $\boldsymbol{P}^{-1}\boldsymbol{A}\boldsymbol{P}=\boldsymbol{\Lambda}$.

分析 $\boldsymbol{A}$ 为实对称矩阵，欲求正交矩阵 $\boldsymbol{P}$，必须首先求出 $\boldsymbol{A}$ 的特征值和特征向量.

解 因为

$$|\boldsymbol{A}-\lambda\boldsymbol{E}|=\begin{vmatrix}1-\lambda&0&2\\0&2-\lambda&0\\2&0&-2-\lambda\end{vmatrix}=-(\lambda+3)(\lambda-2)^2=0,$$

所以 $\boldsymbol{A}$ 的特征值为 $\lambda_1=-3,\lambda_2=\lambda_3=2$.

对应于 $\lambda_1=-3$，有

$$\boldsymbol{A}+3\boldsymbol{E}=\begin{pmatrix}4&0&2\\0&5&0\\2&0&1\end{pmatrix}\xrightarrow{r}\begin{pmatrix}1&0&\frac{1}{2}\\0&1&0\\0&0&0\end{pmatrix},$$

可得对应于 λ_1 的特征向量为 $\boldsymbol{\xi}_1=(-1,0,2)^{\mathrm{T}}$，单位化得

$$\boldsymbol{e}_1=\frac{1}{\sqrt{5}}(-1,0,2)^{\mathrm{T}}.$$

对应于 $\lambda_2=\lambda_3=2$，有

$$\boldsymbol{A}-2\boldsymbol{E}=\begin{pmatrix}-1&0&2\\0&0&0\\2&0&-4\end{pmatrix}\xrightarrow{r}\begin{pmatrix}1&0&-2\\0&0&0\\0&0&0\end{pmatrix},$$

可得对应于 λ_2 与 λ_3 的特征向量为 $\boldsymbol{\xi}_2=(0,1,0)^{\mathrm{T}},\boldsymbol{\xi}_3=(2,0,1)^{\mathrm{T}}$，且 $\boldsymbol{\xi}_2,\boldsymbol{\xi}_3$ 正交，单位化得

$$e_2=(0,1,0)^{\mathrm{T}},\quad e_3=\frac{1}{\sqrt{5}}(2,0,1)^{\mathrm{T}}.$$

于是,取正交矩阵

$$P=(e_1,e_2,e_3)=\begin{pmatrix}-\frac{1}{\sqrt{5}} & 0 & \frac{2}{\sqrt{5}}\\ 0 & 1 & 0\\ \frac{2}{\sqrt{5}} & 0 & \frac{1}{\sqrt{5}}\end{pmatrix},$$

可验证

$$P^{-1}AP=P^{\mathrm{T}}AP=\begin{pmatrix}-\frac{1}{\sqrt{5}} & 0 & \frac{2}{\sqrt{5}}\\ 0 & 1 & 0\\ \frac{2}{\sqrt{5}} & 0 & \frac{1}{\sqrt{5}}\end{pmatrix}\begin{pmatrix}1 & 0 & 2\\ 0 & 2 & 0\\ 2 & 0 & -2\end{pmatrix}\begin{pmatrix}-\frac{1}{\sqrt{5}} & 0 & \frac{2}{\sqrt{5}}\\ 0 & 1 & 0\\ \frac{2}{\sqrt{5}} & 0 & \frac{1}{\sqrt{5}}\end{pmatrix}$$

$$=\begin{pmatrix}-3 & & \\ & 2 & \\ & & 2\end{pmatrix}=\Lambda.$$

点评 欲求正交矩阵 P,首先求出 A 的特征值和特征向量,然后将特征向量规范正交化(若有 n 个互不相同的特征值,则将对应的特征向量单位化;若有多重特征值,则先将多重特征值对应的特征向量正交化,再把全部特征向量单位化),最后把所有规范正交化的特征向量作为列向量构成正交矩阵 P.

例 2 设矩阵 $A=\begin{pmatrix}1 & 1 & a\\ 1 & a & 1\\ a & 1 & 1\end{pmatrix}$,向量 $\beta=(1,1,-2)^{\mathrm{T}}$,已知线性方程组 $Ax=\beta$ 有解但不唯一,求:

(1) a 的值;

(2) 正交矩阵 P,使得 $P^{-1}AP=\Lambda$.

分析 由线性方程组 $Ax=\beta$ 有解但不唯一可知 $R(A\,\vdots\,\beta)<3$,以此确定 a 的值,然后求出正交矩阵 P.

解 (1) 对增广矩阵 $(A\,\vdots\,\beta)$ 做初等行变换:

$$(A\,\vdots\,\beta)=\left(\begin{array}{ccc:c}1 & 1 & a & 1\\ 1 & a & 1 & 1\\ a & 1 & 1 & -2\end{array}\right)\xrightarrow{r}\left(\begin{array}{ccc:c}1 & 1 & a & 1\\ 0 & a-1 & 1-a & 0\\ 0 & 0 & (a-1)(a+2) & a+2\end{array}\right).$$

由线性方程组有解但不唯一可知,方程组 $Ax=\beta$ 有无穷多解,则 $R(A)=R(A\,\vdots\,\beta)<3$,即

$$(a-1)(a+2)=0\quad 且\quad a+2=0,$$

解得 $a=-2$.

(2) 由(1) 可知矩阵

$$A=\begin{pmatrix}1 & 1 & -2\\ 1 & -2 & 1\\ -2 & 1 & 1\end{pmatrix}.$$

因为

$$|\boldsymbol{A}-\lambda\boldsymbol{E}|=\begin{vmatrix}1-\lambda & 1 & -2\\ 1 & -2-\lambda & 1\\ -2 & 1 & 1-\lambda\end{vmatrix}=\lambda(3-\lambda)(\lambda+3)=0,$$

所以 $\boldsymbol{A}$ 的特征值为 $\lambda_1=3,\lambda_2=-3,\lambda_3=0$.

对应于 $\lambda_1=3$,有

$$\boldsymbol{A}-3\boldsymbol{E}=\begin{pmatrix}-2 & 1 & -2\\ 1 & -5 & 1\\ -2 & 1 & -2\end{pmatrix}\xrightarrow{r}\begin{pmatrix}1 & 0 & 1\\ 0 & 1 & 0\\ 0 & 0 & 0\end{pmatrix},$$

可得对应于 λ_1 的特征向量为 $\boldsymbol{\xi}_1=(-1,0,1)^{\mathrm{T}}$,单位化得

$$\boldsymbol{e}_1=\frac{1}{\sqrt{2}}(-1,0,1)^{\mathrm{T}}.$$

对应于 $\lambda_2=-3$,有

$$\boldsymbol{A}+3\boldsymbol{E}=\begin{pmatrix}4 & 1 & -2\\ 1 & 1 & 1\\ -2 & 1 & 4\end{pmatrix}\xrightarrow{r}\begin{pmatrix}1 & 0 & -1\\ 0 & 1 & 2\\ 0 & 0 & 0\end{pmatrix},$$

可得对应于 λ_2 的特征向量为 $\boldsymbol{\xi}_2=(1,-2,1)^{\mathrm{T}}$,单位化得

$$\boldsymbol{e}_2=\frac{1}{\sqrt{6}}(1,-2,1)^{\mathrm{T}}.$$

对应于 $\lambda_3=0$,有

$$\boldsymbol{A}-0\boldsymbol{E}=\begin{pmatrix}1 & 1 & -2\\ 1 & -2 & 1\\ -2 & 1 & 1\end{pmatrix}\xrightarrow{r}\begin{pmatrix}1 & 0 & -1\\ 0 & 1 & -1\\ 0 & 0 & 0\end{pmatrix},$$

可得对应于 λ_3 的特征向量为 $\boldsymbol{\xi}_3=(1,1,1)^{\mathrm{T}}$,单位化得

$$\boldsymbol{e}_3=\frac{1}{\sqrt{3}}(1,1,1)^{\mathrm{T}}.$$

于是,取正交矩阵

$$\boldsymbol{P}=(\boldsymbol{e}_1,\boldsymbol{e}_2,\boldsymbol{e}_3)=\begin{pmatrix}-\frac{1}{\sqrt{2}} & \frac{1}{\sqrt{6}} & \frac{1}{\sqrt{3}}\\ 0 & -\frac{2}{\sqrt{6}} & \frac{1}{\sqrt{3}}\\ \frac{1}{\sqrt{2}} & \frac{1}{\sqrt{6}} & \frac{1}{\sqrt{3}}\end{pmatrix}.$$

可验证

$$\boldsymbol{P}^{-1}\boldsymbol{A}\boldsymbol{P}=\boldsymbol{P}^{\mathrm{T}}\boldsymbol{A}\boldsymbol{P}=\begin{pmatrix}3 & & \\ & -3 & \\ & & 0\end{pmatrix}=\boldsymbol{\Lambda}.$$

点评 本题中确定参数 a 的取值时需要注意,若 a 取 1,则 $R(\boldsymbol{A})\neq R(\boldsymbol{A}\,\vdots\,\boldsymbol{\beta})$,这与题设线

性方程组 $\boldsymbol{Ax}=\boldsymbol{\beta}$ 有解是相矛盾的.

§5.5 MATLAB 应用举例

例 1 判断矩阵

$$\boldsymbol{A}=\begin{pmatrix} \frac{1}{2} & -\frac{1}{2} & -\frac{1}{2} & \frac{1}{2} \\ -\frac{1}{2} & \frac{1}{2} & -\frac{1}{2} & \frac{1}{2} \\ -\frac{1}{2} & -\frac{1}{2} & \frac{1}{2} & \frac{1}{2} \\ -\frac{1}{2} & -\frac{1}{2} & -\frac{1}{2} & -\frac{1}{2} \end{pmatrix}$$

是否为正交矩阵.

MATLAB 程序:

```
>> A = sym([1/2,-1/2,-1/2,1/2;-1/2,1/2,-1/2,1/2;-1/2,-1/2,1/2,1/2;
        -1/2,-1/2,-1/2,-1/2]);                    %输入矩阵 A
>> A' * A
ans =
  [1, 0, 0, 0]
  [0, 1, 0, 0]
  [0, 0, 1, 0]
  [0, 0, 0, 1]
```

由运行结果可知,$\boldsymbol{A}^{\mathrm{T}}\boldsymbol{A}=\boldsymbol{E}$,故 $\boldsymbol{A}$ 为正交矩阵.

例 2 求下列矩阵的特征值与特征向量:

(1) $\boldsymbol{A}=\begin{pmatrix} 2 & -1 & 2 \\ 5 & -3 & 3 \\ -1 & 0 & -2 \end{pmatrix}$;　　(2) $\boldsymbol{B}=\begin{pmatrix} 0 & 0 & 0 & 1 \\ 0 & 0 & 1 & 0 \\ 0 & 1 & 0 & 0 \\ 1 & 0 & 0 & 0 \end{pmatrix}$.

(1) **MATLAB 程序:**

```
>> A = sym([2,-1,2;5,-3,3;-1,0,-2]);
>> [V,D] = eig(A)  % V 的各列为特征向量,D 的主对角线上元素为对应的特征值
V =
  -1
  -1
   1
```

```
D =
  [-1,  0,  0]
  [ 0, -1,  0]
  [ 0,  0, -1]
```

由运行结果可知,矩阵 $\boldsymbol{A}$ 的特征值为 $\lambda_1=\lambda_2=\lambda_3=-1$,对应的特征向量为

$$\boldsymbol{\xi}=(-1,-1,1)^{\mathrm{T}}.$$

(2) **MATLAB 程序:**

```
>> B = sym([0,0,0,1;0,0,1,0;0,1,0,0;1,0,0,0]);
>> [V,D] = eig(B)
V =
  [0, 1,  0, -1]
  [1, 0, -1,  0]
  [1, 0,  1,  0]
  [0, 1,  0,  1]
D =
  [1, 0,  0,  0]
  [0, 1,  0,  0]
  [0, 0, -1,  0]
  [0, 0,  0, -1]
```

由运行结果可知,矩阵 $\boldsymbol{B}$ 的特征值为 $\lambda_1=\lambda_2=1,\lambda_3=\lambda_4=-1$,对应的特征向量为
$\boldsymbol{\xi}_1=(0,1,1,0)^{\mathrm{T}}$, $\boldsymbol{\xi}_2=(1,0,0,1)^{\mathrm{T}}$, $\boldsymbol{\xi}_3=(0,-1,1,0)^{\mathrm{T}}$, $\boldsymbol{\xi}_4=(-1,0,0,1)^{\mathrm{T}}$.

例 3 设矩阵

$$\boldsymbol{A}=\begin{pmatrix}3&2&2\\2&3&2\\2&2&3\end{pmatrix},\quad \boldsymbol{P}=\begin{pmatrix}0&1&0\\1&0&1\\0&0&1\end{pmatrix},\quad \boldsymbol{B}=\boldsymbol{P}^{-1}\boldsymbol{A}^{*}\boldsymbol{P},$$

求 $\boldsymbol{B}+2\boldsymbol{E}$ 的特征值和特征向量,其中 $\boldsymbol{A}^{*}$ 为 $\boldsymbol{A}$ 的伴随矩阵,$\boldsymbol{E}$ 为三阶单位矩阵.

MATLAB 程序:

```
>> A = sym([3,2,2;2,3,2;2,2,3]);
>> P = sym([0,1,0;1,0,1;0,0,1]);
>> E = eye(3,3);                          %生成三阶单位矩阵 E
>> C = inv(P) * det(A) * inv(A) * P+2 * E;    %计算 P^(-1)A^ * P+2E
>> [V,D] = eig(C)
V =
  [0, -1, -2]
  [1,  1,  0]
  [1,  0,  1]
D =
  [3, 0, 0]
  [0, 9, 0]
  [0, 0, 9]
```

由运行结果可知，矩阵 $\boldsymbol{B}+2\boldsymbol{E}$ 的特征值为 $\lambda_1=3,\lambda_2=\lambda_3=9$，对应的特征向量为

$$\boldsymbol{\xi}_1=(0,1,1)^{\mathrm{T}},\quad \boldsymbol{\xi}_2=(-1,1,0)^{\mathrm{T}},\quad \boldsymbol{\xi}_3=(-2,0,1)^{\mathrm{T}}.$$

例 4 利用施密特正交化方法将向量组 $\boldsymbol{\alpha}_1=(1,1,0,0)^{\mathrm{T}},\boldsymbol{\alpha}_2=(-1,0,0,1)^{\mathrm{T}},\boldsymbol{\alpha}_3=(1,0,1,0)^{\mathrm{T}},\boldsymbol{\alpha}_4=(1,-1,-1,1)^{\mathrm{T}}$ 化为规范正交向量组.

MATLAB 程序：

```
>> a1 = [1,1,0,0]';                              % 输入向量
>> a2 = [-1,0,0,1]';
>> a3 = [1,0,1,0]';
>> a4 = [1,-1,-1,1]';
>> A = sym([a1,a2,a3,a4]);                       % 创建符号矩阵 A
>> B = orth(A)                                   % 求规范正交向量组
B =
  [2^(1/2)/2, -(2^(1/2) * 3^(1/2))/6,  3^(1/2)/6,  1/2]
  [2^(1/2)/2,  (2^(1/2) * 3^(1/2))/6, -3^(1/2)/6, -1/2]
  [        0,                      0,  3^(1/2)/2, -1/2]
  [        0,  (2^(1/2) * 3^(1/2))/3,  3^(1/2)/6,  1/2]
```

由运行结果可知，所求规范正交向量组为

$$\boldsymbol{e}_1=\left(\frac{1}{\sqrt{2}},\frac{1}{\sqrt{2}},0,0\right)^{\mathrm{T}},\quad \boldsymbol{e}_2=\left(-\frac{1}{\sqrt{6}},\frac{1}{\sqrt{6}},0,\frac{2}{\sqrt{6}}\right)^{\mathrm{T}},$$

$$\boldsymbol{e}_3=\left(\frac{1}{2\sqrt{3}},-\frac{1}{2\sqrt{3}},\frac{3}{2\sqrt{3}},\frac{1}{2\sqrt{3}}\right)^{\mathrm{T}},\quad \boldsymbol{e}_4=\left(\frac{1}{2},-\frac{1}{2},-\frac{1}{2},\frac{1}{2}\right)^{\mathrm{T}}.$$

例 5 判断下列矩阵能否对角化：

(1) $\boldsymbol{A}=\begin{pmatrix}4&0&0\\0&3&1\\0&1&3\end{pmatrix}$； (2) $\boldsymbol{B}=\begin{pmatrix}2&-1&2\\5&-3&3\\-1&0&-2\end{pmatrix}$.

(1) **MATLAB 程序：**

```
>> A = sym([4,0,0;0,3,1;0,1,3]);
>> [V,D] = eig(A)
V =
  [ 0, 1, 0]
  [-1, 0, 1]
  [ 1, 0, 1]
D =
  [2, 0, 0]
  [0, 4, 0]
  [0, 0, 4]
```

由运行结果可知，矩阵 $\boldsymbol{A}$ 有三个线性无关的特征向量

$$\boldsymbol{p}_1=(0,-1,1)^{\mathrm{T}},\quad \boldsymbol{p}_2=(1,0,0)^{\mathrm{T}},\quad \boldsymbol{p}_3=(0,1,1)^{\mathrm{T}},$$

故 $\boldsymbol{A}$ 可对角化.

注 通过计算矩阵 $\boldsymbol{A}$ 的特征值或特征向量即可判断它能否对角化.

(2) **MATLAB 程序**:

```
>> B=sym([2,-1,2;5,-3,3;-1,0,-2]);
>> [V,D]=eig(B)
V=
  -1
  -1
   1
D=
  [-1,  0,  0]
  [ 0, -1,  0]
  [ 0,  0, -1]
```

由运行结果可知,矩阵 $\boldsymbol{B}$ 只有一个线性无关的特征向量

$$\boldsymbol{p}=(-1,-1,1)^{\mathrm{T}},$$

故 $\boldsymbol{B}$ 不可对角化.

注 n 阶矩阵可对角化的充要条件是它有 n 个线性无关的特征向量.

例 6 设实对称矩阵

$$\boldsymbol{A}=\begin{pmatrix} 2 & 2 & -2 \\ 2 & 5 & -4 \\ -2 & -4 & 5 \end{pmatrix},$$

求一个正交矩阵 $\boldsymbol{P}$,使得 $\boldsymbol{P}^{\mathrm{T}}\boldsymbol{AP}=\boldsymbol{\Lambda}$.

MATLAB 程序:

```
>> A=[2,2,-2;2,5,-4;-2,-4,5];
>> [P,D]=schur(A)
P=
  0.1293   0.9339  -0.3333
  0.6681  -0.3304  -0.6667
  0.7327   0.1365   0.6667
D=
  1.0000        0        0
       0   1.0000        0
       0        0  10.0000
>> P'*A*P
ans=
   1.0000   0.0000  -0.0000
   0.0000   1.0000  -0.0000
  -0.0000  -0.0000  10.0000
```

由运行结果可知,记正交矩阵

$$\boldsymbol{P}=(\boldsymbol{p}_1,\boldsymbol{p}_2,\boldsymbol{p}_3)=\begin{pmatrix}0.1293 & 0.9339 & -0.3333\\ 0.6681 & -0.3304 & -0.6667\\ 0.7327 & 0.1365 & 0.6667\end{pmatrix},$$

与对角矩阵

$$\boldsymbol{\Lambda}=\begin{pmatrix}1 & & \\ & 1 & \\ & & 10\end{pmatrix},$$

一定有 $\boldsymbol{P}^{\mathrm{T}}\boldsymbol{A}\boldsymbol{P}=\boldsymbol{\Lambda}$.

注 若 $\boldsymbol{A}$ 为对称矩阵，则命令[P,D]=schur(A) 返回正交矩阵 $\boldsymbol{P}$ 和对角矩阵 $\boldsymbol{D}$，使得 $\boldsymbol{A}=\boldsymbol{P}\boldsymbol{D}\boldsymbol{P}^{\mathrm{T}}$，即 $\boldsymbol{D}=\boldsymbol{P}^{\mathrm{T}}\boldsymbol{A}\boldsymbol{P}$.

本章主要知识结构图

- 特征值与特征向量
  - 向量
    - 内积：$[\boldsymbol{x},\boldsymbol{y}]=x_1y_1+x_2y_2+\cdots+x_ny_n$
    - 长度：$\|\boldsymbol{x}\|=\sqrt{[\boldsymbol{x},\boldsymbol{x}]}=\sqrt{x_1^2+x_2^2+\cdots+x_n^2}$
    - 单位向量：$\|\boldsymbol{x}\|=1$
    - 夹角：$\theta=\arccos\dfrac{[\boldsymbol{x},\boldsymbol{y}]}{\|\boldsymbol{x}\|\|\boldsymbol{y}\|}\ (0\leqslant\theta\leqslant\pi)$
    - 正交
      - 概念 → $[\boldsymbol{x},\boldsymbol{y}]=0$
      - 正交向量组
        - 概念 → 一组两两正交的非零向量
        - 性质 → 正交向量组必线性无关
      - 规范正交向量组
        - 概念 → 一组两两正交的单位向量
        - 方法 → 施密特正交化方法
      - 正交矩阵
        - 概念 → $\boldsymbol{A}^{\mathrm{T}}\boldsymbol{A}=\boldsymbol{E}$
        - 性质
          - $\boldsymbol{A}$的列(行)向量是规范正交向量组
          - $|\boldsymbol{A}|=\pm1$
          - $\boldsymbol{A}^{-1}=\boldsymbol{A}^{\mathrm{T}}$
          - 若$\boldsymbol{A},\boldsymbol{B}$为正交矩阵，则$\boldsymbol{AB}$也为正交矩阵
      - 正交变换
        - 定义 → 若$\boldsymbol{P}$为正交矩阵，则称线性变换$\boldsymbol{y}=\boldsymbol{Px}$为正交变换
        - 性质 → 正交变换保持向量的长度不变
  - 特征值与特征向量
    - 概念 → $\boldsymbol{Ax}=\lambda\boldsymbol{x},\boldsymbol{x}\neq\boldsymbol{0}$
    - 求法
      - 特征值 → 定义法：方程$|\boldsymbol{A}-\lambda\boldsymbol{E}|=0$的根
      - 特征向量 → 定义法：方程组$(\boldsymbol{A}-\lambda\boldsymbol{E})\boldsymbol{x}=\boldsymbol{0}$的基础解系
    - 性质
      - $\lambda_1+\lambda_2+\cdots+\lambda_n=a_{11}+a_{22}+\cdots+a_{nn}$
      - $|\boldsymbol{A}|=\lambda_1\lambda_2\cdots\lambda_n$
      - 不同特征值对应的特征向量线性无关
  - 相似矩阵

- **相似矩阵**
  - 概念
    - $P^{-1}AP=B$
  - 性质
    - 若A与B相似,则$|A|=|B|$,$R(A)=R(B)$
    - 若A与B相似,则$|A-\lambda E|=|B-\lambda E|$,有相同的特征值
    - 若A与$\Lambda=\text{diag}(\lambda_1,\lambda_2,\cdots,\lambda_n)$相似,则$\lambda_1,\lambda_2,\cdots,\lambda_n$是$A$的$n$个特征值
  - n阶方阵A可对角化
    - $\Leftrightarrow A$有n个线性无关的特征向量
    - $\Leftrightarrow R(A-\lambda E)=n-k$,$\lambda$是$A$的任一$k$重特征值
    - $\Leftarrow A$有n个互不相同的特征值
    - $\Leftarrow A$是实对称矩阵
  - 实对称矩阵$A^{\mathrm{T}}=A$
    - 特征值为实数
    - 互异的特征值对应的特征向量必正交
    - 必可对角化,且存在正交矩阵P,使得$P^{-1}AP=P^{\mathrm{T}}AP=\Lambda$
    - k重特征值λ必有k个线性无关的特征向量

本章教材习题全解

1. 试利用施密特正交化方法把下列向量组正交化：

(1) $\boldsymbol{\alpha}_1=(1,1,1)^{\mathrm{T}},\boldsymbol{\alpha}_2=(1,2,3)^{\mathrm{T}},\boldsymbol{\alpha}_3=(1,4,9)^{\mathrm{T}}$；

(2) $\boldsymbol{\alpha}_1=(1,0,-1,1)^{\mathrm{T}},\boldsymbol{\alpha}_2=(1,-1,0,1)^{\mathrm{T}},\boldsymbol{\alpha}_3=(-1,1,1,0)^{\mathrm{T}}$.

解 (1) $\boldsymbol{\beta}_1=\boldsymbol{\alpha}_1=(1,1,1)^{\mathrm{T}}$,

$$\boldsymbol{\beta}_2=\boldsymbol{\alpha}_2-\frac{[\boldsymbol{\beta}_1,\boldsymbol{\alpha}_2]}{[\boldsymbol{\beta}_1,\boldsymbol{\beta}_1]}\boldsymbol{\beta}_1=(-1,0,1)^{\mathrm{T}},$$

$$\boldsymbol{\beta}_3=\boldsymbol{\alpha}_3-\frac{[\boldsymbol{\beta}_1,\boldsymbol{\alpha}_3]}{[\boldsymbol{\beta}_1,\boldsymbol{\beta}_1]}\boldsymbol{\beta}_1-\frac{[\boldsymbol{\beta}_2,\boldsymbol{\alpha}_3]}{[\boldsymbol{\beta}_2,\boldsymbol{\beta}_2]}\boldsymbol{\beta}_2=\frac{1}{3}(1,-2,1)^{\mathrm{T}}.$$

(2) $\boldsymbol{\beta}_1=\boldsymbol{\alpha}_1=(1,0,-1,1)^{\mathrm{T}}$,

$$\boldsymbol{\beta}_2=\boldsymbol{\alpha}_2-\frac{[\boldsymbol{\beta}_1,\boldsymbol{\alpha}_2]}{[\boldsymbol{\beta}_1,\boldsymbol{\beta}_1]}\boldsymbol{\beta}_1=\frac{1}{3}(1,-3,2,1)^{\mathrm{T}},$$

$$\boldsymbol{\beta}_3=\boldsymbol{\alpha}_3-\frac{[\boldsymbol{\beta}_1,\boldsymbol{\alpha}_3]}{[\boldsymbol{\beta}_1,\boldsymbol{\beta}_1]}\boldsymbol{\beta}_1-\frac{[\boldsymbol{\beta}_2,\boldsymbol{\alpha}_3]}{[\boldsymbol{\beta}_2,\boldsymbol{\beta}_2]}\boldsymbol{\beta}_2=\frac{1}{5}(-1,3,3,4)^{\mathrm{T}}.$$

2. 判断下列矩阵是不是正交矩阵，并说明理由：

(1) $\begin{pmatrix}1 & -\frac{1}{3} & 1\\ -\frac{1}{3} & 1 & \frac{1}{3}\\ 1 & \frac{1}{3} & 1\end{pmatrix}$； (2) $\begin{pmatrix}\frac{1}{2} & \frac{1}{2} & \frac{1}{\sqrt{2}} & 0\\ -\frac{1}{2} & -\frac{1}{2} & \frac{1}{\sqrt{2}} & 0\\ \frac{1}{2} & -\frac{1}{2} & 0 & \frac{1}{\sqrt{2}}\\ -\frac{1}{2} & \frac{1}{2} & 0 & \frac{1}{\sqrt{2}}\end{pmatrix}$.

解 (1) 记

$$\boldsymbol{A}=(\boldsymbol{\alpha}_1,\boldsymbol{\alpha}_2,\boldsymbol{\alpha}_3)=\begin{pmatrix}1 & -\frac{1}{3} & 1\\ -\frac{1}{3} & 1 & \frac{1}{3}\\ 1 & \frac{1}{3} & 1\end{pmatrix},$$

易得 $\|\boldsymbol{\alpha}_1\|=\left\|\left(1,-\frac{1}{3},1\right)^{\mathrm{T}}\right\|=\frac{\sqrt{19}}{3}\neq 1$,故 $\boldsymbol{A}$ 不是正交矩阵.

(2) 设题干矩阵为 $\boldsymbol{B}$,则

$$B^{\mathrm{T}}B=\begin{pmatrix}\frac{1}{2}&\frac{1}{2}&\frac{1}{\sqrt{2}}&0\\-\frac{1}{2}&-\frac{1}{2}&\frac{1}{\sqrt{2}}&0\\\frac{1}{2}&-\frac{1}{2}&0&\frac{1}{\sqrt{2}}\\-\frac{1}{2}&\frac{1}{2}&0&\frac{1}{\sqrt{2}}\end{pmatrix}^{\mathrm{T}}\begin{pmatrix}\frac{1}{2}&\frac{1}{2}&\frac{1}{\sqrt{2}}&0\\-\frac{1}{2}&-\frac{1}{2}&\frac{1}{\sqrt{2}}&0\\\frac{1}{2}&-\frac{1}{2}&0&\frac{1}{\sqrt{2}}\\-\frac{1}{2}&\frac{1}{2}&0&\frac{1}{\sqrt{2}}\end{pmatrix}=\begin{pmatrix}1&0&0&0\\0&1&0&0\\0&0&1&0\\0&0&0&1\end{pmatrix}=E,$$

所以 B 为正交矩阵.

3. 设 A 与 B 都是 n 阶正交矩阵,证明:分块矩阵 $\begin{pmatrix}A&O\\O&B\end{pmatrix}$ 也是正交矩阵.

证 由题设知 $A^{\mathrm{T}}A=E_n$,$B^{\mathrm{T}}B=E_n$,从而有

$$\begin{aligned}\begin{pmatrix}A&O\\O&B\end{pmatrix}^{\mathrm{T}}\begin{pmatrix}A&O\\O&B\end{pmatrix}&=\begin{pmatrix}A^{\mathrm{T}}&O\\O&B^{\mathrm{T}}\end{pmatrix}\begin{pmatrix}A&O\\O&B\end{pmatrix}\\&=\begin{pmatrix}A^{\mathrm{T}}A&O\\O&B^{\mathrm{T}}B\end{pmatrix}\\&=\begin{pmatrix}E_n&O\\O&E_n\end{pmatrix}=E_{2n},\end{aligned}$$

其中 E_n,E_{2n} 分别为 n 阶单位矩阵与 $2n$ 阶单位矩阵. 故分块矩阵 $\begin{pmatrix}A&O\\O&B\end{pmatrix}$ 也是正交矩阵.

4. 设 A 是 n 阶正交矩阵,证明:A 的伴随矩阵 A^* 也是正交矩阵.

证 因为 A 正交,所以 A^{-1} 也正交,且 $|A|=\pm1$. 又因为 $A^*=|A|A^{-1}$,则

$$(A^*)^{\mathrm{T}}=|A|(A^{-1})^{\mathrm{T}},$$

所以

$$A^*(A^*)^{\mathrm{T}}=|A|^2A^{-1}(A^{-1})^{\mathrm{T}}=E.$$

故 A^* 也是正交矩阵.

5. 设 α 是 n 维列向量,A 是 n 阶正交矩阵,证明:$\|A\alpha\|=\|\alpha\|$.

证 $\|A\alpha\|=\sqrt{(A\alpha)^{\mathrm{T}}(A\alpha)}=\sqrt{\alpha^{\mathrm{T}}(A^{\mathrm{T}}A)\alpha}=\sqrt{\alpha^{\mathrm{T}}\alpha}=\|\alpha\|$.

6. 求下列矩阵的特征值和特征向量:

(1) $\begin{pmatrix}1&-1\\2&4\end{pmatrix}$; (2) $\begin{pmatrix}-2&8&6\\-4&10&6\\4&-8&-4\end{pmatrix}$;

(3) $\begin{pmatrix}0&0&0&1\\0&0&1&0\\0&1&0&0\\1&0&0&0\end{pmatrix}$.

解 (1) 将题干矩阵记为 A. 因为

$$|A-\lambda E|=\begin{vmatrix}1-\lambda&-1\\2&4-\lambda\end{vmatrix}=(\lambda-2)(\lambda-3)=0,$$

所以 $\boldsymbol{A}$ 的特征值为 $\lambda_1=2,\lambda_2=3$.

对应于 $\lambda_1=2$,有

$$\boldsymbol{A}-2\boldsymbol{E}=\begin{pmatrix}-1 & -1\\ 2 & 2\end{pmatrix}\xrightarrow{r}\begin{pmatrix}1 & 1\\ 0 & 0\end{pmatrix},$$

可得对应于 λ_1 的特征向量为

$$\boldsymbol{p}_1=(-1,1)^{\mathrm{T}}.$$

对应于 $\lambda_2=3$,有

$$\boldsymbol{A}-3\boldsymbol{E}=\begin{pmatrix}-2 & -1\\ 2 & 1\end{pmatrix}\xrightarrow{r}\begin{pmatrix}2 & 1\\ 0 & 0\end{pmatrix},$$

可得对应于 λ_2 的特征向量为

$$\boldsymbol{p}_2=(-1,2)^{\mathrm{T}}.$$

(2) 将题干矩阵记为 $\boldsymbol{A}$. 因为

$$|\boldsymbol{A}-\lambda\boldsymbol{E}|=\begin{vmatrix}-2-\lambda & 8 & 6\\ -4 & 10-\lambda & 6\\ 4 & -8 & -4-\lambda\end{vmatrix}=-\lambda(\lambda-2)^2=0,$$

所以 $\boldsymbol{A}$ 的特征值为 $\lambda_1=0,\lambda_2=\lambda_3=2$.

对应于 $\lambda_1=0$,有

$$\boldsymbol{A}-0\boldsymbol{E}=\begin{pmatrix}-2 & 8 & 6\\ -4 & 10 & 6\\ 4 & -8 & -4\end{pmatrix}\xrightarrow{r}\begin{pmatrix}1 & 0 & 1\\ 0 & 1 & 1\\ 0 & 0 & 0\end{pmatrix},$$

可得对应于 λ_1 的特征向量为

$$\boldsymbol{p}_1=(1,1,-1)^{\mathrm{T}}.$$

对应于 $\lambda_2=\lambda_3=2$,有

$$\boldsymbol{A}-2\boldsymbol{E}=\begin{pmatrix}-4 & 8 & 6\\ -4 & 8 & 6\\ 4 & -8 & -6\end{pmatrix}\xrightarrow{r}\begin{pmatrix}2 & -4 & -3\\ 0 & 0 & 0\\ 0 & 0 & 0\end{pmatrix},$$

可得对应于 λ_2 与 λ_3 的特征向量为

$$\boldsymbol{p}_2=(2,1,0)^{\mathrm{T}},\quad \boldsymbol{p}_3=(3,0,2)^{\mathrm{T}}.$$

(3) 将题干矩阵记为 $\boldsymbol{A}$. 因为

$$|\boldsymbol{A}-\lambda\boldsymbol{E}|=\begin{vmatrix}-\lambda & 0 & 0 & 1\\ 0 & -\lambda & 1 & 0\\ 0 & 1 & -\lambda & 0\\ 1 & 0 & 0 & -\lambda\end{vmatrix}=(\lambda^2-1)^2=0,$$

所以 $\boldsymbol{A}$ 的特征值为 $\lambda_1=\lambda_2=1,\lambda_3=\lambda_4=-1$.

对应于 $\lambda_1=\lambda_2=1$,有

$$\boldsymbol{A}-\boldsymbol{E}=\begin{pmatrix}-1 & 0 & 0 & 1\\ 0 & -1 & 1 & 0\\ 0 & 1 & -1 & 0\\ 1 & 0 & 0 & -1\end{pmatrix}\xrightarrow{r}\begin{pmatrix}1 & 0 & 0 & -1\\ 0 & 1 & -1 & 0\\ 0 & 0 & 0 & 0\\ 0 & 0 & 0 & 0\end{pmatrix},$$

可得对应于 λ_1 与 λ_2 的特征向量为

$$\boldsymbol{p}_1=(0,1,1,0)^{\mathrm{T}},\quad \boldsymbol{p}_2=(1,0,0,1)^{\mathrm{T}}.$$

对应于 $\lambda_3=\lambda_4=-1$，有

$$\boldsymbol{A}+\boldsymbol{E}=\begin{pmatrix}1&0&0&1\\0&1&1&0\\0&1&1&0\\1&0&0&1\end{pmatrix}\xrightarrow{r}\begin{pmatrix}1&0&0&1\\0&1&1&0\\0&0&0&0\\0&0&0&0\end{pmatrix},$$

可得对应于 λ_3 与 λ_4 的特征向量为

$$\boldsymbol{p}_3=(0,-1,1,0)^{\mathrm{T}},\quad \boldsymbol{p}_4=(-1,0,0,1)^{\mathrm{T}}.$$

7. 设 λ 是 n 阶可逆矩阵 $\boldsymbol{A}$ 的特征值，证明：$\dfrac{1}{\lambda}|\boldsymbol{A}|$ 是 $\boldsymbol{A}^*$ 的特征值.

证 由题意可知，存在 n 维非零列向量 $\boldsymbol{\alpha}$，使得 $\boldsymbol{A\alpha}=\lambda\boldsymbol{\alpha}$，从而

$$\boldsymbol{\alpha}=\lambda\boldsymbol{A}^{-1}\boldsymbol{\alpha},\quad 即\quad \boldsymbol{\alpha}=\lambda\frac{1}{|\boldsymbol{A}|}\boldsymbol{A}^*\boldsymbol{\alpha}.$$

因 $\boldsymbol{\alpha}\neq\boldsymbol{0}$，可知 $\lambda\neq 0$，故

$$\boldsymbol{A}^*\boldsymbol{\alpha}=\frac{|\boldsymbol{A}|}{\lambda}\boldsymbol{\alpha},$$

于是 $\dfrac{|\boldsymbol{A}|}{\lambda}$ 是 $\boldsymbol{A}^*$ 的特征值.

8. 设 n 阶方阵 $\boldsymbol{A},\boldsymbol{B}$ 满足 $R(\boldsymbol{A})+R(\boldsymbol{B})<n$，证明：$\boldsymbol{A}$ 与 $\boldsymbol{B}$ 有公共的特征值与特征向量.

证 由 $R(\boldsymbol{A})+R(\boldsymbol{B})<n$，可知

$$R(\boldsymbol{A})<n,\quad R(\boldsymbol{B})<n,$$

则有 $|\boldsymbol{A}|=|\boldsymbol{B}|=0$，故 $\lambda=0$ 为 $\boldsymbol{A},\boldsymbol{B}$ 的公共特征值.

考察方程组

$$\begin{cases}\boldsymbol{Ax}=\boldsymbol{0},\\\boldsymbol{Bx}=\boldsymbol{0},\end{cases}$$

则有

$$R\begin{pmatrix}\boldsymbol{A}\\\cdots\\\boldsymbol{B}\end{pmatrix}\leqslant R(\boldsymbol{A})+R(\boldsymbol{B})<n.$$

由齐次线性方程组有解的判定定理可知，该方程组有非零解 $\boldsymbol{\xi}$，易得 $\boldsymbol{A\xi}=\boldsymbol{0},\boldsymbol{B\xi}=\boldsymbol{0}$. 故存在 $\boldsymbol{\xi}$ 是 $\boldsymbol{A},\boldsymbol{B}$ 的公共特征值 $\lambda=0$ 的公共特征向量.

9. 已知 $\boldsymbol{p}=(1,1,-1)^{\mathrm{T}}$ 是矩阵 $\boldsymbol{A}=\begin{pmatrix}2&-1&2\\5&a&3\\-1&b&-2\end{pmatrix}$ 的一个特征向量，试确定参数 a,b 的值及特征向量 $\boldsymbol{p}$ 所对应的特征值.

解 由题设可得

$$\begin{pmatrix}2&-1&2\\5&a&3\\-1&b&-2\end{pmatrix}\boldsymbol{p}=\lambda\boldsymbol{p},\quad 即\quad \begin{pmatrix}2&-1&2\\5&a&3\\-1&b&-2\end{pmatrix}\begin{pmatrix}1\\1\\-1\end{pmatrix}=\lambda\begin{pmatrix}1\\1\\-1\end{pmatrix},$$

故有

$$\begin{cases}\lambda=-1,\\ \lambda=a+2,\\ -\lambda=b+1,\end{cases}$$

解得 $\lambda=-1, a=-3, b=0$.

10. 设三阶方阵 $\boldsymbol{A}$ 的特征值为 $\lambda_1=1,\lambda_2=0,\lambda_3=-1$，对应于 $\lambda_1,\lambda_2,\lambda_3$ 的特征向量依次为 $\boldsymbol{p}_1=(1,2,2)^{\mathrm{T}},\boldsymbol{p}_2=(2,-2,1)^{\mathrm{T}},\boldsymbol{p}_3=(-2,-1,2)^{\mathrm{T}}$，求 $\boldsymbol{A}$.

解　由定义，有 $\boldsymbol{A}\boldsymbol{p}_1=\lambda_1\boldsymbol{p}_1,\boldsymbol{A}\boldsymbol{p}_2=\lambda_2\boldsymbol{p}_2,\boldsymbol{A}\boldsymbol{p}_3=\lambda_3\boldsymbol{p}_3$，从而

$$\boldsymbol{A}(\boldsymbol{p}_1,\boldsymbol{p}_2,\boldsymbol{p}_3)=(\boldsymbol{A}\boldsymbol{p}_1,\boldsymbol{A}\boldsymbol{p}_2,\boldsymbol{A}\boldsymbol{p}_3)=(\lambda_1\boldsymbol{p}_1,\lambda_2\boldsymbol{p}_2,\lambda_3\boldsymbol{p}_3),$$

即有

$$\boldsymbol{A}\begin{pmatrix}1&2&-2\\2&-2&-1\\2&1&2\end{pmatrix}=\begin{pmatrix}1&0&2\\2&0&1\\2&0&-2\end{pmatrix},$$

故

$$\boldsymbol{A}=\begin{pmatrix}1&0&2\\2&0&1\\2&0&-2\end{pmatrix}\begin{pmatrix}1&2&-2\\2&-2&-1\\2&1&2\end{pmatrix}^{-1}=\frac{1}{3}\begin{pmatrix}-1&0&2\\0&1&2\\2&2&0\end{pmatrix}.$$

11. 试求一个正交矩阵，将下列实对称矩阵化为对角矩阵：

(1) $\begin{pmatrix}4&0&0\\0&3&1\\0&1&3\end{pmatrix}$；　　(2) $\begin{pmatrix}2&-2&0\\-2&1&-2\\0&-2&0\end{pmatrix}$.

解(1) 将题干矩阵记为 $\boldsymbol{A}$. 因为

$$|\boldsymbol{A}-\lambda\boldsymbol{E}|=\begin{vmatrix}4-\lambda&0&0\\0&3-\lambda&1\\0&1&3-\lambda\end{vmatrix}=(\lambda-4)^2(2-\lambda)=0,$$

所以 $\boldsymbol{A}$ 的特征值为 $\lambda_1=\lambda_2=4,\lambda_3=2$.

对应于 $\lambda_1=\lambda_2=4$，有

$$\boldsymbol{A}-4\boldsymbol{E}=\begin{pmatrix}0&0&0\\0&-1&1\\0&1&-1\end{pmatrix}\xrightarrow{r}\begin{pmatrix}0&1&-1\\0&0&0\\0&0&0\end{pmatrix},$$

可得对应于 λ_1 与 λ_2 的特征向量为 $\boldsymbol{\xi}_1=(1,0,0)^{\mathrm{T}},\boldsymbol{\xi}_2=(0,1,1)^{\mathrm{T}}$，且 $\boldsymbol{\xi}_1,\boldsymbol{\xi}_2$ 正交. 单位化得

$$\boldsymbol{e}_1=(1,0,0)^{\mathrm{T}},\quad \boldsymbol{e}_2=\frac{1}{\sqrt{2}}(0,1,1)^{\mathrm{T}}.$$

对应于 $\lambda_3=2$，有

$$\boldsymbol{A}-2\boldsymbol{E}=\begin{pmatrix}2&0&0\\0&1&1\\0&1&1\end{pmatrix}\xrightarrow{r}\begin{pmatrix}1&0&0\\0&1&1\\0&0&0\end{pmatrix},$$

可得对应于 λ_3 的特征向量为 $\boldsymbol{\xi}_3=(0,-1,1)^{\mathrm{T}}$，单位化得

$$e_3=\frac{1}{\sqrt{2}}(0,-1,1)^{\mathrm{T}}.$$

于是,取正交矩阵

$$P=(e_1,e_2,e_3)=\begin{pmatrix}1&0&0\\0&\frac{1}{\sqrt{2}}&-\frac{1}{\sqrt{2}}\\0&\frac{1}{\sqrt{2}}&\frac{1}{\sqrt{2}}\end{pmatrix},$$

则有

$$P^{-1}AP=P^{\mathrm{T}}AP=\begin{pmatrix}4&&\\&4&\\&&2\end{pmatrix}.$$

(2) 将题干矩阵记为 A. 因为

$$|A-\lambda E|=\begin{vmatrix}2-\lambda&-2&0\\-2&1-\lambda&-2\\0&-2&-\lambda\end{vmatrix}=(1-\lambda)(\lambda-4)(\lambda+2)=0,$$

所以 A 的特征值为 $\lambda_1=1,\lambda_2=4,\lambda_3=-2$.

对应于 $\lambda_1=1$,有

$$A-E=\begin{pmatrix}1&-2&0\\-2&0&-2\\0&-2&-1\end{pmatrix}\xrightarrow{r}\begin{pmatrix}1&0&1\\0&1&\frac{1}{2}\\0&0&0\end{pmatrix},$$

可得对应于 λ_1 的特征向量为 $\xi_1=(2,1,-2)^{\mathrm{T}}$,单位化得

$$e_1=\frac{1}{3}(2,1,-2)^{\mathrm{T}}.$$

对应于 $\lambda_2=4$,有

$$A-4E=\begin{pmatrix}-2&-2&0\\-2&-3&-2\\0&-2&-4\end{pmatrix}\xrightarrow{r}\begin{pmatrix}1&0&-2\\0&1&2\\0&0&0\end{pmatrix},$$

可得对应于 λ_2 的特征向量为 $\xi_2=(2,-2,1)^{\mathrm{T}}$,单位化得

$$e_2=\frac{1}{3}(2,-2,1)^{\mathrm{T}}.$$

对应于 $\lambda_3=-2$,有

$$A+2E=\begin{pmatrix}4&-2&0\\-2&3&-2\\0&-2&2\end{pmatrix}\xrightarrow{r}\begin{pmatrix}1&0&-\frac{1}{2}\\0&1&-1\\0&0&0\end{pmatrix},$$

可得对应于 λ_3 的特征向量为 $\xi_3=(1,2,2)^{\mathrm{T}}$,单位化得

$$e_3=\frac{1}{3}(1,2,2)^{\mathrm{T}}.$$

于是,取正交矩阵

$$\boldsymbol{P}=(\boldsymbol{e}_1,\boldsymbol{e}_2,\boldsymbol{e}_3)=\frac{1}{3}\begin{pmatrix}2&2&1\\1&-2&2\\-2&1&2\end{pmatrix},$$

则有

$$\boldsymbol{P}^{-1}\boldsymbol{AP}=\boldsymbol{P}^{\mathrm{T}}\boldsymbol{AP}=\begin{pmatrix}1&&\\&4&\\&&-2\end{pmatrix}.$$

12. 设矩阵 $\boldsymbol{A}=\begin{pmatrix}1&-2&4\\-2&x&-2\\4&-2&1\end{pmatrix}$ 与 $\boldsymbol{B}=\begin{pmatrix}5&0&0\\0&y&0\\0&0&-4\end{pmatrix}$ 相似,求 x,y 的值.

解 由相似矩阵的性质可知,

$$1+x+1=5+y+(-4),\quad 且\quad |\boldsymbol{A}|=|\boldsymbol{B}|,$$

化简得方程组

$$\begin{cases}x-y=-1,\\15x-20y=24,\end{cases}$$

解得

$$\begin{cases}x=-\dfrac{44}{5},\\[2ex]y=-\dfrac{39}{5}.\end{cases}$$

13. 设矩阵 $\boldsymbol{A}=\begin{pmatrix}3&-2\\-2&3\end{pmatrix}$,求 $f(\boldsymbol{A})=\boldsymbol{A}^{10}-5\boldsymbol{A}^{9}$.

解 因为

$$|\boldsymbol{A}-\lambda\boldsymbol{E}|=\begin{vmatrix}3-\lambda&-2\\-2&3-\lambda\end{vmatrix}=(\lambda-1)(\lambda-5)=0,$$

所以 $\boldsymbol{A}$ 的特征值为 $\lambda_1=1,\lambda_2=5$.

对应于 $\lambda_1=1$,有

$$\boldsymbol{A}-\boldsymbol{E}=\begin{pmatrix}2&-2\\-2&2\end{pmatrix}\xrightarrow{r}\begin{pmatrix}1&-1\\0&0\end{pmatrix},$$

可得对应于 λ_1 的特征向量为 $\boldsymbol{\xi}_1=(1,1)^{\mathrm{T}}$,单位化得

$$\boldsymbol{e}_1=\frac{1}{\sqrt{2}}(1,1)^{\mathrm{T}}.$$

对应于 $\lambda_2=5$,有

$$\boldsymbol{A}-5\boldsymbol{E}=\begin{pmatrix}-2&-2\\-2&-2\end{pmatrix}\xrightarrow{r}\begin{pmatrix}1&1\\0&0\end{pmatrix},$$

可得对应于 λ_2 的特征向量为 $\boldsymbol{\xi}_2=(1,-1)^{\mathrm{T}}$,单位化得

$$\boldsymbol{e}_2=\frac{1}{\sqrt{2}}(1,-1)^{\mathrm{T}}.$$

于是，取正交矩阵

$$\boldsymbol{P}=(\boldsymbol{e}_1,\boldsymbol{e}_2)=\frac{1}{\sqrt{2}}\begin{pmatrix}1&1\\1&-1\end{pmatrix},$$

则

$$\boldsymbol{A}=\boldsymbol{P\Lambda P}^{\mathrm{T}},$$

其中 $\boldsymbol{\Lambda}=\begin{pmatrix}1&\\&5\end{pmatrix}$. 故

$$\begin{aligned}f(\boldsymbol{A})=\boldsymbol{P}f(\boldsymbol{\Lambda})\boldsymbol{P}^{\mathrm{T}}&=\frac{1}{2}\begin{pmatrix}1&1\\1&-1\end{pmatrix}\begin{pmatrix}f(1)&0\\0&f(5)\end{pmatrix}\begin{pmatrix}1&1\\1&-1\end{pmatrix}\\&=\frac{1}{2}\begin{pmatrix}1&1\\1&-1\end{pmatrix}\begin{pmatrix}-4&0\\0&0\end{pmatrix}\begin{pmatrix}1&1\\1&-1\end{pmatrix}=-2\begin{pmatrix}1&1\\1&1\end{pmatrix}.\end{aligned}$$

14. 设 $-\frac{1}{2}$ 是矩阵 $\boldsymbol{A}$ 的一个特征值，且 $|\boldsymbol{A}|=2$，求 $\boldsymbol{A}^*-\boldsymbol{E}$ 的一个特征值.

解 因为矩阵 $\boldsymbol{A}$ 的一个特征值为 $\lambda=-\frac{1}{2}$，且 $|\boldsymbol{A}|=2$，所以 $\boldsymbol{A}^*$ 的一个特征值为

$$\lambda_0=\frac{|\boldsymbol{A}|}{\lambda}=-4,$$

故 $\boldsymbol{A}^*-\boldsymbol{E}$ 的一个特征值为 $\lambda_0-1=-4-1=-5$.

15. 设 $1,-2,-\frac{3}{2}$ 是三阶方阵 $\boldsymbol{A}$ 的特征值，求 $|2\boldsymbol{A}^*-3\boldsymbol{E}|$.

解 因为 $1,-2,-\frac{3}{2}$ 是三阶方阵 $\boldsymbol{A}$ 的特征值，所以

$$|\boldsymbol{A}|=1\times(-2)\times\left(-\frac{3}{2}\right)=3,$$

根据伴随矩阵的性质得到 $\boldsymbol{A}^*$ 的特征值为 $3,-\frac{3}{2}$ 和 -2.

设 $f(x)=2x-3$，则 $f(\boldsymbol{A}^*)=2\boldsymbol{A}^*-3\boldsymbol{E}$ 的特征值为

$$f(3)=2\times3-3=3,$$

$$f\left(-\frac{3}{2}\right)=2\times\left(-\frac{3}{2}\right)-3=-6,$$

$$f(-2)=2\times(-2)-3=-7,$$

故

$$|2\boldsymbol{A}^*-3\boldsymbol{E}|=3\times(-6)\times(-7)=126.$$

16. 已知三阶实对称矩阵 $\boldsymbol{A}$ 的一个特征值 $\lambda=2$，对应于 λ 的特征向量为 $\boldsymbol{\alpha}=(1,2,-1)^{\mathrm{T}}$，且 $\boldsymbol{A}$ 的主对角线上元素全为零，求 $\boldsymbol{A}$.

解 设 $\boldsymbol{A}=\begin{pmatrix}0&a&b\\a&0&c\\b&c&0\end{pmatrix}$. 由 $\boldsymbol{A\alpha}=\lambda\boldsymbol{\alpha}$，得

$$\begin{cases}2a-b=2,\\a-c=4,\\b+2c=-2,\end{cases}$$

解得 $a=2,b=2,c=-2$. 故

$$A=\begin{pmatrix}0 & 2 & 2\\ 2 & 0 & -2\\ 2 & -2 & 0\end{pmatrix}.$$

17. 设 $\boldsymbol{A}$ 为 n 阶方阵,证明:$\boldsymbol{A}^{\mathrm{T}}$ 与 $\boldsymbol{A}$ 的特征值相同.

证　因为

$$(\boldsymbol{A}-\lambda\boldsymbol{E})^{\mathrm{T}}=\boldsymbol{A}^{\mathrm{T}}-\lambda\boldsymbol{E},\quad |(\boldsymbol{A}-\lambda\boldsymbol{E})^{\mathrm{T}}|=|\boldsymbol{A}-\lambda\boldsymbol{E}|,$$

所以

$$|\boldsymbol{A}^{\mathrm{T}}-\lambda\boldsymbol{E}|=|\boldsymbol{A}-\lambda\boldsymbol{E}|,$$

即 $\boldsymbol{A}^{\mathrm{T}}$ 与 $\boldsymbol{A}$ 的特征多项式相同,故 $\boldsymbol{A}^{\mathrm{T}}$ 与 $\boldsymbol{A}$ 的特征值相同.

18. 设 $\boldsymbol{A}$ 为正交矩阵,且 $|\boldsymbol{A}|=-1$,证明:$\lambda=-1$ 是 $\boldsymbol{A}$ 的特征值.

证　因为 $\boldsymbol{A}$ 为正交矩阵,则 $\boldsymbol{A}^{\mathrm{T}}\boldsymbol{A}=\boldsymbol{E}$,所以有

$$\begin{aligned}|\boldsymbol{A}+\boldsymbol{E}|&=|\boldsymbol{A}+\boldsymbol{A}^{\mathrm{T}}\boldsymbol{A}|=|\boldsymbol{A}|\,|\boldsymbol{E}+\boldsymbol{A}^{\mathrm{T}}|\\&=-|\boldsymbol{A}^{\mathrm{T}}+\boldsymbol{E}|=-|(\boldsymbol{A}+\boldsymbol{E})^{\mathrm{T}}|\\&=-|\boldsymbol{A}+\boldsymbol{E}|,\end{aligned}$$

即

$$|\boldsymbol{A}+\boldsymbol{E}|=0.$$

由此可知,$\lambda=-1$ 是 $\boldsymbol{A}$ 的特征值.

第六章

二　次　型

本章要点

❖ **二次型的概念**　含有 n 个变量 $x_1,x_2,\cdots,x_n$ 的二次齐次多项式 $f(x_1,x_2,\cdots,x_n)=a_{11}x_1^2+2a_{12}x_1x_2+2a_{13}x_1x_3+\cdots+2a_{1n}x_1x_n+a_{22}x_2^2+2a_{23}x_2x_3+\cdots+2a_{2n}x_2x_n+\cdots+a_{nn}x_n^2$ 称为二次型. a_{ij} 为实数的二次型称为实二次型.

二次型可表示为矩阵形式：

$$f(x_1,x_2,\cdots,x_n)=(x_1,x_2,\cdots,x_n)\begin{pmatrix} a_{11} & a_{12} & \cdots & a_{1n} \\ a_{21} & a_{22} & \cdots & a_{2n} \\ \vdots & \vdots & & \vdots \\ a_{n1} & a_{n2} & \cdots & a_{nn} \end{pmatrix}\begin{pmatrix} x_1 \\ x_2 \\ \vdots \\ x_n \end{pmatrix}=\boldsymbol{x}^{\mathrm{T}}\boldsymbol{A}\boldsymbol{x},$$

其中 $\boldsymbol{A}=\begin{pmatrix} a_{11} & a_{12} & \cdots & a_{1n} \\ a_{21} & a_{22} & \cdots & a_{2n} \\ \vdots & \vdots & & \vdots \\ a_{n1} & a_{n2} & \cdots & a_{nn} \end{pmatrix}$ 是一个对称矩阵，$\boldsymbol{x}=\begin{pmatrix} x_1 \\ x_2 \\ \vdots \\ x_n \end{pmatrix}$.

二次型与对称矩阵之间存在一一对应关系.

❖ **合同矩阵的概念**　设 $\boldsymbol{A}$ 和 $\boldsymbol{B}$ 是 n 阶方阵. 若有可逆矩阵 $\boldsymbol{C}$，使得 $\boldsymbol{B}=\boldsymbol{C}^{\mathrm{T}}\boldsymbol{A}\boldsymbol{C}$，则称矩阵 $\boldsymbol{A}$ 与 $\boldsymbol{B}$ 合同.

若 $\boldsymbol{A}$ 为对称矩阵，则 $\boldsymbol{B}=\boldsymbol{C}^{\mathrm{T}}\boldsymbol{A}\boldsymbol{C}$ 也为对称矩阵，且 $R(\boldsymbol{A})=R(\boldsymbol{B})$.

经可逆变换 $\boldsymbol{x}=\boldsymbol{C}\boldsymbol{y}$ 后，二次型 f 的矩阵由 $\boldsymbol{A}$ 变为与 $\boldsymbol{A}$ 合同的矩阵 $\boldsymbol{C}^{\mathrm{T}}\boldsymbol{A}\boldsymbol{C}$，但二次型的秩不变.

❖ **二次型的标准形**　若二次型 $f(x_1,x_2,\cdots,x_n)=\boldsymbol{x}^{\mathrm{T}}\boldsymbol{A}\boldsymbol{x}$ 经可逆线性变换 $\boldsymbol{x}=\boldsymbol{C}\boldsymbol{y}$，使得二次型只含平方项 $f=\lambda_1y_1^2+\lambda_2y_2^2+\cdots+\lambda_ny_n^2$，即

$$f=\boldsymbol{x}^{\mathrm{T}}\boldsymbol{A}\boldsymbol{x}=\boldsymbol{y}^{\mathrm{T}}\boldsymbol{\Lambda}\boldsymbol{y}=(y_1,y_2,\cdots,y_n)\begin{pmatrix} \lambda_1 & & & \\ & \lambda_2 & & \\ & & \ddots & \\ & & & \lambda_n \end{pmatrix}\begin{pmatrix} y_1 \\ y_2 \\ \vdots \\ y_n \end{pmatrix},$$

则称这种只含平方项的二次型为二次型的标准形.

❖ **化二次型为标准形**　化二次型为标准形是本章的重点内容之一，一般采用两种方法：正交变换法和配方法.

❖ **惯性定理与规范形**　设二次型 $f=\boldsymbol{x}^{\mathrm{T}}\boldsymbol{A}\boldsymbol{x}$ 的秩为 r，有两个可逆线性变换 $\boldsymbol{x}=\boldsymbol{C}\boldsymbol{y}$ 及 $\boldsymbol{x}=\boldsymbol{P}\boldsymbol{z}$，使 $f=k_1y_1^2+k_2y_2^2+\cdots+k_ry_r^2(k_i\neq 0,i=1,2,\cdots,r)$，$f=\lambda_1z_1^2+\lambda_2z_2^2+\cdots+\lambda_rz_r^2$ $(\lambda_i\neq 0,i=1,2,\cdots,r)$，则 $k_1,k_2,\cdots,k_r$ 中正数的个数与 $\lambda_1,\lambda_2,\cdots,\lambda_r$ 中正数的个数相等.

在二次型 f 的标准形中，正系数的个数称为二次型的正惯性指数，负系数的个数称为二次型的负惯性指数. 若二次型 f 的正惯性指数为 p，秩为 r，则 f 的标准形可写成

$$f=\lambda_1y_1^2+\lambda_2y_2^2+\cdots+\lambda_py_p^2-\lambda_{p+1}y_{p+1}^2-\cdots-\lambda_ry_r^2,$$

其中 $\lambda_i>0(i=1,2,\cdots,r)$，$\lambda_{r+1}=\lambda_{r+2}=\cdots=\lambda_n=0$.

若令 $y_i=\dfrac{1}{\sqrt{\lambda_i}}z_i\ (i=1,2,\cdots,r)$，$y_j=z_j(j=r+1,r+2,\cdots,n)$，则有

$$f=z_1^2+z_2^2+\cdots+z_p^2-z_{p+1}^2-\cdots-z_r^2,$$

称该式为二次型 f 的规范形，其平方项的系数只是 1,0 和 -1. 任一实二次型的规范形是唯一的.

❖ **二次型的正定性**　设有二次型 $f(\boldsymbol{x})=\boldsymbol{x}^{\mathrm{T}}\boldsymbol{A}\boldsymbol{x}$. 若对于任何 $\boldsymbol{x}\neq\boldsymbol{0}$，都有 $f(\boldsymbol{x})>0$，则称 f 为正定二次型，并称对称矩阵 $\boldsymbol{A}$ 是正定的；若对于任何 $\boldsymbol{x}\neq\boldsymbol{0}$，都有 $f(\boldsymbol{x})<0$，则称 f 为负定二次型，并称对称矩阵 $\boldsymbol{A}$ 是负定的.

二次型 $f(\boldsymbol{x})=\boldsymbol{x}^{\mathrm{T}}\boldsymbol{A}\boldsymbol{x}$ 正定的充要条件是它的标准形中的 n 个系数全为正，即其正惯性指数等于 n.

❖ **赫尔维茨定理**　对称矩阵 $\boldsymbol{A}$ 正定的充要条件是 $\boldsymbol{A}$ 的各阶顺序主子式都为正，即

$$\Delta_1=a_{11}>0,\quad \Delta_2=\begin{vmatrix}a_{11}&a_{12}\\a_{21}&a_{22}\end{vmatrix}>0,\quad\cdots,\quad \Delta_n=\begin{vmatrix}a_{11}&a_{12}&\cdots&a_{1n}\\a_{21}&a_{22}&\cdots&a_{2n}\\\vdots&\vdots&&\vdots\\a_{n1}&a_{n2}&\cdots&a_{nn}\end{vmatrix}>0;$$

对称矩阵 $\boldsymbol{A}$ 负定的充要条件是奇数阶顺序主子式为负，而偶数阶顺序主子式为正，即

$$(-1)^r\begin{vmatrix}a_{11}&a_{12}&\cdots&a_{1r}\\a_{21}&a_{22}&\cdots&a_{2r}\\\vdots&\vdots&&\vdots\\a_{r1}&a_{r2}&\cdots&a_{rr}\end{vmatrix}>0\quad(r=1,2,\cdots,n).$$

§6.1　二次型及其矩阵表示

基本要求

(1) 掌握二次型的基本概念及其矩阵表示法.

(2) 理解线性变换的概念.

(3) 理解合同矩阵的概念及其性质.

内容简述

1. 二次型的概念

含有 n 个变量 $x_1,x_2,\cdots,x_n$ 的二次齐次多项式

$$\begin{aligned} f(x_1,x_2,\cdots,x_n)=&a_{11}x_1^2+2a_{12}x_1x_2+2a_{13}x_1x_3+\cdots+2a_{1n}x_1x_n\\ &+a_{22}x_2^2+2a_{23}x_2x_3+\cdots+2a_{2n}x_2x_n\\ &+\cdots\\ &+a_{nn}x_n^2 \end{aligned}$$

称为二次型.

若取 $a_{ij}=a_{ji}(i,j=1,2,\cdots,n)$，则二次型 f 可简记作

$$f(x_1,x_2,\cdots,x_n)=\sum_{i=1}^{n}\sum_{j=1}^{n}a_{ij}x_ix_j.$$

a_{ij} 为实数的二次型称为实二次型.

二次型可表示为矩阵形式：

$$f(x_1,x_2,\cdots,x_n)=(x_1,x_2,\cdots,x_n)\begin{pmatrix} a_{11} & a_{12} & \cdots & a_{1n}\\ a_{21} & a_{22} & \cdots & a_{2n}\\ \vdots & \vdots & & \vdots\\ a_{n1} & a_{n2} & \cdots & a_{nn} \end{pmatrix}\begin{pmatrix} x_1\\ x_2\\ \vdots\\ x_n \end{pmatrix}=\boldsymbol{x}^{\mathrm{T}}\boldsymbol{A}\boldsymbol{x},$$

其中

$$\boldsymbol{A}=\begin{pmatrix} a_{11} & a_{12} & \cdots & a_{1n}\\ a_{21} & a_{22} & \cdots & a_{2n}\\ \vdots & \vdots & & \vdots\\ a_{n1} & a_{n2} & \cdots & a_{nn} \end{pmatrix},\quad \boldsymbol{x}=\begin{pmatrix} x_1\\ x_2\\ \vdots\\ x_n \end{pmatrix}.$$

二次型与对称矩阵之间存在一一对应关系. 对称矩阵 $\boldsymbol{A}$ 叫作二次型 f 的矩阵，也把二次型 f 叫作对称矩阵 $\boldsymbol{A}$ 的二次型. 对称矩阵 $\boldsymbol{A}$ 的秩也叫作二次型 f 的秩，可记作 $R(f)$ 或 $R(\boldsymbol{A})$.

2. 线性变换

关系式

$$\begin{cases} x_1=c_{11}y_1+c_{12}y_2+\cdots+c_{1n}y_n,\\ x_2=c_{21}y_1+c_{22}y_2+\cdots+c_{2n}y_n,\\ \quad\cdots\cdots\\ x_n=c_{n1}y_1+c_{n2}y_2+\cdots+c_{nn}y_n \end{cases}$$

称为由变量 $y_1,y_2,\cdots,y_n$ 到 $x_1,x_2,\cdots,x_n$ 的线性变换. 上式可写成矩阵形式

$$\boldsymbol{x}=\boldsymbol{C}\boldsymbol{y},$$

其中

$$\boldsymbol{x}=\begin{pmatrix}x_1\\x_2\\\vdots\\x_n\end{pmatrix},\quad \boldsymbol{C}=\begin{pmatrix}c_{11}&c_{12}&\cdots&c_{1n}\\c_{21}&c_{22}&\cdots&c_{2n}\\\vdots&\vdots&&\vdots\\c_{n1}&c_{n2}&\cdots&c_{nn}\end{pmatrix},\quad \boldsymbol{y}=\begin{pmatrix}y_1\\y_2\\\vdots\\y_n\end{pmatrix},$$

并称矩阵 $\boldsymbol{C}$ 为线性变换矩阵. 当 $\boldsymbol{C}$ 可逆时，称该线性变换为可逆线性变换.

3. 合同矩阵

设 $\boldsymbol{A}$ 和 $\boldsymbol{B}$ 是 n 阶方阵. 若存在可逆矩阵 $\boldsymbol{C}$，使得 $\boldsymbol{B}=\boldsymbol{C}^{\mathrm{T}}\boldsymbol{A}\boldsymbol{C}$，则称矩阵 $\boldsymbol{A}$ 与 $\boldsymbol{B}$ 合同.

若 $\boldsymbol{A}$ 为对称矩阵，则 $\boldsymbol{B}=\boldsymbol{C}^{\mathrm{T}}\boldsymbol{A}\boldsymbol{C}$ 也为对称矩阵，且 $R(\boldsymbol{A})=R(\boldsymbol{B})$.

经可逆线性变换 $\boldsymbol{x}=\boldsymbol{C}\boldsymbol{y}$ 后，二次型 f 的矩阵由 $\boldsymbol{A}$ 变为与 $\boldsymbol{A}$ 合同的矩阵 $\boldsymbol{C}^{\mathrm{T}}\boldsymbol{A}\boldsymbol{C}$，但二次型的秩不变.

合同关系也是一种等价关系，即满足自反性、对称性和传递性.

疑难评注

(1) 二次型与对称矩阵之间存在一一对应关系，需要注意的是对于任意的 n 阶方阵 $\boldsymbol{A}$，$\boldsymbol{x}^{\mathrm{T}}\boldsymbol{A}\boldsymbol{x}$ 均为 n 元二次型，但 $\boldsymbol{A}$ 未必是对称矩阵，即 $\boldsymbol{A}$ 未必是二次型的矩阵.

例如，设矩阵 $\boldsymbol{A}=\begin{pmatrix}1&2&1\\2&1&3\\3&2&1\end{pmatrix}$，$\boldsymbol{x}=\begin{pmatrix}x_1\\x_2\\x_3\end{pmatrix}$，则

$$\begin{aligned}f(x_1,x_2,x_3)=\boldsymbol{x}^{\mathrm{T}}\boldsymbol{A}\boldsymbol{x}&=(x_1,x_2,x_3)\begin{pmatrix}1&2&1\\2&1&3\\3&2&1\end{pmatrix}\begin{pmatrix}x_1\\x_2\\x_3\end{pmatrix}\\&=x_1^2+x_2^2+x_3^2+4x_1x_2+4x_1x_3+5x_2x_3.\end{aligned}$$

这里，二次型 $f(x_1,x_2,x_3)$ 的矩阵为 $\begin{pmatrix}1&2&2\\2&1&\frac{5}{2}\\2&\frac{5}{2}&1\end{pmatrix}$，而不是 $\begin{pmatrix}1&2&1\\2&1&3\\3&2&1\end{pmatrix}$.

(2) 矩阵 $\boldsymbol{A}$ 与 $\boldsymbol{B}$ 合同，是指存在一个可逆矩阵 $\boldsymbol{P}$，使得 $\boldsymbol{B}=\boldsymbol{P}^{\mathrm{T}}\boldsymbol{A}\boldsymbol{P}$，这里 $\boldsymbol{A},\boldsymbol{B}$ 必须是同阶方阵. 矩阵 $\boldsymbol{A}$ 与 $\boldsymbol{B}$ 相似，是指存在一个可逆矩阵 $\boldsymbol{P}$，使得 $\boldsymbol{B}=\boldsymbol{P}^{-1}\boldsymbol{A}\boldsymbol{P}$，这里 $\boldsymbol{A},\boldsymbol{B}$ 也必须是同阶方阵. 矩阵 $\boldsymbol{A}$ 与 $\boldsymbol{B}$ 等价，是指存在可逆矩阵 $\boldsymbol{P}$ 和 $\boldsymbol{Q}$，使得 $\boldsymbol{B}=\boldsymbol{P}\boldsymbol{A}\boldsymbol{Q}$，即 $\boldsymbol{A}$ 能用初等变换变成 $\boldsymbol{B}$，这里 $\boldsymbol{A},\boldsymbol{B}$ 同型，但不必是方阵，$\boldsymbol{P},\boldsymbol{Q}$ 可以没有任何关系，也可以不同阶. 因此，若矩阵 $\boldsymbol{A}$ 与 $\boldsymbol{B}$ 合同或相似，则它们必等价. 在 $\boldsymbol{A},\boldsymbol{B}$ 为对称矩阵的前提下，相似矩阵一定合同，但合同矩阵不一定相似.

例如，设有矩阵 $\boldsymbol{A}=\begin{pmatrix}1&0\\0&2\end{pmatrix}$，$\boldsymbol{B}=\begin{pmatrix}1&0\\0&4\end{pmatrix}$，因为 $R(\boldsymbol{A})=R(\boldsymbol{B})=2$，且 $\boldsymbol{A},\boldsymbol{B}$ 为同型矩阵，所

以 $\boldsymbol{A}$ 与 $\boldsymbol{B}$ 等价. 又因为矩阵 $\boldsymbol{A}$ 与 $\boldsymbol{B}$ 的特征值不同，所以 $\boldsymbol{A}$ 与 $\boldsymbol{B}$ 不相似. 再由 $\begin{pmatrix}1&\\&\sqrt{2}\end{pmatrix}^{\mathrm{T}}\begin{pmatrix}1&\\&2\end{pmatrix}\begin{pmatrix}1&\\&\sqrt{2}\end{pmatrix}=\begin{pmatrix}1&\\&4\end{pmatrix}$ 可知，$\boldsymbol{A}$ 与 $\boldsymbol{B}$ 合同.

例题精解

例 1 写出二次型 $f(x_1,x_2,x_3)=x_1^2+x_2^2-7x_3^2-2x_1x_2-4x_1x_3-4x_2x_3$ 的矩阵.

分析 首先将二次型 $f(x_1,x_2,x_3)$ 中的项 $2a_{ji}x_jx_i$ 改写成 $a_{ij}x_ix_j+a_{ji}x_jx_i$ 的形式，然后对照定义即可写出二次型的矩阵.

解 因为

$$f(x_1,x_2,x_3)=x_1^2-x_1x_2-2x_1x_3-x_2x_1+x_2^2-2x_2x_3-2x_3x_1-2x_3x_2-7x_3^2,$$

所以二次型 $f(x_1,x_2,x_3)$ 的矩阵为

$$\begin{pmatrix}1&-1&-2\\-1&1&-2\\-2&-2&-7\end{pmatrix}.$$

点评 计算二次型的矩阵 $\boldsymbol{A}$ 时，$\boldsymbol{A}$ 中的元素按下列规则取值：a_{ii} 取 x_i^2 的系数，$a_{ij}(i<j)$ 取 x_ix_j 系数的一半，二次型中不出现的元素项对应元素取 0.

例 2 已知二次型的矩阵 $\begin{pmatrix}1&3&0\\3&-2&-4\\0&-4&-1\end{pmatrix}$，求它相应的二次型的表达式.

分析 已知二次型的矩阵 $\boldsymbol{A}$，则它对应的二次型为 $\boldsymbol{x}^{\mathrm{T}}\boldsymbol{A}\boldsymbol{x}$.

解 设二次型由 x_1,x_2,x_3 表示，记 $\boldsymbol{x}=(x_1,x_2,x_3)^{\mathrm{T}}$，则

$$\begin{aligned}f(x_1,x_2,x_3)=\boldsymbol{x}^{\mathrm{T}}\boldsymbol{A}\boldsymbol{x}&=(x_1,x_2,x_3)\begin{pmatrix}1&3&0\\3&-2&-4\\0&-4&-1\end{pmatrix}\begin{pmatrix}x_1\\x_2\\x_3\end{pmatrix}\\&=x_1^2-2x_2^2-x_3^2+6x_1x_2-8x_2x_3.\end{aligned}$$

点评 本题是例 1 的逆运算，不需要求三个矩阵的乘积，可由例 1 的方法直接写出.

例 3 设有对称矩阵 $\boldsymbol{A}=\begin{pmatrix}0&1&1\\1&2&1\\1&1&0\end{pmatrix}$，$\boldsymbol{B}=\begin{pmatrix}2&1&1\\1&0&1\\1&1&0\end{pmatrix}$，证明：矩阵 $\boldsymbol{A}$，$\boldsymbol{B}$ 合同.

分析 由于 $\boldsymbol{A}$，$\boldsymbol{B}$ 为对称矩阵，欲证明 $\boldsymbol{A}$，$\boldsymbol{B}$ 合同，可以用合同矩阵的定义，或证明 $\boldsymbol{A}$ 与 $\boldsymbol{B}$ 相似.

证 **方法 1** 求可逆矩阵 $\boldsymbol{C}$，使 $\boldsymbol{B}=\boldsymbol{C}^{\mathrm{T}}\boldsymbol{A}\boldsymbol{C}$. 观察 $\boldsymbol{A}$，$\boldsymbol{B}$ 发现，先对调 $\boldsymbol{A}$ 的第 1 列和第 2 列，再对换第 1 行和第 2 行得到 $\boldsymbol{B}$，由初等变换可知矩阵 $\boldsymbol{A}$ 左乘 $\boldsymbol{E}(1,2)$ 且右乘 $\boldsymbol{E}(1,2)$ 等于 $\boldsymbol{B}$，即 $\boldsymbol{E}(1,2)\boldsymbol{A}\boldsymbol{E}(1,2)=\boldsymbol{B}$，而 $\boldsymbol{E}(1,2)^{\mathrm{T}}=\boldsymbol{E}(1,2)$，故存在

$$\boldsymbol{C}=\boldsymbol{E}(1,2)=\begin{pmatrix}0&1&0\\1&0&0\\0&0&1\end{pmatrix}$$

使得 $C^{\mathrm{T}}AC=B$，即 A,B 合同.

方法 2　由

$$|A-\lambda E|=\begin{vmatrix} -\lambda & 1 & 1 \\ 1 & 2-\lambda & 1 \\ 1 & 1 & -\lambda \end{vmatrix}=\lambda(\lambda+1)(3-\lambda)=0,$$

可得 A 的特征值为 $0,-1,3$.

同理可得 B 的特征值也为 $0,-1,3$.

由此可知，矩阵 A,B 都相似于对角矩阵 $\begin{pmatrix} 0 & & \\ & -1 & \\ & & 3 \end{pmatrix}$，故 A 与 B 相似. 又因为 A,B 皆为对称矩阵，所以 A,B 合同.

点评　本题也可以用合同矩阵的传递性证明.

§6.2　化二次型为标准形

基本要求

(1) 理解二次型的标准形的概念.
(2) 掌握用正交变换法化二次型为标准形的方法.
(3) 掌握用配方法化二次型为标准形的方法.

内容简述

1. 二次型的标准形

若二次型 $f(x_1,x_2,\cdots,x_n)=x^{\mathrm{T}}Ax$ 经可逆线性变换 $x=Cy$ 后，可使二次型只含平方项

$$f=\lambda_1y_1^2+\lambda_2y_2^2+\cdots+\lambda_ny_n^2,$$

即

$$f=x^{\mathrm{T}}Ax=y^{\mathrm{T}}\Lambda y=(y_1,y_2,\cdots,y_n)\begin{pmatrix} \lambda_1 & & & \\ & \lambda_2 & & \\ & & \ddots & \\ & & & \lambda_n \end{pmatrix}\begin{pmatrix} y_1 \\ y_2 \\ \vdots \\ y_n \end{pmatrix}.$$

这种只含平方项的二次型，称为二次型的标准形.

2. 正交变换法化二次型为标准形

任给 n 元二次型 $f(x_1,x_2,\cdots,x_n)=\sum\limits_{i=1}^{n}\sum\limits_{j=1}^{n}a_{ij}x_ix_j\ (a_{ij}=a_{ji})$，总有正交变换 $x=Py$，使得 f 化为标准形

$$f=\lambda_1y_1^2+\lambda_2y_2^2+\cdots+\lambda_ny_n^2,$$

其中 $\lambda_1,\lambda_2,\cdots,\lambda_n$ 是 f 的矩阵 $\boldsymbol{A}=(a_{ij})$ 的特征值.

正交变换化二次型为标准形的主要任务，就是通过对称矩阵对角化的过程求出正交矩阵 $\boldsymbol{P}$.

3. 配方法化二次型为标准形

(1) 若二次型中含有 x_i 的平方项，则先把含有 x_i 的各项集中，按 x_i 配成完全平方，然后按此法对其他变量配方，直至都配成平方项.

(2) 若二次型中不含平方项，但有某个 $a_{ij}\neq 0$，则先做一个可逆线性变换

$$\begin{cases}x_i=y_i+y_j,\\ x_j=y_i-y_j, & (k\neq i,j),\\ x_k=y_k\end{cases}$$

使得二次型出现平方项，然后按照(1) 进行配方.

疑难评注

(1) 二次型的标准形不是唯一的. 事实上，一个二次型经可逆线性变换化为标准形时，如果所做的变换不同，那么所得的标准形也可能不同. 例如，二次型 $f(x_1,x_2,x_3)=x_1x_2+x_1x_3+x_2x_3$ 经可逆线性变换

$$\begin{pmatrix}x_1\\x_2\\x_3\end{pmatrix}=\begin{pmatrix}1&-1&-1\\1&1&-1\\0&0&1\end{pmatrix}\begin{pmatrix}y_1\\y_2\\y_3\end{pmatrix},$$

可化为

$$f=y_1^2-y_2^2-y_3^2.$$

但经可逆线性变换

$$\begin{pmatrix}x_1\\x_2\\x_3\end{pmatrix}=\begin{pmatrix}0&1&0\\3&-1&-2\\3&-1&2\end{pmatrix}\begin{pmatrix}z_1\\z_2\\z_3\end{pmatrix},$$

可化为

$$f=9z_1^2-z_2^2-4z_3^2.$$

(2) 用正交变换法化二次型为标准形，其正交变换也不是唯一的. 这是因为二次型的矩阵 $\boldsymbol{A}$ 是一个对称矩阵，必存在正交矩阵 $\boldsymbol{P}$ 使得 $\boldsymbol{P}^{-1}\boldsymbol{AP}=\boldsymbol{P}^{\mathrm{T}}\boldsymbol{AP}=\boldsymbol{\Lambda}$. 但可以看出属于特征值的特征向量不唯一，所以正交矩阵不唯一，从而正交变换也不唯一.

例题精解

例 1 利用正交变换法化下列二次型为标准形：

(1) $f(x_1,x_2,x_3)=2x_1^2-x_2^2-x_3^2+4x_1x_2-4x_1x_3+8x_2x_3$；

(2) $f(x_1,x_2,x_3)=2x_1x_2+2x_1x_3+2x_2x_3$.

分析 利用结论:对称矩阵$\boldsymbol{A}$必存在正交矩阵$\boldsymbol{P}$,使$\boldsymbol{P}^{-1}\boldsymbol{A}\boldsymbol{P}=\boldsymbol{P}^{\mathrm{T}}\boldsymbol{A}\boldsymbol{P}=\boldsymbol{\Lambda}$,求正交矩阵$\boldsymbol{P}$的过程与化对称矩阵为对角矩阵的步骤基本相同.

解 (1) 二次型f的矩阵为

$$\boldsymbol{A}=\begin{pmatrix}2&2&-2\\2&-1&4\\-2&4&-1\end{pmatrix},$$

则由

$$|\boldsymbol{A}-\lambda\boldsymbol{E}|=\begin{vmatrix}2-\lambda&2&-2\\2&-1-\lambda&4\\-2&4&-1-\lambda\end{vmatrix}=-(\lambda-3)^2(\lambda+6)=0,$$

可得$\boldsymbol{A}$的特征值为$\lambda_1=-6,\lambda_2=\lambda_3=3$.

对应于$\lambda_1=-6$,有

$$\boldsymbol{A}+6\boldsymbol{E}=\begin{pmatrix}8&2&-2\\2&5&4\\-2&4&5\end{pmatrix}\xrightarrow{r}\begin{pmatrix}1&0&-\dfrac{1}{2}\\0&1&1\\0&0&0\end{pmatrix},$$

可得对应于λ_1的特征向量为$\boldsymbol{\xi}_1=(1,-2,2)^{\mathrm{T}}$,单位化得

$$\boldsymbol{e}_1=\frac{1}{3}(1,-2,2)^{\mathrm{T}}.$$

对应于$\lambda_2=\lambda_3=3$,有

$$\boldsymbol{A}-3\boldsymbol{E}=\begin{pmatrix}-1&2&-2\\2&-4&4\\-2&4&-4\end{pmatrix}\xrightarrow{r}\begin{pmatrix}1&-2&2\\0&0&0\\0&0&0\end{pmatrix},$$

可得对应于λ_2与λ_3的特征向量为$\boldsymbol{\xi}_2=(2,1,0)^{\mathrm{T}},\boldsymbol{\xi}_3=(-2,0,1)^{\mathrm{T}}$.先正交化得

$$\boldsymbol{\beta}_2=\boldsymbol{\xi}_2=(2,1,0)^{\mathrm{T}},\quad \boldsymbol{\beta}_3=\boldsymbol{\xi}_3-\frac{[\boldsymbol{\beta}_2,\boldsymbol{\xi}_3]}{[\boldsymbol{\beta}_2,\boldsymbol{\beta}_2]}\boldsymbol{\beta}_2=\frac{1}{5}(-2,4,5)^{\mathrm{T}},$$

再单位化得

$$\boldsymbol{e}_2=\left(\frac{2}{\sqrt{5}},\frac{1}{\sqrt{5}},0\right)^{\mathrm{T}},\quad \boldsymbol{e}_3=\left(-\frac{2}{3\sqrt{5}},\frac{4}{3\sqrt{5}},\frac{5}{3\sqrt{5}}\right)^{\mathrm{T}}.$$

于是,取正交矩阵

$$\boldsymbol{P}=(\boldsymbol{e}_1,\boldsymbol{e}_2,\boldsymbol{e}_3)=\begin{pmatrix}\dfrac{1}{3}&\dfrac{2}{\sqrt{5}}&-\dfrac{2}{3\sqrt{5}}\\-\dfrac{2}{3}&\dfrac{1}{\sqrt{5}}&\dfrac{4}{3\sqrt{5}}\\\dfrac{2}{3}&0&\dfrac{5}{3\sqrt{5}}\end{pmatrix},$$

则有

$$\boldsymbol{P}^{-1}\boldsymbol{A}\boldsymbol{P}=\boldsymbol{P}^{\mathrm{T}}\boldsymbol{A}\boldsymbol{P}=\boldsymbol{\Lambda}=\begin{pmatrix}-6&&\\&3&\\&&3\end{pmatrix},$$

即利用正交变换 $\boldsymbol{x}=\boldsymbol{P}\boldsymbol{y}$，二次型 f 可化为标准形

$$f=-6y_1^2+3y_2^2+3y_3^2.$$

(2) 二次型 f 的矩阵为

$$\boldsymbol{A}=\begin{pmatrix}0&1&1\\1&0&1\\1&1&0\end{pmatrix},$$

则由

$$|\boldsymbol{A}-\lambda\boldsymbol{E}|=\begin{vmatrix}-\lambda&1&1\\1&-\lambda&1\\1&1&-\lambda\end{vmatrix}=(\lambda+1)^2(2-\lambda)=0,$$

可得 $\boldsymbol{A}$ 的特征值为 $\lambda_1=\lambda_2=-1,\lambda_3=2$.

对应于 $\lambda_1=\lambda_2=-1$，有

$$\boldsymbol{A}+\boldsymbol{E}=\begin{pmatrix}1&1&1\\1&1&1\\1&1&1\end{pmatrix}\xrightarrow{r}\begin{pmatrix}1&1&1\\0&0&0\\0&0&0\end{pmatrix},$$

可得对应于 λ_1 与 λ_2 的特征向量为 $\boldsymbol{\xi}_1=(1,-1,0)^{\mathrm{T}},\boldsymbol{\xi}_2=(1,1,-2)^{\mathrm{T}}$，易知 $\boldsymbol{\xi}_1,\boldsymbol{\xi}_2$ 正交，单位化得

$$\boldsymbol{e}_1=\left(\frac{1}{\sqrt{2}},-\frac{1}{\sqrt{2}},0\right)^{\mathrm{T}},\quad \boldsymbol{e}_2=\left(\frac{1}{\sqrt{6}},\frac{1}{\sqrt{6}},-\frac{2}{\sqrt{6}}\right)^{\mathrm{T}}.$$

对应于 $\lambda_3=2$，有

$$\boldsymbol{A}-2\boldsymbol{E}=\begin{pmatrix}-2&1&1\\1&-2&1\\1&1&-2\end{pmatrix}\xrightarrow{r}\begin{pmatrix}1&0&-1\\0&1&-1\\0&0&0\end{pmatrix},$$

可得对应于 λ_3 的特征向量为 $\boldsymbol{\xi}_3=(1,1,1)^{\mathrm{T}}$，单位化得

$$\boldsymbol{e}_3=\left(\frac{1}{\sqrt{3}},\frac{1}{\sqrt{3}},\frac{1}{\sqrt{3}}\right)^{\mathrm{T}}.$$

于是，取正交矩阵

$$\boldsymbol{P}=(\boldsymbol{e}_1,\boldsymbol{e}_2,\boldsymbol{e}_3)=\begin{pmatrix}\frac{1}{\sqrt{2}}&\frac{1}{\sqrt{6}}&\frac{1}{\sqrt{3}}\\-\frac{1}{\sqrt{2}}&\frac{1}{\sqrt{6}}&\frac{1}{\sqrt{3}}\\0&-\frac{2}{\sqrt{6}}&\frac{1}{\sqrt{3}}\end{pmatrix},$$

则有

$$\boldsymbol{P}^{-1}\boldsymbol{A}\boldsymbol{P}=\boldsymbol{P}^{\mathrm{T}}\boldsymbol{A}\boldsymbol{P}=\boldsymbol{\Lambda}=\begin{pmatrix}-1&&\\&-1&\\&&2\end{pmatrix},$$

即利用正交变换 $\boldsymbol{x}=\boldsymbol{P}\boldsymbol{y}$，二次型 f 可化为标准形

$$f=-y_1^2-y_2^2+2y_3^2.$$

点评 正交变换法化二次型为标准形的一般步骤如下：

(1) 写出二次型 f 的矩阵 $\boldsymbol{A}$；

(2) 求出 $\boldsymbol{A}$ 的特征值 $\lambda_1,\lambda_2,\cdots,\lambda_n$ 和对应的特征向量 $\boldsymbol{\xi}_1,\boldsymbol{\xi}_2,\cdots,\boldsymbol{\xi}_n$；

(3) 将特征向量 $\boldsymbol{\xi}_1,\boldsymbol{\xi}_2,\cdots,\boldsymbol{\xi}_n$ 规范正交化，得 $\boldsymbol{e}_1,\boldsymbol{e}_2,\cdots,\boldsymbol{e}_n$，取正交矩阵

$$\boldsymbol{P}=(\boldsymbol{e}_1,\boldsymbol{e}_2,\cdots,\boldsymbol{e}_n);$$

(4) 做正交变换 $\boldsymbol{x}=\boldsymbol{P}\boldsymbol{y}$，则得 f 的标准形 $f=\lambda_1y_1^2+\lambda_2y_2^2+\cdots+\lambda_ny_n^2$.

例 2 已知二次型 $f(x_1,x_2,x_3)=(1-a)x_1^2+(1-a)x_2^2+2x_3^2+2(1+a)x_1x_2$ 的秩为 2. 求：

(1) a 的值；

(2) 正交变换 $\boldsymbol{x}=\boldsymbol{P}\boldsymbol{y}$，把 $f(x_1,x_2,x_3)$ 化为标准形.

分析 题设 f 的秩为 2，则 $R(\boldsymbol{A})=2$，从而可确定 a 的值，再求正交变换 $\boldsymbol{x}=\boldsymbol{P}\boldsymbol{y}$.

解 (1) 对二次型 f 的矩阵 $\boldsymbol{A}$ 做初等行变换：

$$\boldsymbol{A}=\begin{pmatrix}1-a & 1+a & 0\\ 1+a & 1-a & 0\\ 0 & 0 & 2\end{pmatrix}\xrightarrow{r}\begin{pmatrix}1-a & 1+a & 0\\ 2a & -2a & 0\\ 0 & 0 & 2\end{pmatrix}.$$

因为 $R(\boldsymbol{A})=2$，所以 $a=0$.

(2) 由(1) 得 $\boldsymbol{A}=\begin{pmatrix}1 & 1 & 0\\ 1 & 1 & 0\\ 0 & 0 & 2\end{pmatrix}$，求正交矩阵 $\boldsymbol{P}$.

由

$$|\boldsymbol{A}-\lambda\boldsymbol{E}|=\begin{vmatrix}1-\lambda & 1 & 0\\ 1 & 1-\lambda & 0\\ 0 & 0 & 2-\lambda\end{vmatrix}=-\lambda(\lambda-2)^2=0,$$

可得 $\boldsymbol{A}$ 的特征值为 $\lambda_1=0,\lambda_2=\lambda_3=2$.

对应于 $\lambda_1=0$，有

$$\boldsymbol{A}-0\boldsymbol{E}=\begin{pmatrix}1 & 1 & 0\\ 1 & 1 & 0\\ 0 & 0 & 2\end{pmatrix}\xrightarrow{r}\begin{pmatrix}1 & 1 & 0\\ 0 & 0 & 1\\ 0 & 0 & 0\end{pmatrix},$$

可得对应于 λ_1 的特征向量为 $\boldsymbol{\xi}_1=(1,-1,0)^{\mathrm{T}}$，单位化得

$$\boldsymbol{e}_1=\left(\frac{1}{\sqrt{2}},-\frac{1}{\sqrt{2}},0\right)^{\mathrm{T}}.$$

对应于 $\lambda_2=\lambda_3=2$，有

$$\boldsymbol{A}-2\boldsymbol{E}=\begin{pmatrix}-1 & 1 & 0\\ 1 & -1 & 0\\ 0 & 0 & 0\end{pmatrix}\xrightarrow{r}\begin{pmatrix}1 & -1 & 0\\ 0 & 0 & 0\\ 0 & 0 & 0\end{pmatrix},$$

可得对应于 λ_2 与 λ_3 的特征向量为 $\boldsymbol{\xi}_2=(1,1,0)^{\mathrm{T}},\boldsymbol{\xi}_3=(0,0,1)^{\mathrm{T}}$，易知 $\boldsymbol{\xi}_2,\boldsymbol{\xi}_3$ 正交，单位化得

$$\boldsymbol{e}_2=\left(\frac{1}{\sqrt{2}},\frac{1}{\sqrt{2}},0\right)^{\mathrm{T}},\quad \boldsymbol{e}_3=(0,0,1)^{\mathrm{T}}.$$

于是,取正交矩阵

$$P=(e_1,e_2,e_3)=\begin{pmatrix}\frac{1}{\sqrt{2}} & \frac{1}{\sqrt{2}} & 0\\ -\frac{1}{\sqrt{2}} & \frac{1}{\sqrt{2}} & 0\\ 0 & 0 & 1\end{pmatrix},$$

则有

$$P^{-1}AP=P^{\mathrm{T}}AP=\Lambda=\begin{pmatrix}0 & & \\ & 2 & \\ & & 2\end{pmatrix},$$

即利用正交变换 $x=Py$,二次型 f 可化为标准形

$$f=2y_2^2+2y_3^2.$$

点评 本题的关键是利用二次型的秩即它对应矩阵的秩求出 a 的值.

例 3 利用配方法化下列二次型为标准形:

(1) $f(x_1,x_2,x_3)=2x_1^2+5x_2^2+5x_3^2+4x_1x_2-4x_1x_3-8x_2x_3$;

(2) $f(x_1,x_2,x_3)=2x_1x_2-6x_1x_3+2x_2x_3$

分析 直接按配方法的步骤进行即可.

解 (1) 将 f 中 x_1^2 及含有 x_1 的混合项配方,得

$$\begin{aligned}f&=2[x_1^2+2x_1(x_2-x_3)+(x_2-x_3)^2]-2(x_2-x_3)^2+5x_2^2+5x_3^2-8x_2x_3\\&=2(x_1+x_2-x_3)^2+3x_2^2+3x_3^2-4x_2x_3.\end{aligned}$$

再将 $3x_2^2-4x_2x_3$ 配方,得

$$f=2(x_1+x_2-x_3)^2+3\left(x_2-\frac{2}{3}x_3\right)^2+\frac{5}{3}x_3^2.$$

令

$$\begin{cases}y_1=x_1+x_2-x_3,\\ y_2=x_2-\frac{2}{3}x_3,\\ y_3=x_3,\end{cases}$$

则

$$\begin{cases}x_1=y_1-y_2+\frac{1}{3}y_3,\\ x_2=y_2+\frac{2}{3}y_3,\\ x_3=y_3,\end{cases}$$

从而得二次型 f 的标准形为

$$f=2y_1^2+3y_2^2+\frac{5}{3}y_3^2.$$

于是,所用的可逆线性变换为 $x=Py$,其中变换矩阵为

$$P=\begin{pmatrix}1 & -1 & \frac{1}{3}\\ 0 & 1 & \frac{2}{3}\\ 0 & 0 & 1\end{pmatrix}.$$

(2) 因二次型 f 中没有平方项,故可令

$$\begin{cases}x_1=y_1+y_2,\\ x_2=y_1-y_2,\\ x_3=y_3.\end{cases}$$

代入二次型,得

$$\begin{aligned}f&=2(y_1+y_2)(y_1-y_2)-6(y_1+y_2)y_3+2(y_1-y_2)y_3\\ &=2(y_1-y_3)^2-2y_2^2-2y_3^2-8y_2y_3.\end{aligned}$$

再配方,得

$$f=2(y_1-y_3)^2-2(y_2+2y_3)^2+6y_3^2.$$

令

$$\begin{cases}z_1=y_1-y_3,\\ z_2=y_2+2y_3,\\ z_3=y_3,\end{cases}$$

则

$$\begin{cases}y_1=z_1+z_3,\\ y_2=z_2-2z_3,\\ y_3=z_3,\end{cases}$$

从而得二次型 f 的标准形为

$$f=2z_1^2-2z_2^2+6z_3^2.$$

于是,所用的线性变换为

$$\boldsymbol{x}=\boldsymbol{P}_1\boldsymbol{y},\quad \boldsymbol{P}_1=\begin{pmatrix}1 & 1 & 0\\ 1 & -1 & 0\\ 0 & 0 & 1\end{pmatrix},$$

$$\boldsymbol{y}=\boldsymbol{P}_2\boldsymbol{z},\quad \boldsymbol{P}_2=\begin{pmatrix}1 & 0 & 1\\ 0 & 1 & -2\\ 0 & 0 & 1\end{pmatrix},$$

得可逆线性变换

$$\boldsymbol{x}=\boldsymbol{P}_1\boldsymbol{y}=\boldsymbol{P}_1\boldsymbol{P}_2\boldsymbol{z}=\boldsymbol{P}\boldsymbol{z},$$

其中

$$\boldsymbol{P}=\begin{pmatrix}1 & 1 & 0\\ 1 & -1 & 0\\ 0 & 0 & 1\end{pmatrix}\begin{pmatrix}1 & 0 & 1\\ 0 & 1 & -2\\ 0 & 0 & 1\end{pmatrix}=\begin{pmatrix}1 & 1 & -1\\ 1 & -1 & 3\\ 0 & 0 & 1\end{pmatrix}.$$

点评　含有多个平方项的二次型,可先把含有某个平方项 x_i 的各项集中,按 x_i 配方,然后按此法对其他变量配方,直至都配成平方项. 所采用的方法不同得到的标准形亦可能不一样.

§6.3 正定二次型

基本要求

(1) 理解惯性定理与规范形的概念.

(2) 理解二次型的正定性的概念及二次型正定的充要条件.

(3) 掌握对称矩阵正定性的判定方法.

内容简述

1. 惯性定理

设二次型 $f=\boldsymbol{x}^{\mathrm{T}}\boldsymbol{A}\boldsymbol{x}$ 的秩为 r,有两个可逆线性变换 $\boldsymbol{x}=\boldsymbol{C}\boldsymbol{y}$ 及 $\boldsymbol{x}=\boldsymbol{P}\boldsymbol{z}$,使得

$$f=k_1y_1^2+k_2y_2^2+\cdots+k_ry_r^2 \quad (k_i\neq 0,i=1,2,\cdots,r),$$

$$f=\lambda_1z_1^2+\lambda_2z_2^2+\cdots+\lambda_rz_r^2 \quad (\lambda_i\neq 0,i=1,2,\cdots,r),$$

则 $k_1,k_2,\cdots,k_r$ 中正数的个数与 $\lambda_1,\lambda_2,\cdots,\lambda_r$ 中正数的个数相等.

这个定理称为惯性定理.

在二次型 f 的标准形中,正系数的个数称为二次型的正惯性指数,负系数的个数称为负惯性指数.

2. 二次型的规范形

若二次型 f 的正惯性指数为 p,秩为 r,则由惯性定理可知,f 的标准形可写成

$$f=\lambda_1y_1^2+\lambda_2y_2^2+\cdots+\lambda_py_p^2-\lambda_{p+1}y_{p+1}^2-\cdots-\lambda_ry_r^2,$$

其中 $\lambda_i>0(i=1,2,\cdots,r)$,$\lambda_{r+1}=\lambda_{r+2}=\cdots=\lambda_n=0$.

若做变换 $y_i=\dfrac{1}{\sqrt{\lambda_i}}z_i(i=1,2,\cdots,r)$,$y_j=z_j(j=r+1,r+2,\cdots,n)$,则有

$$f=z_1^2+z_2^2+\cdots+z_p^2-z_{p+1}^2-\cdots-z_r^2,$$

称该式为二次型 f 的规范形,其平方项的系数只是 1,0 和 −1.

任一二次型的规范形是唯一的.

3. 二次型的正定性

设有二次型 $f(\boldsymbol{x})=\boldsymbol{x}^{\mathrm{T}}\boldsymbol{A}\boldsymbol{x}$. 如果对于任何 $\boldsymbol{x}\neq\boldsymbol{0}$,都有 $f(\boldsymbol{x})>0$(显然 $f(\boldsymbol{0})=0$),那么称 f 为正定二次型,并称对称矩阵 $\boldsymbol{A}$ 是正定矩阵;如果对于任何 $\boldsymbol{x}\neq\boldsymbol{0}$ 都有 $f(\boldsymbol{x})<0$,那么称 f 为负定二次型,并称对称矩阵 $\boldsymbol{A}$ 是负定矩阵.

二次型 $f(\boldsymbol{x})=\boldsymbol{x}^{\mathrm{T}}\boldsymbol{A}\boldsymbol{x}$ 正定的充要条件是它的标准形中的 n 个系数全为正,即它的正惯性指数等于 n.

对称矩阵 $\boldsymbol{A}$ 正定的充要条件是 $\boldsymbol{A}$ 的特征值全为正.

顺序主子式的概念：设 $\boldsymbol{A}=(a_{ij})$ 为 n 阶方阵. 由 $\boldsymbol{A}$ 的前 k 行和前 k 列构成的 k 阶子式

$$\begin{vmatrix} a_{11} & a_{12} & \cdots & a_{1k} \\ a_{21} & a_{22} & \cdots & a_{2k} \\ \vdots & \vdots & & \vdots \\ a_{k1} & a_{k2} & \cdots & a_{kk} \end{vmatrix}$$

称为 $\boldsymbol{A}$ 的 k 阶顺序主子式. 令 $k=1,2,\cdots,n$，就得到 $\boldsymbol{A}$ 的各阶顺序主子式. n 阶方阵有 n 个顺序主子式.

4. 赫尔维茨定理

对称矩阵 $\boldsymbol{A}$ 正定的充要条件是 $\boldsymbol{A}$ 的各阶顺序主子式都为正，即

$$\Delta_1=a_{11}>0,\quad \Delta_2=\begin{vmatrix} a_{11} & a_{12} \\ a_{21} & a_{22} \end{vmatrix}>0,\quad \cdots,\quad \Delta_n=\begin{vmatrix} a_{11} & a_{12} & \cdots & a_{1n} \\ a_{21} & a_{22} & \cdots & a_{2n} \\ \vdots & \vdots & & \vdots \\ a_{n1} & a_{n2} & \cdots & a_{nn} \end{vmatrix}>0;$$

对称矩阵 $\boldsymbol{A}$ 负定的充要条件是奇数阶顺序主子式都为负，而偶数阶顺序主子式都为正，即

$$(-1)^r\begin{vmatrix} a_{11} & a_{12} & \cdots & a_{1r} \\ a_{21} & a_{22} & \cdots & a_{2r} \\ \vdots & \vdots & & \vdots \\ a_{r1} & a_{r2} & \cdots & a_{rr} \end{vmatrix}>0 \quad (r=1,2,\cdots,n).$$

疑难评注

(1) 二次型的标准形不是唯一的，但由惯性定理知，如果一个二次型 $f=\boldsymbol{x}^{\mathrm{T}}\boldsymbol{A}\boldsymbol{x}$ 的秩为 r，则该二次型可化为 $f=z_1^2+z_2^2+\cdots+z_p^2-z_{p+1}^2-\cdots-z_r^2$，其平方项的系数只是 1,0 和 -1，且 1,0 和 -1 的个数是唯一确定的，所以任一二次型的规范形是唯一的.

(2) 判断 n 元二次型 $f=\boldsymbol{x}^{\mathrm{T}}\boldsymbol{A}\boldsymbol{x}$ 正定(或 $\boldsymbol{A}$ 为正定矩阵) 的主要方法如下：

① 定义法.

② $\boldsymbol{A}$ 的各阶顺序主子式均大于零(适用于 $\boldsymbol{A}$ 的元素为具体数字的类型).

③ $\boldsymbol{A}$ 的特征值全大于零(适用于 $\boldsymbol{A}$ 的特征值较容易求出的类型).

④ 二次型的标准形的 n 个系数全为正(正惯性指数为 n).

⑤ $\boldsymbol{A}$ 与单位矩阵 $\boldsymbol{E}$ 合同.

例题精解

例 1 判断下列二次型的正定性：

(1) $f(x_1,x_2,x_3)=2x_1^2+x_2^2+x_3^2+2x_1x_2$；

(2) $f(x_1,x_2,x_3)=2x_1^2+x_2^2-4x_1x_2-4x_2x_3$.

分析 判断二次型是否正定有多种方法，对于二次型的矩阵为具体数字的类型，常采用求 $\boldsymbol{A}$ 的顺序主子式，求出 $\boldsymbol{A}$ 的特征值，或者将二次型化为标准形等方法.

解 (1) **方法 1**(顺序主子式法) 已知二次型 f 的矩阵

$$\boldsymbol{A}=\begin{pmatrix}2&1&0\\1&1&0\\0&0&1\end{pmatrix}.$$

因为

$$\Delta_1=2>0,\quad \Delta_2=\begin{vmatrix}2&1\\1&1\end{vmatrix}=1>0,\quad \Delta_3=|\boldsymbol{A}|=1>0,$$

所以根据赫尔维茨定理，二次型 f 正定.

方法 2(配方法化二次型为标准形) 由

$$\begin{aligned}f(x_1,x_2,x_3)&=2x_1^2+x_2^2+x_3^2+2x_1x_2=2\left(x_1+\frac{1}{2}x_2\right)^2+\frac{1}{2}x_2^2+x_3^2\\&=2y_1^2+\frac{1}{2}y_2^2+y_3^2\end{aligned}$$

可知，二次型的标准形中的三个系数 $2,\frac{1}{2},1$ 全为正，所以二次型 f 正定.

方法 3(求特征值法) 由

$$|\boldsymbol{A}-\lambda\boldsymbol{E}|=\begin{vmatrix}2-\lambda&1&0\\1&1-\lambda&0\\0&0&1-\lambda\end{vmatrix}=(1-\lambda)(\lambda^2-3\lambda+1)=0,$$

可得 $\boldsymbol{A}$ 的特征值为 $\lambda_1=1>0,\lambda_2=\frac{3+\sqrt{5}}{2}>0,\lambda_3=\frac{3-\sqrt{5}}{2}>0$，所以二次型 f 正定.

(2) **方法 1**(顺序主子式法) 已知二次型 f 的矩阵

$$\boldsymbol{A}=\begin{pmatrix}2&-2&0\\-2&1&-2\\0&-2&0\end{pmatrix}.$$

因为

$$\Delta_1=2>0,\quad \Delta_2=\begin{vmatrix}2&-2\\-2&1\end{vmatrix}=-2<0,\quad \Delta_3=|\boldsymbol{A}|=-8<0,$$

所以根据赫尔维茨定理，二次型 f 既不正定也不负定.

方法 2 观察可知，$f(\boldsymbol{e}_3)=f(0,0,1)=0$，所以二次型 f 既不正定也不负定.

点评 在(2)的方法 2 中，取 $\boldsymbol{x}=\boldsymbol{e}_3=(0,0,1)\neq\boldsymbol{0}$，使得 $f(\boldsymbol{x})=f(0,0,1)=0$，举此一例即可说明 f 既不正定也不负定.

例 2 问：t 为何值时，二次型

$$f(x_1,x_2,x_3)=t(x_1^2+x_2^2+x_3^2)+2x_1x_2+2x_1x_3+2x_2x_3$$

负定？

分析 利用顺序主子式法进行判定.

解　二次型 f 的矩阵为

$$A=\begin{pmatrix} t & 1 & 1 \\ 1 & t & 1 \\ 1 & 1 & t \end{pmatrix}.$$

欲使 f 负定,则 A 的奇数阶顺序主子式小于零,偶数阶顺序主子式大于零,即

$$t<0,\quad \begin{vmatrix} t & 1 \\ 1 & t \end{vmatrix}=t^2-1>0,\quad \begin{vmatrix} t & 1 & 1 \\ 1 & t & 1 \\ 1 & 1 & t \end{vmatrix}=(t-1)^2(t+2)<0,$$

解得 $t<-2$ 时,二次型 f 负定.

点评　顺序主子式法是判定二次型是否正定的常用方法,若本题采用特征值法是较烦琐的.

例 3　设 $\boldsymbol{A}$ 为 $m\times n$ 实矩阵,$\boldsymbol{E}$ 为 n 阶单位矩阵. 已知矩阵 $\boldsymbol{B}=\lambda\boldsymbol{E}+\boldsymbol{A}^{\mathrm{T}}\boldsymbol{A}$,证明:当 $\lambda>0$ 时,$\boldsymbol{B}$ 为正定矩阵.

分析　欲证 $\boldsymbol{B}$ 为正定矩阵,必须证明 $\boldsymbol{B}$ 是对称矩阵,且对于任意的 n 维向量 $\boldsymbol{x}\neq\boldsymbol{0}$,都有 $\boldsymbol{x}^{\mathrm{T}}\boldsymbol{B}\boldsymbol{x}>0$.

证　因为 $\boldsymbol{B}^{\mathrm{T}}=(\lambda\boldsymbol{E}+\boldsymbol{A}^{\mathrm{T}}\boldsymbol{A})^{\mathrm{T}}=\lambda\boldsymbol{E}+\boldsymbol{A}^{\mathrm{T}}\boldsymbol{A}=\boldsymbol{B}$,所以 $\boldsymbol{B}$ 是对称矩阵. 又因为对于任意的 n 维向量 $\boldsymbol{x}$,有

$$\boldsymbol{x}^{\mathrm{T}}\boldsymbol{B}\boldsymbol{x}=\boldsymbol{x}^{\mathrm{T}}(\lambda\boldsymbol{E}+\boldsymbol{A}^{\mathrm{T}}\boldsymbol{A})\boldsymbol{x}=\lambda\boldsymbol{x}^{\mathrm{T}}\boldsymbol{x}+\boldsymbol{x}^{\mathrm{T}}\boldsymbol{A}^{\mathrm{T}}\boldsymbol{A}\boldsymbol{x}=\lambda\boldsymbol{x}^{\mathrm{T}}\boldsymbol{x}+(\boldsymbol{A}\boldsymbol{x})^{\mathrm{T}}(\boldsymbol{A}\boldsymbol{x}),$$

所以当 $\lambda>0$ 时,对于任意的 $\boldsymbol{x}\neq\boldsymbol{0}$,

$$\lambda\boldsymbol{x}^{\mathrm{T}}\boldsymbol{x}=\lambda\|\boldsymbol{x}\|^2>0,\quad (\boldsymbol{A}\boldsymbol{x})^{\mathrm{T}}(\boldsymbol{A}\boldsymbol{x})=\|\boldsymbol{A}\boldsymbol{x}\|^2\geqslant 0,$$

即有

$$\boldsymbol{x}^{\mathrm{T}}\boldsymbol{B}\boldsymbol{x}>0,$$

从而 $\boldsymbol{B}$ 为正定矩阵.

点评　若要证明未给出具体数字的矩阵为正定矩阵,通常采用定义法.

例 4　设二次型 $f(x_1,x_2,x_3)=ax_1^2+ax_2^2+(a-1)x_3^2+2x_1x_3-2x_2x_3$,若二次型的规范形为 $y_1^2+y_2^2$,求 a 的值.

分析　先求出 f 的特征值,再根据 f 的规范形确定 a 的值.

解　二次型 f 的矩阵为

$$\boldsymbol{A}=\begin{pmatrix} a & 0 & 1 \\ 0 & a & -1 \\ 1 & -1 & a-1 \end{pmatrix}.$$

由

$$|\boldsymbol{A}-\lambda\boldsymbol{E}|=\begin{vmatrix} a-\lambda & 0 & 1 \\ 0 & a-\lambda & -1 \\ 1 & -1 & a-1-\lambda \end{vmatrix}=(a-\lambda)(\lambda-a+2)(\lambda-a-1)=0,$$

可得 $\boldsymbol{A}$ 的特征值为 $\lambda_1=a,\lambda_2=a-2,\lambda_3=a+1$.

因为 f 的规范形为 $y_1^2+y_2^2$,说明两个特征值为正,一个特征值为 0. 若令 $\lambda_2=0$,即 $a=2$,

则 $\lambda_1=2,\lambda_3=3$,符合题意.若令 $\lambda_1=0$ 或 $\lambda_3=0$,均不符合题意.故 $a=2$.

点评 由 f 的规范形的结构推出 λ 取值的各种情形,讨论确定 a 的值.

§6.4 MATLAB 应用举例

例 1 求一个正交变换,化下列二次型为标准形:

(1) $f(x_1,x_2,x_3,x_4)=x_1^2+x_2^2+x_3^2+x_4^2+2x_1x_2-2x_1x_4-2x_2x_3+2x_3x_4$;

(2) $f(x_1,x_2,x_3)=2x_1x_2-4x_1x_3+6x_2x_3$.

(1) **MATLAB 程序:**

```
>> A = [1,1,0,-1;1,1,-1,0;0,-1,1,1;-1,0,1,1];  %二次型的矩阵
>> [P,D] = eig(A)      % A 的特征向量和特征值
P =
  -0.5000   0.7071   0.0000   0.5000
   0.5000  -0.0000   0.7071   0.5000
   0.5000   0.7071  -0.0000  -0.5000
  -0.5000        0   0.7071  -0.5000
D =
  -1.0000        0        0        0
        0   1.0000        0        0
        0        0   1.0000        0
        0        0        0   3.0000
>> P' * A * P
ans =
  -1.0000   0.0000 0.0000 0.0000
  -0.0000   1.0000 0.0000 0.0000
   0.0000  -0.0000 1.0000      0
   0.0000        0      0 3.0000
```

由运行结果可知,所求变换为

$$\begin{pmatrix} x_1 \\ x_2 \\ x_3 \\ x_4 \end{pmatrix}=\begin{pmatrix} -0.5 & 0.7071 & 0 & 0.5 \\ 0.5 & 0 & 0.7071 & 0.5 \\ 0.5 & 0.7071 & 0 & -0.5 \\ -0.5 & 0 & 0.7071 & -0.5 \end{pmatrix}\begin{pmatrix} y_1 \\ y_2 \\ y_3 \\ y_4 \end{pmatrix},$$

变换后二次型化为标准形

$$f=-y_1^2+y_2^2+y_3^2+3y_4^2.$$

(2) **MATLAB 程序:**

```
>> A = [0,1,-2;1,0,3;-2,3,0];
>> [P,D] = schur(A)
P =
```

```
  -0.4641   0.8425 -0.2734
   0.5929   0.5248   0.6108
  -0.6581  -0.1214   0.7431
D =
  -4.1131        0        0
         0   0.9112        0
         0        0   3.2019
>> P' * A * P
ans =
  -4.1131   0.0000   0.0000
   0.0000   0.9112  -0.0000
   0.0000  -0.0000   3.2019
```

由运行结果可知,所求变换为

$$\begin{pmatrix} x_1 \\ x_2 \\ x_3 \end{pmatrix} = \begin{pmatrix} -0.4641 & 0.8425 & -0.2734 \\ 0.5929 & 0.5248 & 0.6108 \\ -0.6581 & -0.1214 & 0.7431 \end{pmatrix} \begin{pmatrix} y_1 \\ y_2 \\ y_3 \end{pmatrix},$$

变换后二次型化为标准形

$$f = -4.1131 y_1^2 + 0.9112 y_2^2 + 3.2019 y_3^2.$$

注 由于二次型的矩阵为对称矩阵,因此也可以将函数 eig(A) 换为 schur(A) 求解.

例 2 判断下列二次型的正定性:

(1) $f = x_1^2 + 3x_2^2 + 9x_3^2 + 19x_4^2 - 2x_1x_2 + 4x_1x_3 + 2x_1x_4 - 6x_2x_4 - 12x_3x_4$;

(2) $f = -x_1^2 - 2x_2^2 - 3x_3^2 + 2x_1x_2 + 2x_2x_3$;

(3) $f = x_1^2 + x_2^2 + 4x_3^2 + 7x_4^2 + 6x_1x_3 + 4x_1x_4 - 4x_2x_3 + 2x_2x_4 + 4x_3x_4$.

(1) **MATLAB 程序**:

```
>> A = [1, -1, 2, 1; -1, 3, 0, -3; 2, 0, 9, -6; 1, -3, -6, 19];
>> D = eig(A)                    % 矩阵 A 的特征值
D =
    0.0643
    2.2421
    7.4945
   22.1991
```

由运行结果可知,二次型 f 的矩阵 $\boldsymbol{A}$ 的特征值全为正,故 f 为正定二次型.

(2) **MATLAB 程序**:

```
>> A = [-1, 1, 0; 1, -2, 1; 0, 1, -3];
>> D = eig(A)
D =
  -3.7321
  -2.0000
  -0.2679
```

由运行结果可知,二次型 f 的矩阵 $\boldsymbol{A}$ 的特征值全为负,故 f 为负定二次型.

(3) **MATLAB 程序:**

```
>> A = [1,0,3,2;0,1,-2,1;3,-2,4,2;2,1,2,7];
>> disp('顺序主子式为:'),for i = 1:size(A,1),det(A(1:i,1:i)),end
                              %矩阵 A 的顺序主子式
顺序主子式为:
ans =
     1
ans =
     1
ans =
    -9
ans =
   -22
```

由运行结果可知,二次型 f 的矩阵 $\boldsymbol{A}$ 的顺序主子式为

$$\Delta_1 = 1 > 0, \quad \Delta_2 = \begin{vmatrix} 1 & 0 \\ 0 & 1 \end{vmatrix} = 1 > 0,$$

$$\Delta_3 = \begin{vmatrix} 1 & 0 & 3 \\ 0 & 1 & -2 \\ 3 & -2 & 4 \end{vmatrix} = -9 < 0, \quad \Delta_4 = |\boldsymbol{A}| = -22 < 0,$$

根据赫尔维茨定理,f 既不正定也不负定.

注 运用顺序主子式法判断二次型的正定性.

本章主要知识结构图

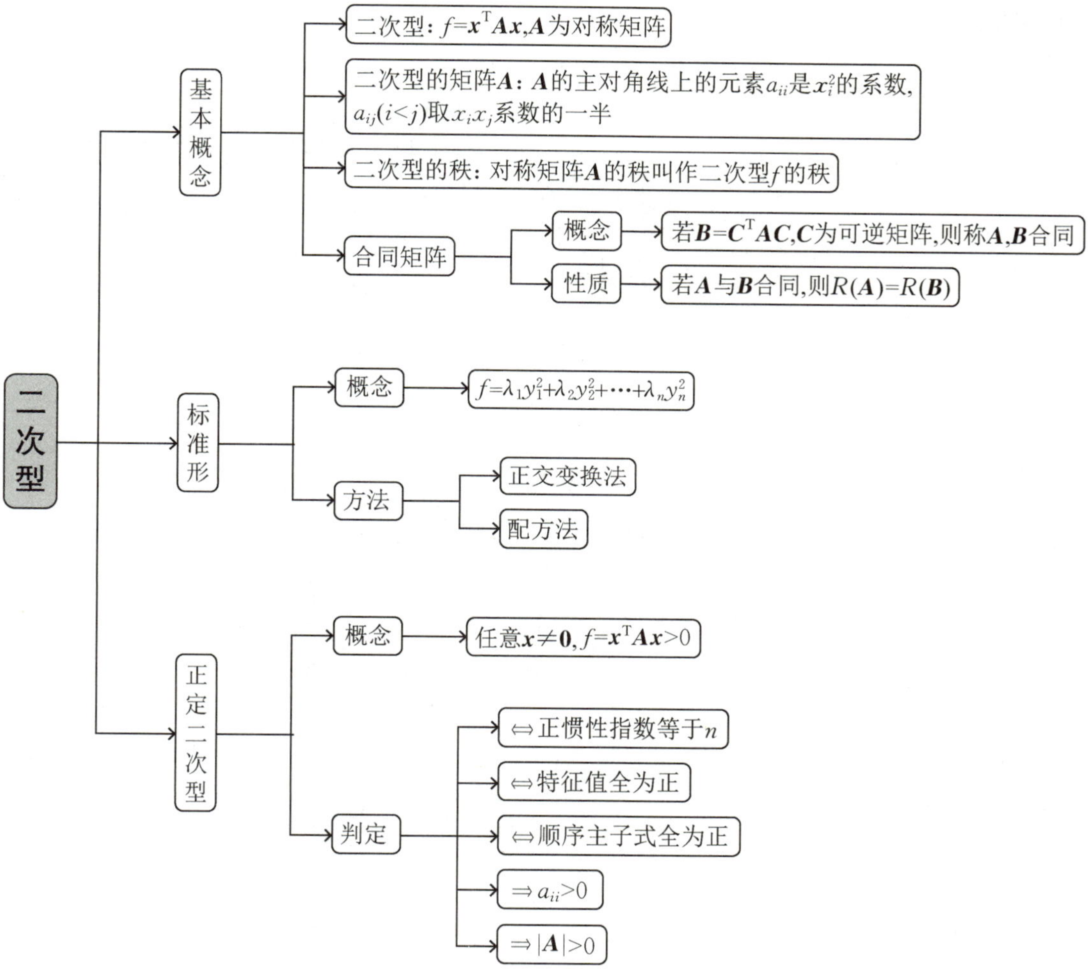
二次型
基本概念
二次型：$f=\boldsymbol{x}^{\mathrm{T}}\boldsymbol{A}\boldsymbol{x}$，$\boldsymbol{A}$为对称矩阵
二次型的矩阵$\boldsymbol{A}$：$\boldsymbol{A}$的主对角线上的元素a_{ii}是x_i^2的系数，$a_{ij}(i<j)$取x_ix_j系数的一半
二次型的秩：对称矩阵$\boldsymbol{A}$的秩叫作二次型f的秩
合同矩阵
概念
若$\boldsymbol{B}=\boldsymbol{C}^{\mathrm{T}}\boldsymbol{A}\boldsymbol{C}$，$\boldsymbol{C}$为可逆矩阵，则称$\boldsymbol{A}$，$\boldsymbol{B}$合同
性质
若$\boldsymbol{A}$与$\boldsymbol{B}$合同，则$R(\boldsymbol{A})=R(\boldsymbol{B})$
标准形
概念
$f=\lambda_1y_1^2+\lambda_2y_2^2+\cdots+\lambda_ny_n^2$
方法
正交变换法
配方法
正定二次型
概念
任意$\boldsymbol{x}\neq\boldsymbol{0}$，$f=\boldsymbol{x}^{\mathrm{T}}\boldsymbol{A}\boldsymbol{x}>0$
判定
$\Leftrightarrow$正惯性指数等于n
$\Leftrightarrow$特征值全为正
$\Leftrightarrow$顺序主子式全为正
$\Rightarrow a_{ii}>0$
$\Rightarrow |\boldsymbol{A}|>0$

本章教材习题全解

1. 用矩阵形式表示下列二次型：

(1) $f(x_1,x_2,x_3)=x_1^2+x_2^2+x_3^2-2x_1x_2+6x_2x_3$；

(2) $f(x,y,z)=x^2+4xy+4y^2+2xz+z^2+4yz$；

(3) $f(x_1,x_2,x_3,x_4)=x_1^2+x_2^2+x_3^2+x_4^2-2x_1x_2+4x_1x_3-2x_1x_4+6x_2x_3-4x_2x_4$.

解 (1) $f(x_1,x_2,x_3)=x_1^2+x_2^2+x_3^2-2x_1x_2+6x_2x_3$

$$=(x_1,x_2,x_3)\begin{pmatrix}1&-1&0\\-1&1&3\\0&3&1\end{pmatrix}\begin{pmatrix}x_1\\x_2\\x_3\end{pmatrix}.$$

(2) $f(x,y,z)=x^2+4xy+4y^2+2xz+z^2+4yz$

$$=(x,y,z)\begin{pmatrix}1&2&1\\2&4&2\\1&2&1\end{pmatrix}\begin{pmatrix}x\\y\\z\end{pmatrix}.$$

(3) $f(x_1,x_2,x_3,x_4)=x_1^2+x_2^2+x_3^2+x_4^2-2x_1x_2+4x_1x_3-2x_1x_4+6x_2x_3-4x_2x_4$

$$=(x_1,x_2,x_3,x_4)\begin{pmatrix}1&-1&2&-1\\-1&1&3&-2\\2&3&1&0\\-1&-2&0&1\end{pmatrix}\begin{pmatrix}x_1\\x_2\\x_3\\x_4\end{pmatrix}.$$

2. 写出二次型

$$f(x_1,x_2)=(x_1,x_2)\begin{pmatrix}2&1\\3&1\end{pmatrix}\begin{pmatrix}x_1\\x_2\end{pmatrix}$$

的矩阵.

解 因为

$$f(x_1,x_2)=(x_1,x_2)\begin{pmatrix}2&1\\3&1\end{pmatrix}\begin{pmatrix}x_1\\x_2\end{pmatrix}=(2x_1+3x_2,x_1+x_2)\begin{pmatrix}x_1\\x_2\end{pmatrix}$$
$$=2x_1^2+x_2^2+4x_1x_2,$$

所以

$$\boldsymbol{A}=\begin{pmatrix}2&2\\2&1\end{pmatrix}.$$

3. 求正交变换，将下列二次型化为标准形：

(1) $f(x_1,x_2,x_3)=x_1^2+x_3^2+2x_1x_2-2x_2x_3$；

(2) $f(x_1,x_2,x_3,x_4)=2x_1x_2-2x_3x_4$；

(3) $f(x_1,x_2,x_3,x_4)=x_1^2+x_2^2+x_3^2+x_4^2+2x_1x_2-2x_1x_4-2x_2x_3+2x_3x_4$.

解 (1) 二次型 f 的矩阵为

$$A=\begin{pmatrix}1&1&0\\1&0&-1\\0&-1&1\end{pmatrix}.$$

由

$$|A-\lambda E|=\begin{vmatrix}1-\lambda&1&0\\1&-\lambda&-1\\0&-1&1-\lambda\end{vmatrix}=-(\lambda-1)(\lambda+1)(\lambda-2)=0,$$

可得 A 的特征值为 $\lambda_1=1,\lambda_2=-1,\lambda_3=2$.

对应于 $\lambda_1=1$，有

$$A-E=\begin{pmatrix}0&1&0\\1&-1&-1\\0&-1&0\end{pmatrix}\xrightarrow{r}\begin{pmatrix}1&0&-1\\0&1&0\\0&0&0\end{pmatrix},$$

可得对应于 λ_1 的特征向量为 $\xi_1=(1,0,1)^{\mathrm T}$，单位化得

$$e_1=\frac{1}{\sqrt2}(1,0,1)^{\mathrm T}.$$

对应于 $\lambda_2=-1$，有

$$A+E=\begin{pmatrix}2&1&0\\1&1&-1\\0&-1&2\end{pmatrix}\xrightarrow{r}\begin{pmatrix}1&0&1\\0&1&-2\\0&0&0\end{pmatrix},$$

可得对应于 λ_2 的特征向量为 $\xi_2=(-1,2,1)^{\mathrm T}$，单位化得

$$e_2=\frac{1}{\sqrt6}(-1,2,1)^{\mathrm T}.$$

对应于 $\lambda_3=2$，有

$$A-2E=\begin{pmatrix}-1&1&0\\1&-2&-1\\0&-1&-1\end{pmatrix}\xrightarrow{r}\begin{pmatrix}1&0&1\\0&1&1\\0&0&0\end{pmatrix},$$

可得对应于 λ_3 的特征向量为 $\xi_3=(-1,-1,1)^{\mathrm T}$，单位化得

$$e_3=\frac{1}{\sqrt3}(-1,-1,1)^{\mathrm T}.$$

于是，取正交矩阵

$$P=(e_1,e_2,e_3)=\begin{pmatrix}\frac{1}{\sqrt2}&-\frac{1}{\sqrt6}&-\frac{1}{\sqrt3}\\0&\frac{2}{\sqrt6}&-\frac{1}{\sqrt3}\\\frac{1}{\sqrt2}&\frac{1}{\sqrt6}&\frac{1}{\sqrt3}\end{pmatrix},$$

则有

$$P^{-1}AP=P^{\mathrm T}AP=\Lambda=\begin{pmatrix}1&&\\&-1&\\&&2\end{pmatrix},$$

即利用正交变换 $\boldsymbol{x}=\boldsymbol{P}\boldsymbol{y}$，二次型 f 可化为标准形

$$f=y_1^2-y_2^2+2y_3^2.$$

(2) 二次型 f 的矩阵为

$$\boldsymbol{A}=\begin{pmatrix}0&1&0&0\\1&0&0&0\\0&0&0&-1\\0&0&-1&0\end{pmatrix}.$$

由

$$|\boldsymbol{A}-\lambda\boldsymbol{E}|=\begin{vmatrix}-\lambda&1&0&0\\1&-\lambda&0&0\\0&0&-\lambda&-1\\0&0&-1&-\lambda\end{vmatrix}=(\lambda-1)^2(\lambda+1)^2=0,$$

可得 $\boldsymbol{A}$ 的特征值为 $\lambda_1=\lambda_2=1,\lambda_3=\lambda_4=-1$.

对应于 $\lambda_1=\lambda_2=1$，有

$$\boldsymbol{A}-\boldsymbol{E}=\begin{pmatrix}-1&1&0&0\\1&-1&0&0\\0&0&-1&-1\\0&0&-1&-1\end{pmatrix}\xrightarrow{r}\begin{pmatrix}1&-1&0&0\\0&0&1&1\\0&0&0&0\\0&0&0&0\end{pmatrix},$$

可得对应于 λ_1 与 λ_2 的特征向量为 $\boldsymbol{\xi}_1=(1,1,0,0)^{\mathrm{T}},\boldsymbol{\xi}_2=(0,0,-1,1)^{\mathrm{T}}$，易知 $\boldsymbol{\xi}_1,\boldsymbol{\xi}_2$ 正交，单位化得

$$\boldsymbol{e}_1=\frac{1}{\sqrt{2}}(1,1,0,0)^{\mathrm{T}},\quad \boldsymbol{e}_2=\frac{1}{\sqrt{2}}(0,0,-1,1)^{\mathrm{T}}.$$

对应于 $\lambda_3=\lambda_4=-1$，有

$$\boldsymbol{A}+\boldsymbol{E}=\begin{pmatrix}1&1&0&0\\1&1&0&0\\0&0&1&-1\\0&0&-1&1\end{pmatrix}\xrightarrow{r}\begin{pmatrix}1&1&0&0\\0&0&1&-1\\0&0&0&0\\0&0&0&0\end{pmatrix},$$

可得对应于 λ_3 与 λ_4 的特征向量为 $\boldsymbol{\xi}_3=(-1,1,0,0)^{\mathrm{T}},\boldsymbol{\xi}_4=(0,0,1,1)^{\mathrm{T}}$，易知 $\boldsymbol{\xi}_3,\boldsymbol{\xi}_4$ 正交，单位化得

$$\boldsymbol{e}_3=\frac{1}{\sqrt{2}}(-1,1,0,0)^{\mathrm{T}},\quad \boldsymbol{e}_4=\frac{1}{\sqrt{2}}(0,0,1,1)^{\mathrm{T}}.$$

于是，取正交矩阵

$$\boldsymbol{P}=(\boldsymbol{e}_1,\boldsymbol{e}_2,\boldsymbol{e}_3,\boldsymbol{e}_4)=\begin{pmatrix}\frac{1}{\sqrt{2}}&0&-\frac{1}{\sqrt{2}}&0\\\frac{1}{\sqrt{2}}&0&\frac{1}{\sqrt{2}}&0\\0&-\frac{1}{\sqrt{2}}&0&\frac{1}{\sqrt{2}}\\0&\frac{1}{\sqrt{2}}&0&\frac{1}{\sqrt{2}}\end{pmatrix},$$

则有

$$P^{-1}AP=P^{\mathrm{T}}AP=\Lambda=\begin{pmatrix}1&&&\\&1&&\\&&-1&\\&&&-1\end{pmatrix},$$

即利用正交变换 $x=Py$，二次型 f 可化为标准形

$$f=y_1^2+y_2^2-y_3^2-y_4^2.$$

(3) 二次型 f 的矩阵为

$$A=\begin{pmatrix}1&1&0&-1\\1&1&-1&0\\0&-1&1&1\\-1&0&1&1\end{pmatrix}.$$

由

$$|A-\lambda E|=\begin{vmatrix}1-\lambda&1&0&-1\\1&1-\lambda&-1&0\\0&-1&1-\lambda&1\\-1&0&1&1-\lambda\end{vmatrix}=(\lambda-1)^2(\lambda+1)(\lambda-3)=0,$$

可得 A 的特征值为 $\lambda_1=\lambda_2=1,\lambda_3=-1,\lambda_4=3$.

对应于 $\lambda_1=\lambda_2=1$，有

$$A-E=\begin{pmatrix}0&1&0&-1\\1&0&-1&0\\0&-1&0&1\\-1&0&1&0\end{pmatrix}\xrightarrow{r}\begin{pmatrix}1&0&-1&0\\0&1&0&-1\\0&0&0&0\\0&0&0&0\end{pmatrix},$$

可得对应于 λ_1 与 λ_2 的特征向量为 $\xi_1=(1,0,1,0)^{\mathrm{T}},\xi_2=(0,1,0,1)^{\mathrm{T}}$，易知 ξ_1,ξ_2 正交，单位化得

$$e_1=\frac{1}{\sqrt{2}}(1,0,1,0)^{\mathrm{T}},\quad e_2=\frac{1}{\sqrt{2}}(0,1,0,1)^{\mathrm{T}}.$$

对应于 $\lambda_3=-1$，有

$$A+E=\begin{pmatrix}2&1&0&-1\\1&2&-1&0\\0&-1&2&1\\-1&0&1&2\end{pmatrix}\xrightarrow{r}\begin{pmatrix}1&0&0&-1\\0&1&0&1\\0&0&1&1\\0&0&0&0\end{pmatrix},$$

可得对应于 λ_3 的特征向量为 $\xi_3=(1,-1,-1,1)^{\mathrm{T}}$，单位化得

$$e_3=\frac{1}{2}(1,-1,-1,1)^{\mathrm{T}}.$$

对应于 $\lambda_4=3$，有

$$A-3E=\begin{pmatrix}-2&1&0&-1\\1&-2&-1&0\\0&-1&-2&1\\-1&0&1&-2\end{pmatrix}\xrightarrow{r}\begin{pmatrix}1&0&0&1\\0&1&0&1\\0&0&1&-1\\0&0&0&0\end{pmatrix},$$

可得对应于λ_4的特征向量为$\boldsymbol{\xi}_4=(-1,-1,1,1)^{\mathrm{T}}$，单位化得

$$\boldsymbol{e}_4=\frac{1}{2}(-1,-1,1,1)^{\mathrm{T}}.$$

于是，取正交矩阵

$$\boldsymbol{P}=(\boldsymbol{e}_1,\boldsymbol{e}_2,\boldsymbol{e}_3,\boldsymbol{e}_4)=\begin{pmatrix}\frac{1}{\sqrt{2}} & 0 & \frac{1}{2} & -\frac{1}{2}\\ 0 & \frac{1}{\sqrt{2}} & -\frac{1}{2} & -\frac{1}{2}\\ \frac{1}{\sqrt{2}} & 0 & -\frac{1}{2} & \frac{1}{2}\\ 0 & \frac{1}{\sqrt{2}} & \frac{1}{2} & \frac{1}{2}\end{pmatrix},$$

则有

$$\boldsymbol{P}^{-1}\boldsymbol{A}\boldsymbol{P}=\boldsymbol{P}^{\mathrm{T}}\boldsymbol{A}\boldsymbol{P}=\boldsymbol{\Lambda}=\begin{pmatrix}1 & & & \\ & 1 & & \\ & & -1 & \\ & & & 3\end{pmatrix},$$

即利用正交变换$\boldsymbol{x}=\boldsymbol{P}\boldsymbol{y}$，二次型$f$可化为标准形

$$f=y_1^2+y_2^2-y_3^2+3y_4^2.$$

4. 利用配方法化下列二次型为标准形：

(1) $f(x_1,x_2,x_3)=x_1^2+2x_3^2+2x_1x_3+2x_2x_3$；

(2) $f(x_1,x_2,x_3,x_4)=2x_1x_2+2x_1x_3-2x_1x_4-2x_2x_3+2x_2x_4+2x_3x_4$.

解 (1) 配方，得

$$f=(x_1+x_3)^2+x_3^2+2x_2x_3=(x_1+x_3)^2-x_2^2+(x_2+x_3)^2.$$

令

$$\begin{cases}y_1=x_1+x_3,\\ y_2=x_2,\\ y_3=x_2+x_3,\end{cases}$$

则

$$\begin{cases}x_1=y_1+y_2-y_3,\\ x_2=y_2,\\ x_3=-y_2+y_3.\end{cases}$$

从而得二次型f的标准形

$$f=y_1^2-y_2^2+y_3^2.$$

于是，所用的可逆线性变换为$\boldsymbol{x}=\boldsymbol{C}\boldsymbol{y}$，其中变换矩阵为

$$\boldsymbol{C}=\begin{pmatrix}1 & 1 & -1\\ 0 & 1 & 0\\ 0 & -1 & 1\end{pmatrix}.$$

（2）令

$$\begin{cases} x_1 = y_1 + y_2, \\ x_2 = y_1 - y_2, \\ x_3 = y_3, \\ x_4 = y_4, \end{cases}$$

代入原二次型，得

$$\begin{aligned} f &= 2y_1^2 - 2y_2^2 + 4y_2y_3 - 4y_2y_4 + 2y_3y_4 \\ &= 2y_1^2 - 2(y_2 - y_3 + y_4)^2 + 2y_3^2 - 2y_3y_4 + 2y_4^2 \\ &= 2y_1^2 - 2(y_2 - y_3 + y_4)^2 + 2\left(y_3 - \frac{1}{2}y_4\right)^2 + \frac{3}{2}y_4^2. \end{aligned}$$

令

$$\begin{cases} z_1 = y_1, \\ z_2 = y_2 - y_3 + y_4, \\ z_3 = y_3 - \dfrac{1}{2}y_4, \\ z_4 = y_4, \end{cases}$$

则

$$\begin{cases} y_1 = z_1, \\ y_2 = z_2 + z_3 - \dfrac{1}{2}z_4, \\ y_3 = z_3 + \dfrac{1}{2}z_4, \\ y_4 = z_4. \end{cases}$$

从而得二次型 f 的标准形

$$f = 2z_1^2 - 2z_2^2 + 2z_3^2 + \frac{3}{2}z_4^2.$$

于是，所用的线性变换为

$$\boldsymbol{x} = \boldsymbol{C}_1\boldsymbol{y}, \quad \boldsymbol{C}_1 = \begin{pmatrix} 1 & 1 & 0 & 0 \\ 1 & -1 & 0 & 0 \\ 0 & 0 & 1 & 0 \\ 0 & 0 & 0 & 1 \end{pmatrix},$$

$$\boldsymbol{y} = \boldsymbol{C}_2\boldsymbol{z}, \quad \boldsymbol{C}_2 = \begin{pmatrix} 1 & 0 & 0 & 0 \\ 0 & 1 & 1 & -\dfrac{1}{2} \\ 0 & 0 & 1 & \dfrac{1}{2} \\ 0 & 0 & 0 & 1 \end{pmatrix},$$

得可逆线性变换

$$\boldsymbol{x} = \boldsymbol{C}_1\boldsymbol{y} = \boldsymbol{C}_1\boldsymbol{C}_2\boldsymbol{z} = \boldsymbol{C}\boldsymbol{z},$$

其中

$$C=\begin{pmatrix}1&1&0&0\\1&-1&0&0\\0&0&1&0\\0&0&0&1\end{pmatrix}\begin{pmatrix}1&0&0&0\\0&1&1&-\frac{1}{2}\\0&0&1&\frac{1}{2}\\0&0&0&1\end{pmatrix}=\begin{pmatrix}1&1&1&-\frac{1}{2}\\1&-1&-1&\frac{1}{2}\\0&0&1&\frac{1}{2}\\0&0&0&1\end{pmatrix}.$$

5. 判断下列二次型的正定性：

(1) $f=-5x_1^2-6x_2^2-4x_3^2+4x_1x_2+4x_1x_3$；

(2) $f=x_1^2+3x_2^2+9x_3^2+19x_4^2-2x_1x_2+4x_1x_3+2x_1x_4-6x_2x_4-12x_3x_4$；

(3) $f=\sum\limits_{i=1}^{n}x_i^2+\sum\limits_{1\leqslant i<j\leqslant n}^{n}x_ix_j$.

解 (1) 二次型 f 的矩阵为

$$A=\begin{pmatrix}-5&2&2\\2&-6&0\\2&0&-4\end{pmatrix}.$$

因为

$$\Delta_1=-5<0,\quad \Delta_2=\begin{vmatrix}-5&2\\2&-6\end{vmatrix}=26>0,\quad \Delta_3=|A|=-80<0,$$

所以根据赫尔维茨定理，二次型 f 负定.

(2) 二次型 f 的矩阵为

$$A=\begin{pmatrix}1&-1&2&1\\-1&3&0&-3\\2&0&9&-6\\1&-3&-6&19\end{pmatrix}.$$

因为

$$\Delta_1=1>0,\quad \Delta_2=\begin{vmatrix}1&-1\\-1&3\end{vmatrix}=2>0,$$

$$\Delta_3=\begin{vmatrix}1&-1&2\\-1&3&0\\2&0&9\end{vmatrix}=6>0,\quad \Delta_4=|A|=24>0,$$

所以根据赫尔维茨定理，二次型 f 正定.

(3) 二次型 f 的矩阵为

$$A=\begin{pmatrix}1&\frac{1}{2}&\cdots&\frac{1}{2}\\\frac{1}{2}&1&\cdots&\frac{1}{2}\\\vdots&\vdots&&\vdots\\\frac{1}{2}&\frac{1}{2}&\cdots&1\end{pmatrix}.$$

由

$$|\boldsymbol{A}-\lambda\boldsymbol{E}|=\begin{vmatrix}1-\lambda & \frac{1}{2} & \cdots & \frac{1}{2}\\ \frac{1}{2} & 1-\lambda & \cdots & \frac{1}{2}\\ \vdots & \vdots & & \vdots\\ \frac{1}{2} & \frac{1}{2} & \cdots & 1-\lambda\end{vmatrix}=\left(\frac{n+1}{2}-\lambda\right)\left(\frac{1}{2}-\lambda\right)^{n-1}=0,$$

可得 $\boldsymbol{A}$ 的特征值为 $\lambda_1=\frac{n+1}{2}>0$，$\lambda_2=\lambda_3=\cdots=\lambda_n=\frac{1}{2}>0$，故二次型 f 正定.

6. 设二次型

$$f=x_1^2+x_2^2+x_3^2+t(x_1x_2+x_1x_3+x_2x_3)$$

是正定的，求参数 t 的取值范围.

解 二次型 f 的矩阵为

$$\boldsymbol{A}=\begin{pmatrix}1 & \frac{t}{2} & \frac{t}{2}\\ \frac{t}{2} & 1 & \frac{t}{2}\\ \frac{t}{2} & \frac{t}{2} & 1\end{pmatrix}.$$

由题设知 $\boldsymbol{A}$ 的顺序主子式均大于零，于是有

$$\begin{cases}\Delta_1=1>0,\\ \Delta_2=1-\frac{t^2}{4}>0,\\ \Delta_3=\frac{1}{4}(t+1)(t-2)^2>0,\end{cases}$$

解得 $-1<t<2$.

7. 设有二次型

$$f(x_1,x_2,x_3)=ax_1^2+2x_2^2-2x_3^2+2bx_1x_3\quad(b>0),$$

其中二次型 f 的矩阵 $\boldsymbol{A}$ 的特征值之和为 1，特征值之积为 -12.

(1) 求 a,b 的值.

(2) 利用正交变换法把二次型 $f(x_1,x_2,x_3)$ 化为标准形，并写出所用的正交变换.

解 (1) 二次型 f 的矩阵为

$$\boldsymbol{A}=\begin{pmatrix}a & 0 & b\\ 0 & 2 & 0\\ b & 0 & -2\end{pmatrix}.$$

由题意知

$$a+2+(-2)=\lambda_1+\lambda_2+\lambda_3=1,$$

所以 $a=1$. 又

$$|\boldsymbol{A}|=\lambda_1\lambda_2\lambda_3=-12,$$

即

$$\begin{vmatrix}1 & 0 & b\\0 & 2 & 0\\b & 0 & -2\end{vmatrix}=-4-2b^2=-12,$$

从而有 $b^2=4$. 因为 $b>0$,所以 $b=2$.

(2) 由(1) 知 $\boldsymbol{A}=\begin{pmatrix}1 & 0 & 2\\0 & 2 & 0\\2 & 0 & -2\end{pmatrix}$. 又由

$$|\boldsymbol{A}-\lambda\boldsymbol{E}|=\begin{vmatrix}1-\lambda & 0 & 2\\0 & 2-\lambda & 0\\2 & 0 & -2-\lambda\end{vmatrix}=-(\lambda-2)^2(\lambda+3)=0,$$

可得 $\boldsymbol{A}$ 的特征值为 $\lambda_1=\lambda_2=2,\lambda_3=-3$.

对应于 $\lambda_1=\lambda_2=2$,有

$$\boldsymbol{A}-2\boldsymbol{E}=\begin{pmatrix}-1 & 0 & 2\\0 & 0 & 0\\2 & 0 & -4\end{pmatrix}\xrightarrow{r}\begin{pmatrix}1 & 0 & -2\\0 & 0 & 0\\0 & 0 & 0\end{pmatrix},$$

可得对应于 λ_1 与 λ_2 的特征向量为 $\boldsymbol{\xi}_1=(0,1,0)^{\mathrm{T}},\boldsymbol{\xi}_2=(2,0,1)^{\mathrm{T}}$,易知 $\boldsymbol{\xi}_1,\boldsymbol{\xi}_2$ 正交,单位化得

$$\boldsymbol{e}_1=(0,1,0)^{\mathrm{T}},\quad \boldsymbol{e}_2=\frac{1}{\sqrt{5}}(2,0,1)^{\mathrm{T}}.$$

对应于 $\lambda_3=-3$,有

$$\boldsymbol{A}+\boldsymbol{E}=\begin{pmatrix}4 & 0 & 2\\0 & 5 & 0\\2 & 0 & 1\end{pmatrix}\xrightarrow{r}\begin{pmatrix}1 & 0 & \frac{1}{2}\\0 & 1 & 0\\0 & 0 & 0\end{pmatrix},$$

可得对应于 λ_3 的特征向量为 $\boldsymbol{\xi}_3=\left(-\frac{1}{2},0,1\right)^{\mathrm{T}}$,单位化得

$$\boldsymbol{e}_3=\frac{2}{\sqrt{5}}\left(-\frac{1}{2},0,1\right)^{\mathrm{T}}.$$

于是,取正交矩阵

$$\boldsymbol{P}=(\boldsymbol{e}_1,\boldsymbol{e}_2,\boldsymbol{e}_3)=\begin{pmatrix}0 & \frac{2}{\sqrt{5}} & -\frac{1}{\sqrt{5}}\\1 & 0 & 0\\0 & \frac{1}{\sqrt{5}} & \frac{2}{\sqrt{5}}\end{pmatrix},$$

则有

$$\boldsymbol{P}^{-1}\boldsymbol{A}\boldsymbol{P}=\boldsymbol{P}^{\mathrm{T}}\boldsymbol{A}\boldsymbol{P}=\boldsymbol{\Lambda}=\begin{pmatrix}2 & & \\ & 2 & \\ & & -3\end{pmatrix},$$

即利用正交变换 $\boldsymbol{x}=\boldsymbol{P}\boldsymbol{y}$,二次型 f 可化为标准形

$$f=2y_1^2+2y_2^2-3y_3^2.$$

8. 设 $\boldsymbol{C}$ 为可逆矩阵，$\boldsymbol{A}=\boldsymbol{C}^{\mathrm{T}}\boldsymbol{C}$，证明：$f=\boldsymbol{x}^{\mathrm{T}}\boldsymbol{A}\boldsymbol{x}$ 为正定二次型.

证 因为 $\boldsymbol{C}$ 可逆，对于任意 n 维非零向量 $\boldsymbol{x}$，$\boldsymbol{Cx}\neq\boldsymbol{0}$，所以 $(\boldsymbol{Cx})^{\mathrm{T}}(\boldsymbol{Cx})>0$. 于是，

$$f=\boldsymbol{x}^{\mathrm{T}}\boldsymbol{A}\boldsymbol{x}=\boldsymbol{x}^{\mathrm{T}}(\boldsymbol{C}^{\mathrm{T}}\boldsymbol{C})\boldsymbol{x}=(\boldsymbol{Cx})^{\mathrm{T}}(\boldsymbol{Cx})>0,$$

因此 $f=\boldsymbol{x}^{\mathrm{T}}\boldsymbol{A}\boldsymbol{x}$ 为正定二次型.

9. 若 $\boldsymbol{A}$ 是正定矩阵，证明：$\boldsymbol{A}^*$ 也是正定矩阵.

证 设 $\boldsymbol{A}$ 的特征值为 $\lambda_1,\lambda_2,\cdots,\lambda_n$. 因为 $\boldsymbol{A}$ 正定，则 $\lambda_i>0(i=1,2,\cdots,n)$，$|\boldsymbol{A}|=\lambda_1\lambda_2\cdots\lambda_n>0$，所以 $\boldsymbol{A}^*$ 的特征值 $\dfrac{|\boldsymbol{A}|}{\lambda_i}>0(i=1,2,\cdots,n)$，故 $\boldsymbol{A}^*$ 也是正定矩阵.

10. 设矩阵 $\boldsymbol{A}$ 可逆，证明：$\boldsymbol{A}^{\mathrm{T}}\boldsymbol{A}$ 为正定矩阵.

证 因为 $\boldsymbol{A}$ 可逆，对于任意 n 维非零向量 $\boldsymbol{x}$，$\boldsymbol{Ax}\neq\boldsymbol{0}$，所以

$$\boldsymbol{x}^{\mathrm{T}}(\boldsymbol{A}^{\mathrm{T}}\boldsymbol{A})\boldsymbol{x}=(\boldsymbol{Ax})^{\mathrm{T}}(\boldsymbol{Ax})>0,$$

故 $\boldsymbol{A}^{\mathrm{T}}\boldsymbol{A}$ 为正定矩阵.

11. 求一个正交变换把二次曲面方程

$$3x^2+5y^2+5z^2+4xy-4xz-10yz=1$$

化为标准方程.

解 设方程左边为二次型 $f=3x^2+5y^2+5z^2+4xy-4xz-10yz$，则 f 的矩阵为

$$\boldsymbol{A}=\begin{pmatrix}3&2&-2\\2&5&-5\\-2&-5&5\end{pmatrix}.$$

由

$$|\boldsymbol{A}-\lambda\boldsymbol{E}|=\begin{vmatrix}3-\lambda&2&-2\\2&5-\lambda&-5\\-2&-5&5-\lambda\end{vmatrix}=-\lambda(\lambda-2)(\lambda-11)=0,$$

可得 $\boldsymbol{A}$ 的特征值为 $\lambda_1=0,\lambda_2=2,\lambda_3=11$.

对应于 $\lambda_1=0$，有

$$\boldsymbol{A}-0\boldsymbol{E}=\begin{pmatrix}3&2&-2\\2&5&-5\\-2&-5&5\end{pmatrix}\xrightarrow{r}\begin{pmatrix}1&0&0\\0&1&-1\\0&0&0\end{pmatrix},$$

可得对应于 λ_1 的特征向量为 $\boldsymbol{\xi}_1=(0,1,1)^{\mathrm{T}}$，单位化得

$$\boldsymbol{e}_1=\frac{1}{\sqrt{2}}(0,1,1)^{\mathrm{T}}.$$

对应于 $\lambda_2=2$，有

$$\boldsymbol{A}-2\boldsymbol{E}=\begin{pmatrix}1&2&-2\\2&3&-5\\-2&-5&3\end{pmatrix}\xrightarrow{r}\begin{pmatrix}1&0&-4\\0&1&1\\0&0&0\end{pmatrix},$$

可得对应于 λ_2 的特征向量为 $\boldsymbol{\xi}_2=(4,-1,1)^{\mathrm{T}}$，单位化得

$$e_2=\frac{1}{3\sqrt{2}}(4,-1,1)^{\mathrm{T}}.$$

对应于 $\lambda_3=11$,有

$$A-11E=\begin{pmatrix}-8&2&-2\\2&-6&-5\\-2&-5&-6\end{pmatrix}\xrightarrow{r}\begin{pmatrix}1&0&\frac{1}{2}\\0&1&1\\0&0&0\end{pmatrix},$$

可得对应于 λ_3 的特征向量为 $\boldsymbol{\xi}_3=\left(-\frac{1}{2},-1,1\right)^{\mathrm{T}}$,单位化得

$$e_3=\frac{2}{3}\left(-\frac{1}{2},-1,1\right)^{\mathrm{T}}.$$

于是,取正交矩阵

$$P=(e_1,e_2,e_3)=\begin{pmatrix}0&\frac{4}{3\sqrt{2}}&-\frac{1}{3}\\\frac{1}{\sqrt{2}}&-\frac{1}{3\sqrt{2}}&-\frac{2}{3}\\\frac{1}{\sqrt{2}}&\frac{1}{3\sqrt{2}}&\frac{2}{3}\end{pmatrix},$$

则有

$$P^{-1}AP=P^{\mathrm{T}}AP=\Lambda=\begin{pmatrix}0&&\\&2&\\&&11\end{pmatrix},$$

即利用正交变换 $\boldsymbol{x}=P\boldsymbol{y}$,其中 $\boldsymbol{x}=(x,y,z)^{\mathrm{T}}$,$\boldsymbol{y}=(x',y',z')^{\mathrm{T}}$,二次型 f 可化为标准形

$$f=2y'^2+11z'^2.$$

故该二次曲面的标准方程为

$$2y'^2+11z'^2=1.$$

附录

MATLAB软件的简单介绍

下面介绍 MATLAB 软件在线性代数中实现有关运算的常用命令和函数等.

一、MATLAB 工作界面

MATLAB 启动后,出现如图 1 所示的工作界面.

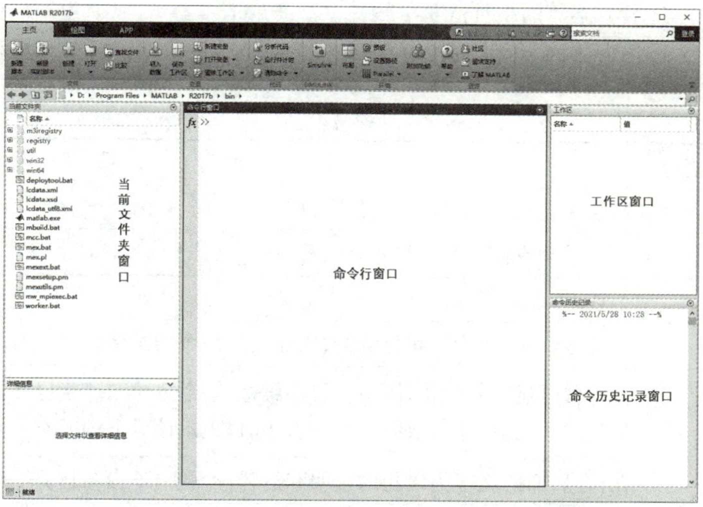

图 1

MATLAB 的主界面是一个高度集成的工作环境,从图 1 可以看到整个工作界面被分成了四个子窗口:

(1) **命令行窗口**:接受命令的窗口. 该窗口左上角的“>>”是 MATLAB 命令提示符,在它后面可以输入 MATLAB 命令,然后按[Enter]键即可执行所输入的命令并返回相应结果. 可输入的对象还包括函数、表达式、语句及 m 文件名等,为叙述方便,把这些可输入的对象统称为语句. 命令行窗口可显示除图形外的所有运行结果.

(2) **当前文件夹窗口**:用来显示当前目录下的文件或子目录.

(3) **工作区窗口**:用来以图形的方式显示 MATLAB 内存中的所有变量,且可以交互式地管理这些变量.

(4) **命令历史记录窗口**:用来记录启动 MATLAB 的时间和已经在命令行窗口中运行过的命令历史.

二、变量和语句

MATLAB 语句的通常形式:

$$变量 = 表达式$$

其中表达式通常由变量、常量、运算符、函数等组合而成，“=”为赋值符号. 变量名和函数名可以由字母、数字和下画线组成，不能超过 63 个字符；以字母开头，字母区分大小写，如 Xa_1 与 xa_1 表示两个不同的变量. MATLAB 默认的变量名、常量名和函数名不可作为自定义变量名和函数名. MATLAB 中常见的特殊变量或常量如表 1 所示，常用的标点符号如表 2 所示.

表 1

特殊变量或常量	说明	特殊变量或常量	说明
ans	未定义变量名时用于存储计算结果的默认变量名	realmin	最小的正浮点数
pi	圆周率 π	nan 或 NaN	不定量(0/0,∞/∞ 等)
i 或 j	虚数单位($\sqrt{-1}$)	nargin	函数输入参数个数
inf 或 Inf	无穷大	nargout	函数输出参数个数
eps	浮点运算的相对精度	lasterr	返回最新的错误信息
realmax	最大的正浮点数	lastwarn	返回最新的警告信息

表 2

名称	标点	说明
空格		数组元素或输入量之间的分隔符
逗号	,	数组元素或输入量之间的分隔符
黑点	.	小数点；点运算标识符
分号	;	定义数组时，作为行间分隔符；用在某条命令的结尾，不显示计算结果
冒号	:	作为冒号运算标识符，用来生成一维数组；作为单下标引用时，表示将数组按列拉长为长向量；作为数组多下标引用时，表示该维上的所有元素
注释号	%	在 % 后面的文字为语句的说明和注释性文字，不参与运算
单引号对	‘’	字符串标识符
圆括号	()	用来访问数组元素；定义函数时用来标识输入变量列表
方括号	[]	用来定义数组；定义函数时用来标识输出变量列表
花括号	{}	用来定义或访问元胞数组
下划线	_	作为变量名、函数名或文件名中的连字符

三、基本运算符和常用数学运算函数

MATLAB 的基本运算符和常用数学运算函数分别如表 3 和表 4 所示.

表 3

符号	运算	符号	运算	符号	运算
+	加法	^	乘方	~=	不等于
−	减法	>	大于	<=	小于或等于
*	乘法	>=	大于或等于	<	小于
/	除法	==	等于	=	赋值

表 4

函数名	说明	函数名	说明
sin	正弦函数	asin	反正弦函数
cos	余弦函数	acos	反余弦函数
tan	正切函数	atan	反正切函数
cot	余切函数	acot	反余切函数
sec	正割函数	asec	反正割函数
csc	余割函数	acsc	反余割函数
sinh	双曲正弦函数	asinh	反双曲正弦函数
cosh	双曲余弦函数	acosh	反双曲余弦函数
tanh	双曲正切函数	atanh	反双曲正切函数
exp	指数函数	log2	以 2 为底的对数
log	自然对数	log10	以 10 为底的对数
sqrt	开平方	abs	绝对值或复数的模
angle	求相位角	real	求复数实部
imag	求复数虚部	conj	求共轭复数
fix	向零方向取整	mean	求平均值
floor	向负无穷方向取整	max	求最大值
ceil	向正无穷方向取整	min	求最小值
sign	符号函数	plot	画线图

四、矩阵的创建

矩阵是 MATLAB 中最基本的数据类型.矩阵由向量构成,只有一行的矩阵为行向量,只有一列的矩阵为列向量,所以向量也可以看成矩阵的特例.在 MATLAB 中定义一个矩阵,通常可以按行方式输入,也可以通过提取、拼凑和变形来定义新的矩阵,还可以通过特殊函数定义新的矩阵.

1.按行方式输入矩阵元素

对于较小的矩阵,从键盘上直接输入最简便.按行方式输入的矩阵由以下三个要素组成:

(1) 矩阵的所有元素处于同一方括号"[]"内;

(2) 矩阵的行与行之间用分号";"或回车分隔;

(3) 同一行中的元素用英文输入下的逗号","或空格分隔,且空格个数不限.矩阵元素可以是不包含未定义变量的任何表达式.

2.创建等差数列行向量

使用格式:

初值:步长:终值

可以生成向量(初值,初值＋步长,初值＋2 步长,…,终值).当步长为 1 时,可以省略不写.

3. 矩阵元素的引用与修改

若变量 A 存储的是一个矩阵，则可以利用冒号表达式获得 A 的一个子块. 引用格式：

$$D=A(a1:a2,b1:b2)$$

返回的矩阵 D 是矩阵 A 的一个子块，它由矩阵 A 的第 a1 行到第 a2 行，第 b1 列到第 b2 列的所有元素构成. 若单用冒号“:”，则代表全部行或全部列. 具体引用规则如表 5 所示.

表 5

表达式	说明
A(i,j)	返回矩阵 A 中第 i 行第 j 列的元素
A(:,j)	返回矩阵 A 中第 j 列的元素
A(i,:)	返回矩阵 A 中第 i 行的元素
A(:,j:k)	返回矩阵 A 中第 j 列到第 k 列的元素构成的子块
A(i:k,:)	返回矩阵 A 中第 i 行到第 k 行的元素构成的子块
A(i:k,j:m)	返回矩阵 A 中第 i 行到第 k 行，第 j 列到第 m 列的元素构成的子块
A(:,[j1,j2,…])	返回矩阵 A 中第 j1,j2,… 列的元素构成的子块
A([i1,i2,…],:)	返回矩阵 A 中第 i1,i2,… 行的元素构成的子块
A([i1,i2,…],[j1,j2,…])	返回矩阵 A 中第 i1,i2,… 行，第 j1,j2,… 列的元素构成的子块

也可以使用格式：

$$A(a,b)=\text{新值}$$

来修改矩阵 A 的第 a 行第 b 列元素(或子块)的值.

4. 分块矩阵的生成

MATLAB 可以把多个小矩阵拼接成一个大矩阵.

MATLAB 还提供了另外一种存储数据的结构 —— 元胞数组，它以左花括号“{”开始，以右花括号“}”结束，元素可以是任意的形式(包括矩阵)，同行元素之间用逗号“,”或空格分隔，行与行之间用分号“;”或回车分隔.

使用元胞数组可以存储分块矩阵，MATLAB 提供了一个 mat2cell() 函数来对矩阵进行分块操作，其语法规则如下：

mat2cell(A,m,n)

其中 A 为待分块矩阵，m 为分块后矩阵的行数，n 为分块后矩阵的列数.

5. 使用系统函数和语句创建特殊矩阵

MATLAB 提供了许多生成和操作矩阵的函数，部分特殊矩阵函数如表 6 所示. 用户可以利用它们创建特殊矩阵.

表 6

函数	说明
zeros(m,n)	生成 m×n 全 0 矩阵
ones(m,n)	生成 m×n 全 1 矩阵
linspace(a,b,n)	生成首元为 a，尾元为 b 的共 n 个元素的等差行向量

续表

函数	说明
rand(m,n)	生成值在 0～1 之间满足均匀分布的 m×n 随机矩阵
randn(m,n)	生成满足正态分布的 m×n 随机矩阵
eye(m,n)	生成 m×n 单位矩阵
diag(v)	使得 v 为所得矩阵主对角线上的元素向量
blkdiag(A,B,C,…)	生成分块对角矩阵,主对角线上子块分别为 A,B,C,…
diag(v,k)	使得v为所得矩阵第k条对角线上的元素向量. k为零时即为主对角线,k为正整数时即为主对角线往上第 k 条对角线,k 为负数时即为主对角线往下第|k|条对角线
vander(v)	生成范德蒙德矩阵,其列是向量 v 的幂

6. 利用矩阵变换函数生成矩阵

MATLAB 中常用的矩阵变换函数如表 7 所示.

表 7

函数	说明
rot90(A)	将矩阵 A 逆时针旋转 90°
rot90(A,k)	将矩阵 A 逆时针旋转(90×k)°,k 为正整数或负整数
fliplr(A)	将矩阵 A 左右翻转
flipud(A)	将矩阵 A 上下翻转

五、矩阵的运算

矩阵的运算,是指线性代数中涉及的各种矩阵运算,如表 8 所示. 矩阵函数,是指以矩阵为元素的各类函数,如表 9 所示.

表 8

矩阵的运算	说明
A+B	矩阵 A 与矩阵 B 相加
A-B	矩阵 A 与矩阵 B 相减
A*B	矩阵 A 与矩阵 B 相乘
A.*B	矩阵 A 与矩阵 B 对应元素分别相乘(点乘)
k*A	数 k 与矩阵 A 相乘
A^n	矩阵 A 的 n 次幂
A\B	矩阵 A 与矩阵 B 相除(左除)
A/B	矩阵 A 与矩阵 B 相除(右除)
A./B	矩阵 A 与矩阵 B 对应元素分别相除(点除)
A.^n	矩阵 A 各元素分别求 n 次幂
sqrt(A)	矩阵 A 各元素分别求平方根

表 9

矩阵函数	说明
A′	求矩阵 A 的转置矩阵
det(A)	求矩阵 A 的行列式
inv(A)	求矩阵 A 的逆矩阵
sym(A)	表示矩阵 A 的符号形式(其中 A 也可以是常量、变量、函数或表达式),sym(A) 参与运算的结果为表达式
rank(A)	求矩阵 A 的秩
rref(A)	化矩阵 A 为行最简形矩阵
[R,jb] = rref(A)	R 为矩阵 A 的行最简形矩阵,而 jb 列举了矩阵 A 的列向量组的极大线性无关组在矩阵 A 中的位置
[V,D] = eig(A)	矩阵 V 的各列是矩阵 A 的特征向量,矩阵 D 的主对角线上元素是与 V 的各列对应的特征值
dot(a,b) 或 a′ * b	求向量 a 与 b 的内积
Z = null(A)	Z 的列向量是以 A 为系数矩阵的齐次线性方程组的一个基础解系
[P,D] = schur(A)	当矩阵 A 为实对称矩阵时,返回正交矩阵 P 和对角矩阵 D

六、矩阵的初等变换

在 MATLAB 中,利用 rref() 函数和如表 10 所示的初等变换命令可以实现矩阵的初等变换,其中 rref() 函数可以把矩阵化为行最简形矩阵. 格式:

R = rref(A)

表 10

命令运算	初等变换
A(i,:) = k * A(i,:)	矩阵 A 的第 i 行乘以常数 k
A(j,:) = A(j,:) + k * A(i,:)	矩阵 A 的第 i 行的 k 倍加到第 j 行上
A([i,j],:) = A([j,i],:)	交换矩阵 A 的第 i 行与第 j 行
A(:,i) = k * A(:,i)	矩阵 A 的第 i 列乘以常数 k
A(:,j) = A(:,j) + k * A(:,i)	矩阵 A 的第 i 列的 k 倍加到第 j 列上
A(:,[i,j]) = A(:,[j,i])	交换矩阵 A 的第 i 列与第 j 列

七、线性方程组

1. 用行最简形矩阵解线性方程组

1) 解齐次线性方程组

先利用 rref() 函数将齐次线性方程组 $\boldsymbol{A}\boldsymbol{x}=\boldsymbol{0}$ 的系数矩阵 $\boldsymbol{A}$ 化为行最简形矩阵,然后判断系数矩阵的秩是否小于未知量个数 n,即方程组是否有非零解. 若 $R(\boldsymbol{A})<n$,则可得到原方程组的同解方程组,从而可求出原方程组的通解.

2）解非齐次线性方程组

先利用 rref() 函数将非齐次线性方程组 $\boldsymbol{Ax}=\boldsymbol{b}$ 的增广矩阵 $(\boldsymbol{A} \vdots \boldsymbol{b})$ 化为行最简形矩阵，然后判断系数矩阵的秩是否等于增广矩阵的秩，即方程组是否有解. 若 $R(\boldsymbol{A})=R(\boldsymbol{A} \vdots \boldsymbol{b})$，则可得到原方程组的同解方程组，从而可求出原方程组的通解.

2. 齐次线性方程组的通解

MATLAB 提供的 null() 函数可以求出齐次线性方程组 $\boldsymbol{Ax}=\boldsymbol{0}$ 的基础解系. 格式：

Z = null(A)

其中 Z 的列向量组为齐次线性方程组的一个基础解系.

3. 非齐次线性方程组的通解

在 MATLAB 中，命令 A\b 返回非齐次线性方程组 $\boldsymbol{Ax}=\boldsymbol{b}$ 的一个特解. 因此，A\b 与 null(A) 结合可以得到非齐次线性方程组 $\boldsymbol{Ax}=\boldsymbol{b}$ 的通解.

八、向量组的线性相关性

构建 $m\times n$ 矩阵 $\boldsymbol{A}$，以 $\boldsymbol{A}$ 的列向量为所讨论的向量组. 若 $R(\boldsymbol{A})<n$，则该向量组线性相关；若 $R(\boldsymbol{A})=n$，则该向量组线性无关.

利用 rank() 函数计算出矩阵的秩，即可判断该矩阵的列向量构成的向量组的线性相关性.

九、向量组的极大线性无关组

MATLAB提供的 rref() 函数不仅可以把矩阵化为行最简形矩阵，而且可以给出矩阵的列向量组的一个极大线性无关组. 格式：

[R,jb] = rref(A)

该命令返回矩阵 A 的行最简形矩阵 R，且在 jb 中列举了 A 的列向量组的极大线性无关组在 A 中的位置.

十、特征值与特征向量

MATLAB 提供的 eig() 函数可以给出矩阵的特征值与特征向量. 格式：

[V,D] = eig(A)

其中矩阵 V 的各列是矩阵 A 的特征向量，矩阵 D 的主对角线上元素是与 V 的各列对应的特征值.

十一、实对称矩阵的对角化

MATLAB 提供的 schur() 函数可以解决实对称矩阵的对角化问题. 格式：

[P,D] = schur(A)

即返回正交矩阵 P 和对角矩阵 D，使得 $A=PDP^{T}$，即 $D=P^{T}AP$.

十二、化二次型为标准形

对于任意实对称矩阵 $\boldsymbol{A}$，总可用 schur() 函数求得正交矩阵 $\boldsymbol{P}$，使得 $\boldsymbol{P}^{T}\boldsymbol{AP}=\boldsymbol{\Lambda}$. 因此，对于 n 元二次型 f，亦可通过正交变换 $\boldsymbol{x}=\boldsymbol{Py}$，将 f 化为标准形 $f=\lambda_1 y_1^2+\lambda_2 y_2^2+\cdots+\lambda_n y_n^2$，其中 $\lambda_1,\lambda_2,\cdots,\lambda_n$ 是二次型 f 的矩阵 $\boldsymbol{A}$ 的特征值.

参考文献

[1] 田玉敏.线性代数知识点与典型例题解析[M].北京：清华大学出版社，2006.

[2] 俞南雁.线性代数的理论与演练[M].北京：机械工业出版社，2008.

[3] 胡一鸣.线性代数辅导及习题精解[M].北京：中国社会出版社，2005.

[4] 赵有益.线性代数及其应用[M].北京：中国农业出版社，2018.

[5] 毕守东，赵有益.线性代数[M].3版.北京：中国农业出版社，2023.

[6] 侯建文.线性代数[M].2版.北京：中国农业出版社，2022.

[7] 郝志峰.线性代数[M].2版.北京：北京大学出版社，2023.

[8] 周勇，李继猛.线性代数[M].2版.北京：北京大学出版社，2022.

[9] 同济大学数学科学学院.工程数学：线性代数[M].7版.北京：高等教育出版社，2023.

[10] 谢中华，李国栋，刘焕进，等.MATLAB从零到进阶[M].北京：北京航空航天大学出版社.2012.